Research on the identification of damage degree

and online dynamic monitoring of shield tunnel

盾构隧道损伤程度判定及在线动力监测研究

万　灵　谢雄耀　姚　元　荣　耀◎著

中国建筑工业出版社

图书在版编目（CIP）数据

盾构隧道损伤程度判定及在线动力监测研究 = Research on the identification of damage degree and online dynamic monitoring of shield tunnel / 万灵等著. -- 北京：中国建筑工业出版社, 2024. 12.

ISBN 978-7-112-30825-5

Ⅰ. U455.43

中国国家版本馆 CIP 数据核字第 20256KL406 号

责任编辑：杨　允

责任校对：赵　力

盾构隧道损伤程度判定及在线动力监测研究

Research on the identification of damage degree and online dynamic monitoring of shield tunnel

万　灵　谢雄耀　姚　元　荣　耀　著

*

中国建筑工业出版社出版、发行（北京海淀三里河路 9 号）

各地新华书店、建筑书店经销

国排高科（北京）人工智能科技有限公司制版

建工社（河北）印刷有限公司印刷

*

开本：787 毫米 × 1092 毫米　1/16　印张：12¼　字数：278 千字

2024 年 12 月第一版　2024 年 12 月第一次印刷

定价：**58.00** 元

ISBN 978-7-112-30825-5

（44078）

FOREWORD 前言

中国地铁盾构隧道正处于飞速发展并逐渐步入大维修养护阶段，截至2023年底，国内55个城市地铁盾构隧道运营线路达10165.7km。地铁隧道作为城市的交通命脉，隧道结构安全服役状态对城市正常运转至关重要，隧道运维安全问题也逐渐受到重视。

随着运营时间的增长，地铁盾构隧道受列车周期动荷载作用下的疲劳效应、环境介质中侵蚀性物质在结构中的迁移、既有轨道交通及周边建（构）筑物等的扰动，隧道相继产生不同程度的病害。病害发展累积导致隧道出现混凝土管片开裂、破损、道床脱空及渗漏水等结构损伤。结构损伤不仅会导致管片形成渗漏通径，造成隧道渗漏水、空洞及变形等病害恶化，还会影响结构承载力并导致隧道结构刚度退化，诱发隧道变形过大问题，甚至直接影响隧道正常运营，进而造成巨大的经济损失，危害社会安全。

隧道运维面临的结构刚度退化问题日益突出，然而目前地铁盾构隧道刚度退化仍以传统静力检测方法为主，因此，突破传统静力人工检测的技术需求壁垒，寻求一种经济高效的动态测试技术实时感知地铁盾构隧道结构性能状态具有重要的工程意义。本书主要从基于动力特征的隧道结构损伤识别理论与方法、基于模糊贴近度法的隧道损伤程度判定、基于振动响应信号的隧道结构损伤程度判定研究、隧道结构损伤识别相似模型试验、隧道结构模态参数辨识及在线动力监测应用等方面系统介绍了盾构隧道损伤识别与在线动力监测方法，旨在服务于隧道安全服役评价和促进隧道动力监测信息化的广泛应用。

本书共分7章。

第1章介绍了本书的编制背景与研究必要性。

第2章对隧道结构损伤进行了定义，并通过统计对隧道结构常见病害类型与损伤进行了关联分析，开展了基于摄动理论的隧道结构损伤模态特征分析。

第3章介绍了模糊贴近度理论，考虑信息不完备、噪声误差条件下通过FNBDI（Fuzzy Nearness Based Damage Identification）方法开展隧道结构单处损伤、多处损伤下的损伤程度判定。

第4章介绍了从动力监测角度分析如何通过隧道结构动力响应有效地判定结构损伤，

包括了单处损伤与多处损伤条件下的损伤定位及程度判定。

第 5 章开展了隧道结构损伤相似模型试验，包括试验设计、动力加载装置、试验工况及试验数据分析判定结构损伤。

第 6 章结合具体实际工程中，介绍短时脉冲激振下地铁隧道结构振动响应与模态参数辨识、隧道结构整体性能判定、动力损伤识别误差的影响分析及降低措施等。

第 7 章为本书的结论与展望内容。

本书主要编写人员分工如下：第 1 章，谢雄耀、万灵、吴珺华；第 2 章，万灵、谢雄耀、姚元；第 3 章，万灵、荣耀、吴珺华；第 4 章，万灵、吴珺华、陈明圳；第 5 章，鞠海燕、万灵、卢淑慧；第 6 章，万灵、姚元、吴智鑫；第 7 章，万灵、鞠海燕、荣耀。

在本书编写过程中，作者得到了武汉中隧轨道交通工程技术有限公司王星运、王禹，中铁一局集团有限公司郑晓华，江西省天驰高速科技发展有限公司周杨等大力帮助和支持，在此表示感谢。

限于编者水平有限，书中难免存在不足之处，敬请读者批评、指正。

CONTENTS 目录

第 1 章　绪　论 ······ 1

1.1　研究背景及意义 ······ 1

1.2　国内外研究进展 ······ 3

1.2.1　结构健康监测研究进展 ······ 3

1.2.2　振动响应信号处理及模态参数辨识 ······ 4

1.2.3　基于动力特征损伤识别的研究进展 ······ 13

1.2.4　动力损伤识别方法层次分类 ······ 23

1.3　基于动力特征损伤识别在地铁隧道中应用的挑战与存在的问题 ······ 25

1.4　主要研究内容及关键技术 ······ 27

1.4.1　主要研究内容 ······ 27

1.4.2　关键技术 ······ 27

第 2 章　基于动力特征的隧道结构损伤识别理论与方法 ······ 30

2.1　引　言 ······ 30

2.1.1　结构损伤定义 ······ 30

2.1.2　隧道结构常见病害类型 ······ 31

2.2　基于摄动理论的隧道结构损伤模态特征分析 ······ 32

2.2.1　隧道结构动力模型 ······ 32

2.2.2　特征方程求解 ······ 34

2.2.3　损伤参数敏感性分析 ······ 37

2.2.4　损伤定位参数 ······ 38

2.3 基于 ANSYS-MATLAB 有限元方法的隧道结构损伤识别模态特征分析 …… 39
2.3.1 结构模态特征的有限元分析步骤 …… 39
2.3.2 基于 ANSYS-MATLAB 有限元的模态分析程序 …… 43
2.3.3 Tunnel_MADI 隧道模态分析与损伤识别平台 …… 44
2.4 基于摄动理论的隧道结构损伤模态特征算例分析 …… 46
2.4.1 单处损伤下隧道结构模态特征分析 …… 47
2.4.2 多处损伤下隧道结构模态特征分析 …… 53
2.5 基于摄动理论的隧道结构壁后脱空模态特征分析 …… 56
2.5.1 隧道壁后脱空模型 …… 57
2.5.2 脱空病害摄动分析 …… 58
2.5.3 摄动求解脱空下结构模态解析式 …… 59
2.5.4 脱空病害对隧道模态特征影响分析 …… 60
2.6 本章小结 …… 67

第 3 章 基于模糊贴近度法的隧道损伤程度判定 …… 68

3.1 引 言 …… 68
3.2 模糊贴近度理论 …… 69
3.2.1 模糊集合概念 …… 69
3.2.2 隶属函数 …… 69
3.2.3 模糊集合贴近度及折近原则 …… 71
3.3 FNBDI 方法判定隧道结构单处损伤程度 …… 72
3.3.1 FNBDI 方法判损伤程度流程 …… 72
3.3.2 信息不完备条件下损伤程度判定 …… 74
3.3.3 噪声导致参数误差下损伤程度判定 …… 78
3.4 FNBDI 方法判定隧道结构多处损伤程度 …… 80
3.4.1 信息不完备条件下损伤程度判定 …… 80
3.4.2 噪声导致参数误差下损伤程度判定 …… 86
3.5 本章小结 …… 90

第 4 章 基于振动响应信号的隧道结构损伤程度判定研究 …… 91

4.1 引 言 …… 91

4.2 损伤条件下隧道结构动力响应分析 …… 91
4.2.1 单处损伤条件下隧道结构动力响应分析 …… 92
4.2.2 多处损伤条件下隧道结构动力响应分析 …… 96
4.3 隧道损伤定位方法 …… 98
4.3.1 单处损伤条件下隧道结构损伤单元判定 …… 98
4.3.2 多处损伤条件下隧道结构损伤单元判定 …… 105
4.4 隧道损伤程度判定 …… 109
4.4.1 单处损伤条件下隧道结构损伤单元损伤程度判定 …… 109
4.4.2 多处损伤条件下隧道结构损伤单元损伤程度判定 …… 112
4.5 本章小结 …… 115

第 5 章 隧道结构损伤识别相似模型试验 …… 116

5.1 引 言 …… 116
5.2 模型试验设计 …… 116
5.2.1 几何相似比和物质相似比 …… 117
5.2.2 运动学相似比 …… 117
5.2.3 动力相似比 …… 118
5.2.4 模型试验边界效应 …… 118
5.3 模型箱及加载采集装置 …… 118
5.4 隧道衬砌损伤模型试验 …… 119
5.4.1 试验工况 …… 119
5.4.2 试验数据分析 …… 120
5.4.3 脱空损伤模型试验 …… 132
5.5 FNBDI 方法判定损伤程度分析 …… 133
5.5.1 单处损伤程度判定分析 …… 134
5.5.2 多处损伤程度判定分析 …… 136
5.6 本章小结 …… 138

第 6 章 隧道结构模态参数辨识及在线动力监测应用 …… 139

6.1 引 言 …… 139
6.2 短时脉冲激振下地铁隧道结构振动响应与模态参数辨识 …… 139
6.2.1 短时脉冲激振系统 …… 140

6.2.2 隧道结构振动响应分析及模态参数辨识……144
6.3 隧道结构整体性能判定……151
6.3.1 基于动力损伤识别的隧道结构整体性能判定……151
6.3.2 直接用动力参数的隧道结构性能判定初探……153
6.4 动力损伤识别误差的影响分析及降低措施……154
6.4.1 动力损伤识别误差的来源分析……154
6.4.2 振动测试误差对隧道结构损伤识别判定的影响……155
6.4.3 基于动力特征损伤识别中降低误差影响的方法……156
6.5 隧道结构在线动力监测应用……159
6.5.1 在线动力监测系统组成及其功能分析……159
6.5.2 隧道损伤识别及整体性能判定……160
6.5.3 工程概况……161
6.5.4 动力监测方案……161
6.5.5 动力监测数据分析及评估……163
6.6 本章小节……170

第7章 结论与展望……172

7.1 结 论……172
7.2 展 望……173

参考文献……175

第 1 章

绪 论

1.1 研究背景及意义

中国公路铁路隧道、城市轨道交通、海底隧道正处于飞速发展阶段，隧道交通的重要性不言而喻，被视为城市在经济、社会及技术上的重要指标。然而隧道工程的规划、施工建设仅仅是第一步，如何确保隧道安全稳定及日常运营的科学管理更为重要，一旦发生由于隧道病害损伤造成地铁停运及其他运营事故，造成经济损失、人员伤亡及社会负面影响等后果严重。

隧道建设一般分为大规模建设期、建设与维养并重期、维养加固重点期三个时期。隧道工程与其他上部结构相比，在勘测、设计、施工和管理等方面有较多的不确定性和复杂性，易出现不同程度的初始缺陷损伤，甚至部分隧道在刚投入运营就出现病害现象。隧道结构的病害损伤经过累积之后，必然导致隧道结构性能退降。如何及时把握地铁隧道损伤发展动态变化和有效地检测与监测地铁隧道结构安全状况是目前迫切需要解决的问题。

国内外隧道结构检测及健康监测技术严重落后于隧道工程需求。目前隧道结构检测评定仍主要依靠传统静力检测方法，除了在部分敏感点和敏感区段布设传感器进行监测外，对于隧道沉降、管片变形、渗漏水、裂缝等病害，主要采用人工检测的方式，如利用水准仪、全站仪、常用量具等常规测量仪器进行检测。隧道病害检测方法都属于静力和局部检测，只能针对结构构件或者局部进行检测，由于大型土木结构体积庞大、构件众多，传统检测的工作量大且费用高。另外，结构中很多部位人和仪器无法触及进行检测，传统的检测只能检测结构的一些表观病害损伤，很难获得结构的全面信息，而检测结构的准确程度往往依赖于检测人员的工程经验和主观判断，难以对结构的安全储备及退化程度做出系统的评价。由此可见，传统的检测方法存在诸多弊端和局限，寻求和发展一种突破传统检测方法，能够快速、便捷、经济地应用于隧道结构的病害损伤检测与监测方法，并对隧道性能状态进行有效的判定具有重要的现实意义。

近年来，随着计算机硬件软件技术、信号处理、数据远程传输、传感器技术、结构振动测试、模态参数辨识技术以及损伤诊断的发展，健康监测技术在航空航天、桥梁工程、海洋钻井平台、机械故障诊断等方面得到了迅速发展。与传统检测方法相比，动力监测的优点在于可实现实时在线监测，不影响结构的正常使用及运营，不会对结构造成损伤。通过传统的静力检测方法与动力监测相结合，能有效地把握结构的全局和局部性能，实现隧道结构的健康状态。

隧道结构健康监测是通过在结构关键部位安装传感器，对其应力、应变、频率、振型等数据进行实时采集，通过数据的传输、存储和处理，实现结构健康状态的可靠性评价，为结构的运营、养护和维修提供数据支撑。其系统组成如图 1-1 所示。

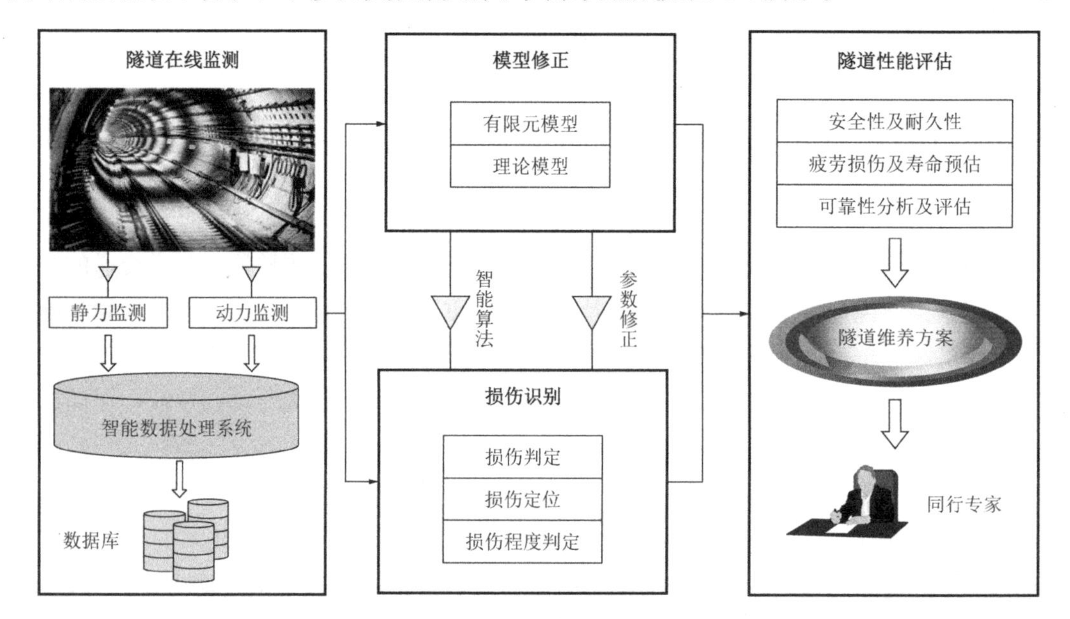

图 1-1　隧道结构健康监测系统组成示意图

从图 1-1 可以看出，在线监测、结构损伤识别及性能评估是健康监测系统的重要组成部分。结构的损伤识别是融合信息科学、信号处理、材料科学、试验测试、数理统计、计算智能等技术于一体的交叉应用学科（邹大力，2006）。一般来说，结构的损伤识别包含四个层次，即损伤判定（第一层次）、损伤定位（第二层次）、损伤程度判定（第三层次）以及结构剩余承载力及寿命预测（第四层次）（Rytter A，1993）。

结构健康监测研究热点和难点是基于结构动力特征对结构损伤进行识别与定位，判定损伤程度，进而实时把握结构的性能状态。其基本原理是：损伤将导致结构的系统刚度发生变化，因而导致结构的动力特征参数（如结构的模态频率、模态振型及模态阻尼）的变化。换言之，结构动力特征参数能够作为结构损伤诊断的指标（Farrar C R，2001）。

隧道性能评估是利用健康监测系统测试获取的静力、动力及其他信息数据，对隧道结构的承载能力、自身缺陷以及服役状态进行综合判定和评估。评估结果是隧道养护维修管理部门确定隧道结构安全状态、选择制定养护维修及加固措施方案的重要依据。隧道性能评估系统在实际工程中已经展开应用，见表 1-1。

隧道安全评估系统 表 1-1

时间	系统研发人员或部门	系统名称
1991	日本国铁	专家系统（TIMES-1）
1992	姜松湖、关宝树	隧道病害诊断专家系统 Tubo-Prolog
2001	美国联邦公路署	隧道管理系统（TMS）
2002	同济大学、福建交通科学技术研究所	公路隧道养护管理信息系统
2004	FUJII	公路隧道病害管养系统

对于以隧道为主导的城市轨道交通，已逐步进入保养与维护阶段。在不影响地铁日常运营条件下，实现远程、实时、在线的长期监测系统是目前发展趋势和难点，通过早期发现结构的损伤和缺陷可大大减少结构的保养与维护费用，避免因为频繁大修关闭交通。

基于上述实际情况，本书以地铁隧道为研究对象，考虑隧道土体的弹性地基效应及隧道结构中不确定因素的影响，针对基于动力特征的结构损伤前三个层次展开研究，旨在探寻具有较好鲁棒性的隧道结构损伤识别方法，为隧道结构的健康监测领域发展做铺垫研究。

1.2 国内外研究进展

结构动力监测、结构损伤识别是结构健康监测的核心问题，结构损伤识别是基于结构动力特征变化来判定结构是否存在损伤，但是结构动力监测是不能直接获取结构的动力特征，动力监测数据需要进行处理分析提取结构的动力特征，因此，信号处理是将结构动力监测与结构损伤识别搭接起来的桥梁，三者研究是紧密联系的，国内外学者针对结构健康监测，在结构动力监测、振动信号处理及结构损伤识别方面开展了大量的研究，现将国内外相关内容研究进展分别进行阐述。

1.2.1 结构健康监测研究进展

1.2.1.1 人工监测

隧道人工监测主要包括目测，水准仪、全站仪、收敛仪测量等。人工监测技术成熟，精度较高，是标准规范中主要推荐的测量方法。隧道人工监测如图 1-2 所示。但这些人工监测方法也存在诸多缺点，例如，需要进行大规模的人工巡查记录，过于依赖经验，存在很大不确定性；仪器测量尽管有较高的精度，但不同的人员操作仪器的熟练程度不同，也会造成一定的差异；测点数量较少，难以快速覆盖隧道整体区域；对于地铁隧道，人工监测只能选择每天凌晨地铁停运的时间窗口进行，时间有限，不能连续作业；人工监测需要大量人力物力，且频率较低，难以实时地感知结构性能变化。

图 1-2　隧道人工监测

1.2.1.2　有线传感器监测

近些年来，结构健康监测系统已经广泛地应用于结构状态监测和安全评估（Mayank 等，2022）。相对于人工监测方式，有线传感器监测系统，可以在隧道结构上布设多种传感器，静力监测传感器主要包括静力水准仪、裂缝计、倾角计及数字摄像头等，动力监测传感器主要包括加速度计、速度传感计、位移计及应变计等。这些传感器通过有线电缆的方式与终端采集系统连接，可以实现长期的自动监测，大大减轻了人工巡查和测量记录的工作量。

利用数据电缆连接的有线监测方式，如果不能确定重点监测区域，在整体结构上需密集地布置多种类型传感器，造成一定程度上的仪器资源浪费。仪器布设过程中需要负担较高的电缆费用，在结构上布设电缆繁琐困难，安装维护费用高。有线传感器监测系统布设完成后，由于通道限制，系统在后期难以扩展。

1.2.1.3　无线传感器监测

随着智能传感器技术、无线通信技术和微机电系统（MEMS）技术的进步，无线传感网络技术得到了快速发展。无线传感器网络集成了多种传感器和信息通信及处理技术，能够实现自处理数据、自组织无线网络，在农业、工业、军事、交通方面都有广阔的应用前景，因此被认为是对人类的生活方式产生深远影响的技术之一（Chong 等，2003；Yang 等，2023）。无线传感网络能够克服有线监测系统布线量大、费用高等不足，在实际应用中具有重要的意义。

无线传感网络（WSN）的监测，节省了各个传感器与采集通道之间的繁琐电缆连接，可大大降低安装成本，减少安装工作量，增加布置的灵活性。无线传感器监测是结构监测发展趋势，但是目前无线传感器监测技术不够成熟，稳定性低于有线传感器监测，并且还存在大数据存储、传输及同步传输等难点问题。

1.2.2　振动响应信号处理及模态参数辨识

隧道结构的固有特性及其运动形态可以认为是一个结构系统。结构系统中包含着不同的交互作用，在受到外部激振作用时，能够产生信号响应。研究（关心）的外部激励信号称为输入，而其余的信号称为干扰，结构系统的响应称为输出。图 1-3 为系统示意图。

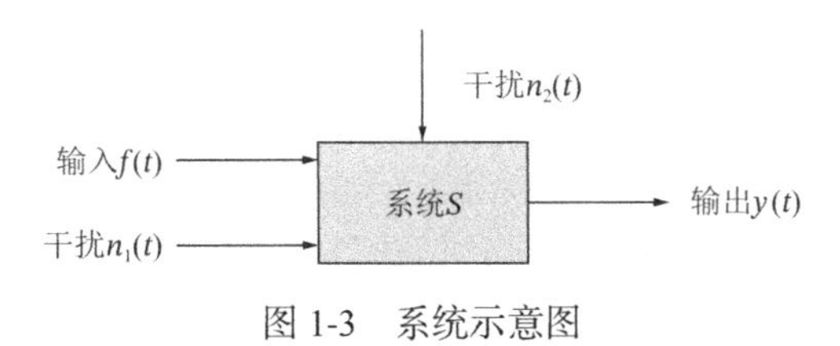

图 1-3 系统示意图

一般结构振动问题由激励（输入）、振动结构（系统）和结构响应（输出）三部分组成，根据研究目的的不同，可以分为正问题和反问题两个基本类型。

（1）正问题：已知激励和振动结构，计算结构振动响应。

（2）反问题：已知系统的输出输入，分析和研究该系统的特性或求得描述系统特征的各种参数。例如通过现场振动试验和测试，分析和处理输入与输出数据，寻求结构模态参数（频率、阻尼比和振型）的过程，称为模态参数辨识（Modal Parameter Identification）。

本书研究的内容就是属于结构动力学的反问题。在实际工程中，结构的时域振动响应是容易测试与获得的，通过分析结构振动响应的时域信号间接地获得结构模态参数，进而把握结构的实时性能、健康状态，如图 1-4 所示。

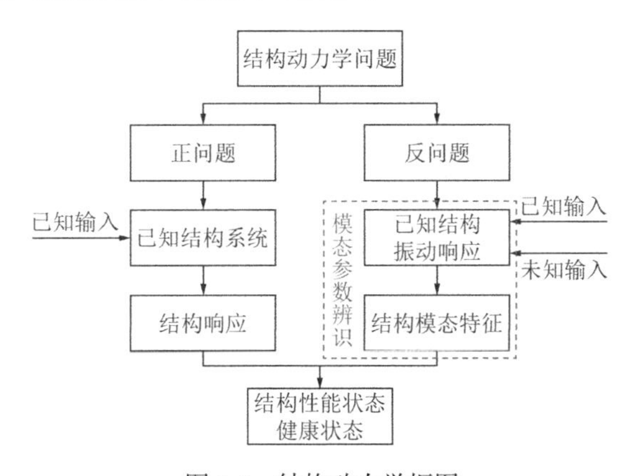

图 1-4 结构动力学框图

基于响应的模态参数辨识要从大量的响应信号中提取系统模态特征，在进行参数辨识之前的一项重要工作就是对信号进行分析和预处理（胡广书，2001；沃德·海伦等，2001）。模态参数辨识是振动信号处理的一个重要组成部分，涉及振动理论、信号分析、数据处理、数理统计、计算机及自动控制等多门学科，它的主要任务是从结构测试所得的振动信号数据中，确定结构的模态参数的估计。在不同激励下的结构振动信号包含了丰富的结构动力特征，包括模态固有频率、模态阻尼、模态振型、模态质量和模态刚度等。根据辨识域的不同，模态参数辨识方法可以分为时域法、频域法及时频域法（樊江玲，2007）。

研究结构动力特性的振动模态参数辨识方法多年来一直在不断发展。结构振动系统的模态参数辨识，只是结构动力特性分析的手段和途径，不是最终目的。应用参数辨识结果可解决结构动力学中的有关问题，例如结构损伤识别、振动控制及动力响应分析等。

1.2.2.1　振动响应信号预处理

由于受外界干扰严重，信噪比低，在结构环境激励下的实际响应是弱信号，要得到较为可靠、精确的模态参数估计结果，除采用合适有效的识别方法以外，还应在识别前对采集到的原始数据进行一定的预处理，剔除混杂在信号中的噪声和干扰，强化突出感兴趣的信号成分。这些预处理手段主要包括：零均值化处理（消除信号中的直流分量）；消除趋势项；剔除瞬态信号重采样；信号滤波等（高成等，2005；王济等，2006；张贤达，2002）。

（1）零均值法

对于平稳信号，在进行参数辨识之前，通过先估计信号的均值，然后将每个信号值减去该均值，从而实现平稳信号的零均值化。零均值化是平稳信号处理的必然预处理，按数理统计原理对其均值进行估计，为将来提取信号特征信息服务。

算术均值的估计 $\hat{\mu}_x$ 对于离散时域信号 $x(n)$ 的真实均值的估计值可按下式计算：

$$\hat{\mu}_x = \frac{1}{N}\sum_{n=0}^{N-1} x(n) \quad (n = 0,1,2,\cdots,N) \tag{1-1}$$

$$\mu_x = \frac{1}{T}\int_0^T x(n)\,\mathrm{d}t \tag{1-2}$$

式中：N——信号采样点数；

T——信号采样周期；

$\hat{\mu}_x$——离散时域信号 $x(n)$ 数学期望的估计值，且又是动态信号的直流分量，常利用其从动态信号中去除均值，以便在功率谱分析或者其他动态特征研究与分析中使用。

因零均值信号的相关函数和协方差函数之间是等价的，所以在基于协方差驱动的子空间方法中，相关函数和协方差函数是混用的。

（2）趋势项去除

由于放大器随温度变化产生零点漂移、传感器频率范围外低频性能的不稳定以及环境干扰等因素，在测试中得到的信号数据往往会偏离基线，还有随时间呈线性或非线性（如平方关系）的增长或下降趋势。为保证信号的准确，常常要求在识别前去除信号中包含的趋势项（或随时间变化的趋势函数）。其方法有：①用多项式拟合法去除线性或近似线性变化的趋势项；②用滤波方法去除非线性变化的趋势项。

（3）采样数据平均

噪声信号除了有 50Hz 的工频及倍频程等周期性的干扰信号，还有不规则的随机干扰信号，平均技术是用以降低信号中混入的随机噪声分量的一种有效方法。要进行平均首先要保证有足够的采样量，平外次数与采样次数相等（王济等，2006）。

李中付（2001）认为当采样次数一定时，有对响应信号、相关函数、系统特征矩阵、辨识结果 4 种参数辨识信号进行平均的方法。对系统的特征矩阵进行平均，在数据误差不传播时，其平均效果低于对相关函数矩阵 $\boldsymbol{R}$ 进行平均，所需时间也比相关函数平均时间长。对频率 f、阻尼比 ξ 的平均，不仅平均效果低于对相关函数矩阵 $\boldsymbol{R}$ 进行平均，而且所需时间比前述三种平均方法都长。因此，对相关函数进行平均是一个比较好的平均方法，不仅能提高辨识精度，而且所需时间也少。

（4）信号滤波

根据理论分析或试验研究预选定信号特征频段，对信号进行滤波处理，以去除非特征频段的信号，从而提高信噪比。常用的滤波有高通滤波、低通滤波或带通滤波等。数字滤波的时域方法是对信号离散数据进行差分方程数学运算来达到滤波的目的。数字滤波器的指标形式一般确定为频域中幅度和相位响应，希望系统在通带中具有线性相位响应，通过有限冲击响应滤波器（FIR）可以得到准确的线性相位，而无限冲击响应滤波器（ⅡR）在通带中很难得到线性相位，常用的ⅡR 滤波器有巴特沃斯（Butterworth）滤波器、椭圆（Ellip）滤波器、切比雪夫（Chebyshev）Ⅰ型和Ⅱ型滤波器、贝塞尔（Bessel）滤波器（胡广书，2001；张贤达，2002）。

Butterworth 滤波器的特点是具有通带内最平坦的幅度特性，并随着频率升高单调减小，会损伤截止频率的下降坡度。在下降斜度大的场合可以选择 Ellip 滤波器，但是在通带和阻带内是等波纹的，一般情况下，Ellip 滤波器能以最低的阶数实现制定的性能指标。Chebyshev 滤波器的幅度特性就是在一个频带内具有等波纹特性，Chebyshev Ⅰ型滤波器在通带内是等波纹的，阻带内是单调的；Chebyshev Ⅱ型滤波器在通带内是单调的，阻带内是等波纹的。

实际应用中，应根据采样数据所求结果的不同要求，不同特性选择合适的滤波器对信号进行滤波。以上都是对信号在单纯时域内的滤波。

1.2.2.2 振动响应信号频域辨识方法

频域辨识方法与相对时域辨识方法研究相对久远一些，是由傅里叶变换发展起来的。最早的频域辨识方法是图解法。在模态耦合不大的情况下，从实测数据经傅里叶变换得到的频响函数曲线上就可以粗略地识别模态频率、阻尼比和振型。随之，又陆续发展了以频响函数模态参数方程为基本数学模型，利用线性参数或非线性参数最小二乘法进行曲线拟合的多种模态参数的频域辨识法。

（1）峰值拾取法（Peak Picking Method，PP）

根据频域数据，通过直接观察共振峰的个数即可确定模型阶数。对于环境激励，频响函数没有实际意义，因此峰值拾取法用于结构随机响应的功率谱代替频响函数（沃德・海伦等，2001），通过观察平均功率谱密度（APSD，Average Power Spectral Density）的峰值来确定固有频率（Ren 等，2005；Stefania 等，2004）。

假定响应的某个功率谱值仅由某一阶模态确定，系统的固有频率 ω_i 即可由平均响应功率谱的峰值得到，模态振型可用 ODS（Operational Deflection Shapes）近似代替。该方法能够迅速辨识模态参数，物理意义明确，操作简单迅速。但对固有频率的识别十分主观，无法辨识密集模态，也无法辨识系统的阻尼比（De 等，2000），仅适用于实模态或比例阻尼的结构。在某种情况下，如模态阻尼过大或测点十分接近节点时都有可能造成模态丢失。

（2）复模态指示函数（Complex Mode Indication Function，CMIF）及频域分解法（Frequency Domain Decomposition，FDD）

复模态指示函数（CMIF）是比峰值拾取法（Coppolino，Rubin）更为先进的方法。这种方法由 Prevosto 提出，它基于谱密度矩阵的对角化（Peeters 等，1999），能克服上述峰值拾取法的不足，在原理上是峰值拾取法的延伸。在 20 世纪 80 年代初，这种方法被用来获取自然激励下振动系统的模态振型。后来，（Richardson 等，2003）对其进行了重新的定义，并命名为频域分解法（FDD）。

频率和阻尼从对应单自由度相关函数（功率谱的傅里叶反变换）的对数衰减获得。可见 FDD 的核心是，对响应功率谱进行奇异值分解，把功率谱分解为一个系统的自功率谱，每个功率谱对应于一个单自由度系统。该方法识别精度高，有抗干扰能力。（Haapaniemi 等，2003；Richardson 等，2003；Ventura 等，2002；Womack 等，2001）都是 FDD 应用的成功案例。但是 FDD 法在理论上仅适用于白噪声激励下的模态参数辨识（Cole 等，1973）。

（3）多项式拟合（Polynomial Fitting）

对于大阻尼结构，FDD 方法可能失效。针对这种情况，在频域对功率谱函数采用多项式拟合则可以提高频率分辨率，同时过滤噪声模态。在传统的多项式拟合方法中，传递函数可以用有理分式表示，而分子分母都由多项式组成。有理分式形式传递函数的模态参数辨识方法最早被 Levy 应用于电系统参数辨识。Vander Auweraer 和 Leuridan（1987）将其进一步应用到多输入或多参考点的模态参数辨识中。有理分式多项式（Rational Fraction Polynomial，RFP）的频响函数模型可以表示为：

$$H(j\omega)=\frac{(j\omega)^{n-2}b_{n-2}+(j\omega)^{n-3}b_{n-3}+\cdots+b_0}{(j\omega)^{n}a_{n}+(j\omega)^{n-1}a_{n-1}+\cdots+a_0} \tag{1-3}$$

式中，$a_i\in R^{P\times P}$ 为分母系数矩阵，$b_i\in R^{L\times P}$ 为分子系数矩阵。$n=2m$，m 为系统模态数，P 为激励点（输入）数，L 为测量点（输出）数。理论频响函数与实测得到频响函数之间存在误差，用最小二乘法可以估计这些系数矩阵，再从系数矩阵中直接识别模态参数。识别过程最终归结为求解线性方程组，而求解过程存在的问题就是线性方程组的系数矩阵不是对角占优的，而数值动态范围往往很大，从而导致矩阵病态，不能保证较高的拟合精度。解决该问题的有效方法是选择正确的数值方法——正交多项式（Orthogonal Polynomial）拟合法。这种拟合法可以根据多参考点频响函数估计出系统极点、模态振型与模态参与因子。如果没有输入信息，就很难确定频响函数（FRF），Schwarz 和 Richardson（2001）提出了“ODS（Operational Delfection Shape）FRFs”的改变来用于多项式拟合。这种“FRFs”与原意义上的“FRF”不同之处在于它综合了功率谱幅值以及传感器与参考传感器之间的互谱相互的信息，因此可以用于环境激励下的模态参数辨识。但是多项式拟合方法还是多用于频响函数的拟合，使用中存在不便。

（4）极大似然识别法（Maximum Likelihood Identification，MLI）

PP 法和 FDD 法一次只能考虑一个模态，MLI 法则从整体上来估计参数化的谱矩阵。它是一种通过使误差范数最小化来估计模型参数的优化方法（Cauberghe 等，2004；Parloo

等，2003；Peeters 等，2001；Verboven，2004）。它要求引入有关随机观测数据与未知参数之间的概率特征与统计关系，并通过它来进行参数估计。（Verboven 等，2002）用基于 MLI 和随机模态有效性准则的方法对模态参数进行识别，在测量噪声很大的情况下仍能取得稳健的识别效果。MLI 对特殊的噪声模型有很好的理论保证，对于从含有大量噪声的数据中提取模态参数来说确实是一个稳健的方法（Li 等，2015）。但是 MLI 计算过程中会遇到对未知参数的非线性方程，需要有一个迭代过程，因此这些方法运算量较大，不适于处理数据量大的问题。

（5）PolyMAX

PolyMAX 是一种快速频域最小二乘估计量，是最小二乘复频域（Least-Squares Complex Frequency-domain，LSCF）估计方法的延续，最初用于搜索迭代最大似然方法的初始值，后来发现这些“初始值”只要很小的计算量就可以得到比较准确的模态参数（Guillaume P，1998），因而得到了进一步应用。它以输出谱作为主要计算数据，假设输入为白噪声的情况下，输出谱可以表示为非常接近频响函数（FRF）$H(\omega)$ 的形式。

PolyMAX 一大优点就是可以构造清晰的稳定图，有自动的参数辨识过程，能够在线连续监测结构动力学特征（Peeters 等，2005）。基于此理论的商业软件已有很好的应用。

（6）频域法中的模型阶次的确定

基于输出的模态参数辨识频域方法用谱矩阵代替了传统方法中的频响函数，其中的峰值拾取法可直接通过观察响应谱峰的个数来估计模型阶次。但在系统阻尼过大或测点十分接近节点时都有可能丢失模态，因此识别精度较低。然而用这种方法估计模型阶次最简单直观，也最迅速。CMIF 及 FDD 都涉及谱矩阵的 SVD 分解，理论上非零的奇异值个数就是谱矩阵的秩，即模型阶次，而实际上组成谱矩阵的数据都是通过实际测试得到的，或多或少都含有噪声，使矩阵中的奇异值并不真正为零，但是奇异值会发生突降，突降之前的奇异值数可认为是模型的阶次。

1.2.2.3 振动响应信号时域辨识方法

时域辨识方法是指时间域内识别结构模态参数的方法。时域法可以克服频域法的一些缺陷。特别是对于大型复杂结构，如隧道、大坝、高层建筑、海洋平台等受到风、浪及大地脉动的作用时，他们在工作中承受的荷载很难测量，但是响应信号容易测得，因此直接利用响应的时域信号进行参数辨识无疑是很有意义的。目前模态参数辨识方法主要有时域最小二乘法、ITD 法（时域法）、STD 法（稀疏时域法）、复指数法（Prony 法）、ARMA（自回归滑动平均法）、ERA 法（随机子空间法和特征系统实现法）等。

模态参数时域辨识方法的主要优点是可以只使用实测的响应信号，无需经过傅里叶变换处理，因而可以避免由于信号截断而引起泄漏，出现旁瓣、分辨率降低等因素对参数辨识精度所造成的影响。同时利用时域方法还可以对连续运营的结构进行在线参数辨识。这种实际运营下识别的参数真正反映结构的实际动态特征。由于时域法参数辨识技术只需要响应的时域信号，从而减少了激励设备，大大节省了测试时间与费用，这些都是频域法所不具有的优点。

（1）时间序列分析法

Akaike H 在 1969 年首次利用 ARMA 模型进行参数辨识。此后各种改进的时间序列识别参数方法如 ARMAV、ARMAX（Bodeux 等，2003；Moore 等，2007；Smail 等，1999）考虑非高斯平稳随机激励，并对有色高斯测量噪声有抗干扰能力的基于高阶统计量（Higher Order Statistics，HOS）的 ARMA 模型参数估计方法也应运而生（张贤达，1999）。

用时间序列分析法进行模态参数辨识无能量泄漏、分辨率高，但是该类方法识别的精度对噪声、采样频率都比较敏感，鲁棒性差，不利于处理大数据量，且仅适用于白噪声激励的情况，尤其是模型阶次的确定更是时序建模和进行参数辨识的关键所在。

（2）时间序列的定阶法

早期提出的定阶准则（如 FPE、AIC、BIC、MDL、HIC 等）在很多文献（Akaike 等，1974；Rissanen 等，1983；Schwarz 等，1978；林循泓，1994）里都有介绍。时间序列定阶日益得到研究者的关注，（Hirshberg 等，1996）分析了多变量 AR（Multivariate AR）模型，比较了三种较为稳健的阶数估计方法，认为在一般情况下，MDL（Minimum Description Length）估计要比 NPC（Neyman-Pearson Criterion）和 LBTC（Locally Best Test Criterion）估计更为有效。（Hung 等，2002）用 VBAR（Vector Backward AR）模型进行参数辨识，这种方法不但能够准确地识别出固有频率和阻尼比，还可以提取出相关的模态振型。与机遇 SVD 的系统模态数目判定方法相比该方法不需要结构的先验信息及识别准则。（Larbi 等，2000；Lardies 等，2001）多变量 MDL 与超定辅助变量序列结合，对随机激励下结构的 AR 模型进行定阶，取得了很好的效果。（Bouzouba 等，2000）介绍了用最大熵谱原理估计 AR 模型参数和阶数的方法。

（3）NExT（Natural Excitation Technique）

美国 Sandia 国家实验室的 James 和 Carne（1993）结合时域模态识别方法，在前人利用响应相关量改善参数辨识的基础上，从理论上证明了白噪声激励下线性系统响应点之间的互相关函数和脉冲响应函数有相似的数学表达式，也就形成了 NexT 方法的基本思想。NexT 法已经成为模态识别的代表方法之一，应用也十分广泛（Kim 等，2002；Shen 等，2003）。

（4）随机减量法（Random Decrement，RD）

随机减量法（Ibrahim 等，1976；周传荣等，1989）是利用样本平均的方法，去掉响应中的随机成分，而获得一定初始激励下的自由响应，然后利用 ITD 等方法进行蚕食识别。对结构的时域随机响应信号进行谱密度和自相关分析得到有关的特征。当输入为白噪声时，输出的谱密度代表着频响函数特征，而相关函数曲线与结构以一初始位移做自由衰减振动时的曲线形状相同。

（5）经验模态分解（Empirical Mode Decomposition，EMD）

美国 NASA 海洋水波实验室 Huang Norden E 等人于 1995 年研究水波的非线性和

Hilbert 谱时提出了 EMD 方法（Huang 等，1998）。EMD 的主要思想是利用信号本身的时间尺度特征，在时域内把任意信号（确定性信号或随机信号，平稳信号或非平稳信号）分解为不同频率的模态分量函数（Intrinsic Mode Function，IMF）之和，分解得到的各 IMF 之间具有正交性且唯一。EMD 方法克服了傅里叶用高次间谐波分量拟合非线性非稳定信号的缺点，每一个 IMF 仅包含结构的某一阶固有模态信息，可以将其认为是结构的某一阶模态响应，其频率成分随信号本身的变化而变化，因此 EMD 方法是自适用的信号处理方法，比傅里叶及小波变化等依赖于先验函数的基的分解方法更适合于非线性、非平稳信号。

（Chen 等，2004；Yang 等，2004）利用 EMD 和 RDT 以及 HHT（Hilbert Huang Transform）相结合的方法通过辨识参数了解系统发生故障前后的特征变化，对结构系统进行故障诊断和健康监测比单独使用小波或 EMD 方法效果都要好。（孙伟峰等，2010）针对信号采样频率过低对 EMD 方法造成的虚假模态等问题提出了一种改进的算法，成功地提取出机械信号中具有明确物理意义的故障模态。（Ren Wei-Xin，2005；Yu Dan-Jiang）则将 EMD 方法与子空间方法相结合，对环境振动下的实桥结构进行参数辨识，有效地避免结构各阶模态之间的相互影响。

（6）随机子空间法（Stochastic Subspace Identification，SSI）

SSI 自于控制领域，是基于线性系统离散状态空间方程的辨识方法，适用于平稳激励，SSI 由（Peeters 等，1995）提出。针对测量大型结构的输出响应时，不能一次测完所有自由度的响应的问题，（Peeters 等，1999）提出一种基于参考的 SSI 方法。SSI 可以分为两类，协方差驱动（Covariance-driven）和数据驱动（Data-driven）（Peeters 等，2001；Vandaele 等，2000）。

（Bauer 等，1998）提出对 SSI 有两种定阶形式，一种是基于奇异值的方法，另一种是类似于 AIC、BIC 的定阶准则。SSI 的模型基础是状态空间方程，（Lardies 等，1998）从大小不同的两个状态模型的改良协方差矩阵的行列式的比值来估计模型阶次。（Lardies 等，1998）还提出一种基于可观测激振的列和 χ^2 分布的定阶方法。针对子空间方法的阶数估计的文献不多，最早的是由 Petemell 于 1995 年提出的依赖于正则相关估计的判定准则，由于该准则对某些由用户选择的参数相当敏感，Bauer 对其做了改进，还提出了另外一种适用于 Larimore 型的判定准则。（Bauer 等，2001）对三种子空间的模态阶次估计方法进行了比较，信道盲辨识也用到了子空间方法，信道阶数估计对信噪比和采样数据量的大小都十分敏感。（Liavas 等，1999）利用子空间与不变子空间摄动结果之间的正则角的概念，提出一种有效的信道盲阶数估计方法。

1.2.2.4 振动响应信号时频域辨识方法

信号的时频表示方法是针对频谱随时间变化的确定性信号和非平稳随机信号发展起来的。它将一维信号 $x(t)$ 或 $x(\omega)$ 映射成为时间-频率平面上的二维信号，使用时间和频率的联合函数来表示信号，旨在揭示信号中包含多少频率分量以及每一分量是如何随时间变化的。

近年来研究较多的时频表示方法主要有 WVD（Winger-Ville Distribution）分布（Nayak 等，2004；Sekhar 等，2003；Xia Yong，Hong Hao，2000），短时傅里叶变换（Short Time Fourier Transform，STFT）(Chikkerur 等，2007；Ghosh 等，2006；Kara 等，2007；Ryan 等，2008），小波变换（Wavelet Transform，WT），时变 ARMA 参数化模型以及 Hilbert 变换（Klein R，2001）。时频表示分为双线性时频表示、线性时频表示以及其他形式的时频表示（刘永本，2006；张贤达，2002）。最早用于结构模态参数辨识的时频分析方法是基于 WVD 的方法，这种辨识方法的基本思路是，对线性时变系统，计算系统的任意两点响应的瞬时互相关函数和自相关函数，然后进行 Cohen 类变换得到两位置处的幅值比和相位差，当频率为某一阶模态频率时，即幅值比和相位差均不随时间变化时即可得到系统固有频率和振型。响应信号的 WVD 实际上是一种双线性变换，它的缺点是能量分布存在交叉干扰而且有可能出现负值，同时交叉干扰将影响特征分辨率。为抑制交叉项而使能量分布更加集中，人们设计了多种改进的双线性时频分布。

为了研究信号在局部时间段的频率特征，Garbor 于 1964 年提出了著名的 Garbor 变换，（Zhang 等，2003）用 Garbor 变化分解响应信号来识别线性事变系统的固有频率、阻尼比和模态振型。自由响应可以表示为频率和幅值分量的线性组合，通过用连续 Garbor 变换的"ridges"的扩展定义提起调制律，使多自由度非线性小阻尼结构的非线性模态参数的辨识结果更为准确（Bellizzi 等，2001）。（Bonato 等，1998）提出了基于时频、模糊函数模态滤波的方法，并用该方法识别一个非平稳风载下的转换架的模态参数，与用传统的频域方法以及时域 ARMA 方法进行比较，体现了这种方法分辨率高、识别稳健、信息量大的优点。（Xu 等，2002）分别用时频 WVD、FFT 和 ARMA 三种方法对风荷载下的虎门吊桥进行参数辨识，通过比较辨识结果得，WVD 与 ARMA 结合能够更好地分析快变振动信号。

针对平稳随机激励，仅利用输出响应辨识结构模态参数的时域、频域方法比较系统。针对非平稳结构响应，时频域方法和 WT 等方法具有前途，只是目前还没有形成系统的工具，大规模的应用还没有开始。

1.2.2.5 振动响应信号的智能辨识方法

对于非线性系统，传统的辨识方法往往难以得到满意结果，而且不能同时确定系统的结构参数，难以得到全局最优解。随着智能控制理论不断地深入及广泛应用，出现了一些新型的智能系统参数辨识方法，如神经网络、遗传算法等。

（1）神经网络（Neural Network，NN）辨识方法

对神经网络的研究可追溯到 20 世纪 40 年代末，将其付诸工程实践则始于 20 世纪 60 年代初。神经网络实现技术权威专家 Hecht-Nielson 给神经网络的定义是，神经网络是一个以有向图为拓扑结构的动态系统，其通过对连续或断续式的输入作状态响应而进行信息处理。神经网络无须建立实际系统的辨识格式及数学模型，由于神经网络中的神经元之间存在大量的连接，这些连接上的权值在辨识中对应于模型参数，通过调节这些权值即可使网

络输出逼近系统输出，即误差函数最小（Ibnkahla 等，2002；Lee 等，2005；Lee 等，2002；Yam 等，2003；Yun 等，2000）。

（Ibnkahla 等，2002）都用神经网络对系统进行故障诊断，诊断系统故障位置和程度。作为实际系统的辨识模型，神经网络实际上是系统的一个物理实现，可用于在线控制，但仍有一些理论和实际问题有待深入研究，如，学习算法的收敛性、收敛的速度、精度等问题，因此在实时性、辨识精度等方面还不够理想。另外由于非线性模型的特性多种多样，对于某一系统的辨识问题，网络的选择、网络结构的确定等在理论和实践上都有待进一步探讨。

（2）遗传算法（Genetic Algorithm，GA）辨识方法

GA 是由美国 Michigan 大学的教授 John Holland 创建的。1967 年 J.D. Bagely 在其博士论文中首次提出了“遗传算法（GA）”的概念。前面介绍的辨识方法有的使用了梯度技术（如 LSCE、MLI 等）的局部搜索方法，在搜索空间不可微或参数非线性时，这些方法都不易找到全局最优解。另外传统的辨识方法一般是先确定模型结构，再确定模型参数，当结构不理想时，需要重新确定结构再进行参数辨识，这使得辨识要经历从确定结构到确定参数的多次反复。GA 不需要假设搜索空间是可微或连续的，在每一代中，它同时搜索参数空间的不同区域，并将搜索方向指向具有较高概率找到更优解的区域。GA 为非线性系统的辨识提供了一种简单而有效的方法（Alkanhal 等，1998；Scionti 等，2005）。

近年来，GA 在参数辨识领域中的应用日益得到人们的重视。用 GA 构造了一种新方法，对非最小相位、线性、时不变（NMP-LTI）系统的参数进行盲辨识。这种方法能够识别阶数预先确定的系统参数，而且对阶数也不敏感。（Chen Fangjiong，2003）用 GA 来解决 IIR 信道的估计问题，克服了以往方法中需要预先知道信道阶数的缺点，可以同时辨识系统参数和信道阶数。

1.2.3 基于动力特征损伤识别的研究进展

1.2.3.1 基于频率的损伤识别

基于频率参数的损伤识别方法以结构固有频率的改变作为基本指标，该参数在实际工程中最容易获得，精度较高，对噪声等不敏感（Adams 等，1978；Contursi 等，1998；Jiang 等，2006；Patil 等，2003；Salawu 等，1997；程远胜等，2008；杜思义，2010；韩东颖等，2011）。

在结构损伤识别研究的初级阶段，由于模态测试技术还不成熟，对于结构的动力特性参数（频率、振型、阻尼）而言，结构的固有频率识别精度相对于其他模态参数较高。

（Adams 等，1978）首先提出采用固有频率进行一维构件的损伤识别，并在一个铝板上进行了试验验证的方法，其基本理论如下：

对一个无阻尼结构有：

$$(-\lambda_i[\boldsymbol{M}]+[\boldsymbol{K}])\{\phi_i\}=\{0\} \tag{1-4}$$

式中：λ_i——第 i 阶的模态特征值；

$\{\phi_i\}$——第 i 阶的模态特征向量；

$[\boldsymbol{M}]$——质量矩阵；

$[\boldsymbol{K}]$——刚度矩阵。

假定结构的损伤导致结构的刚度变化，而结构的质量不变化，上式变为：

$$[-(\lambda_i+\Delta\lambda_i)[\boldsymbol{M}]+([\boldsymbol{K}]+[\boldsymbol{DK}])](\{\phi_i\}+\{\Delta\phi_i\})=\{0\} \tag{1-5}$$

式中：λ_i——第 i 阶的模态特征值；

$\{\phi_i\}$——第 i 阶的模态特征向量；

$\Delta\lambda_i$——第 i 阶的模态特征值变化量；

$\{\Delta\phi_i\}$——第 i 阶的模态特征向量变化量；

$[\boldsymbol{M}]$——质量矩阵；

$[\boldsymbol{K}]$——刚度矩阵；

$[\boldsymbol{DK}]$——刚度矩阵变化量。

上述方程乘以 $\{\phi_i\}^{\mathrm{T}}$，并且将式(1-4)代入式(1-5)，忽略高阶项有：

$$\Delta\lambda_i=\frac{\{\phi_i\}^{\mathrm{T}}[\Delta\boldsymbol{K}]\{\phi_i\}}{\{\phi_i\}^{\mathrm{T}}[\boldsymbol{M}]\{\phi_i\}} \tag{1-6}$$

通过特征频率对结构物理参数的灵敏度分析，得到结构在单处损伤前后任意两阶频率变化的比值仅与损伤位置有关：

$$e_{\mathrm{r}i}=\frac{\delta\omega_i}{\delta\omega_j}=\frac{g_i(r)}{g_j(r)}=h(r) \tag{1-7}$$

式中：$e_{\mathrm{r}i}$——灵敏度；

$\delta\omega_i$——第 i 阶的模态频率变化值（固有频率）；

r——结构位置参数。

但这种方法仅适用于单处损伤且不能区分结构中对称位置的损伤。

（Hearn 等，1991）提出“频率变化平方比”的概念，并用其对结构损伤定位。

（史治宇，1997）仿照瑞利商形式，定义局部势能与动能之比为局部频率，即第 j 个单元对应第 i 阶振型的局部特征值：

$$\lambda_{ij}=\frac{\phi_i^{\mathrm{T}}\boldsymbol{K}_j\phi_i}{\phi_i^{\mathrm{T}}\boldsymbol{M}_j\phi_i} \tag{1-8}$$

并提出局部特征值变化率：

$$R_{ij}=\frac{\lambda_{ij}^{\mathrm{d}}-\lambda_{ij}^{\mathrm{u}}}{\lambda_{ij}^{\mathrm{u}}} \tag{1-9}$$

式中：上标 u、d——损伤前后的值。

并通过一平面桁架的数值分析验证了局部特征值变化量能有效实现损伤的定位。

（Contursi 等，1998）依据频率损伤识别的原理，提出检测多处损伤的定位置信标准（Multi Damage Location Assurance Criterion，MDLAC）。

$$\mathrm{MDLAC}(\delta D)=\frac{\left|(\Delta f)^{\mathrm{T}}\cdot\{\delta f(\delta D)\}\right|^2}{\{(\Delta f)^{\mathrm{T}}\cdot(\Delta f)\}\cdot\{\delta f(\delta D)\}^{\mathrm{T}}\cdot\{\delta f(\delta D)\}} \tag{1-10}$$

式中：Δf——频率变化；

δD——单元刚降低因子矢量；$D_j = 1$ 表示没有损伤，$D_j = 0$ 表示无损。MDLAC 是仅利用模态频率识别多处损伤的方法。

（高芳清等，1998）应用摄动理论，提出频率变化比对单一单元损伤进行识别定位。

$$\frac{\delta\omega_i^2}{\delta\omega_j^2} = \frac{\dfrac{\varepsilon_n^{\mathrm{T}}(\phi_i)\boldsymbol{K}_n\varepsilon_n^{\mathrm{T}}(\phi_i)}{\phi_i^{\mathrm{T}}\boldsymbol{M}\phi_i}}{\dfrac{\varepsilon_n^{\mathrm{T}}(\phi_j)\boldsymbol{K}_n\varepsilon_n^{\mathrm{T}}(\phi_j)}{\phi_j^{\mathrm{T}}\boldsymbol{M}\phi_j}} \tag{1-11}$$

式中：$\varepsilon_n(\phi_j)$——第 i 阶振型 ϕ_i 计算出的损伤单元变形；

$\boldsymbol{K}_n$——损伤单元的单元刚度矩阵；

$\boldsymbol{M}$——质量矩阵。

（谢峻等，2004）提出一种改进的整体损伤识别方法，首先对结构特征值的表达式进行变分，忽略结构质量的改变，进行 Taylor 级数展开，舍去二阶以上项可得：

$$\frac{\delta\lambda_i}{\lambda_i} = \frac{\phi_i^{\mathrm{T}}\delta\boldsymbol{K}\phi_i}{\boldsymbol{K}_i^*} = \sum_{j=1}^{n}\frac{\delta\boldsymbol{K}_i^* k_j}{\boldsymbol{K}_i^*\delta k_j}\cdot\frac{\delta k_j}{k_j} \tag{1-12}$$

式中，$\boldsymbol{K}^* = \phi_i^{\mathrm{T}}\boldsymbol{K}(\phi_i)$ 为广义刚度矩阵；k_j 为第 j 个单元刚度。并引入最小二乘约束的迭代优化求解方法，采用误差分布门槛值法来消除噪声的影响。最后用一个三跨连续梁作数值模拟计算，验证该方法的可行性。

（刘文峰等，2004）针对 Euler 梁，当损伤位置至梁端距离与梁高度的比值大于 3 时，结构的圆频率平方与对应阶次的曲率模态基本呈线性关系，并提出：

$$\frac{\delta f_i/f_i}{\delta f_j/f_j} = \frac{\phi_i''(x)}{\phi_j''(x)} \tag{1-13}$$

满足上式对应 x 处为损伤位置。最后通过一钢梁的数值仿真分析表明只有用前三阶振型及频率即可以较好地进行单处损伤的损伤定位。

（Jiang 等，2006）考虑测试模态频率获得阶数相对较少的缺点，采用可调压电式换能器丰富频率的测量，采用高阶识别算法进行参数辨识。室内试验表明，通过电感调谐使得频率的获取能量更加丰富，高阶算法的使用有效提高了损伤识别的精度。

（Patil 等，2003）针对不同支座条件下欧拉-伯努利梁模型，提出了一种基于频率变化的损伤识别方法。该方法基于传递矩阵方法，适用于多节段梁的损伤辨识。

（杜思义等，2010）提出一种基于模态频率和摄动理论的损伤识别方法，仅利用结构的前几阶模态频率就可以实现结构损伤定位及程度识别，具备良好的鲁棒性。

（韩东颖等，2011）基于分布识别法，采用频率变化比、频率变化率、频率变化平方比等参数，提出一种依赖前几阶模态频率的井架结构损伤识别方法。

结构的固有频率是一个全局性参数，其所能提供的信息量较少，运用结构损伤识别存在一定的局限性。此外该方法不能识别出对称结构上对称位置的损伤，也无法识别多处损伤。相对低阶频率，高阶频率对损伤更敏感，但是使用高阶频率进行损伤识别时，需要解决两个关键的问题：其一，高阶模态的耦合现象严重；其二，高阶模态易受周边环境影响。

1.2.3.2 基于振型的损伤识别

早期的大多数方法是基于直接比较模态振型，比较损伤前后振型的变化，经验判定损伤的位置。这对于大型复杂结构而言存在耗时、实施困难等问题，且受人为主观判定影响较多，因此，不少学者在基于振型的基础上，提出了一系列振型的衍生参数实现结构的损伤识别。

（Ewins 等，1985）提出模态置信度因子（Modal Assurance Criterion，MAC）。

$$\mathrm{MAC}=\frac{\left|\sum_{j=1}^{n}\phi_j^{\mathrm{u}}\phi_j^{\mathrm{d}}\right|^2}{\sum_{j=1}^{n}\left(\phi_j^{\mathrm{u}}\right)^2\cdot\sum_{j=1}^{n}\left(\phi_j^{\mathrm{d}}\right)^2} \tag{1-14}$$

式中：ϕ_j^{u}、ϕ_j^{d}——损伤前后相对应的某阶模态振型；

n——模态自由度。

MAC 实际上就是表征损伤前后模态振型向量相关特性的量，当 $\mathrm{MAC}>0.9$ 时，可认为两个模态是相关的，而当 $\mathrm{MAC}<0.05$ 时，则可以认为两个模态是无关的。因此可以根据 MAC 的大小来判定结构是否出现损伤以及损伤程度。

（Allemang 等，1986）指出当测点数较少时，计算的 MAC 值接近于 1，但并不意味着这两个振型的相关性高，因此，对于一个子结构而言，如果测点数太少，那么该子结构的损伤将不可能识别出来，这也是该方法的局限性之一。

（Lieven 等，1988）在 MAC 基础上，提出了坐标模态置信度因子（Coordinate Modal Assurance Criterion，COMAC）。

$$\mathrm{COMAC}=\frac{\left|\sum_{j=1}^{n}\phi_{i,j}^{\mathrm{u}}\phi_{i,j}^{\mathrm{d}}\right|^2}{\sum_{j=1}^{n}\left(\phi_{i,j}^{\mathrm{u}}\right)^2\cdot\sum_{j=1}^{n}\left(\phi_{i,j}^{\mathrm{d}}\right)^2} \tag{1-15}$$

式中：$\phi_{i,j}^{\mathrm{u}}$、$\phi_{i,j}^{\mathrm{d}}$——损伤前后第 j 阶模态振型在第 i 个自由度上的分量。

COMAC 值较低表明节点模态坐标 i 处存在不一致性，可以作为该处存在损伤的标志。

MAC 和 COMAC 指标在结构数值分析中取得了良好的效果，并且还广泛应用于有限元模型修正领域。

（Ching J 等，2004）分别采用锤击和环境激励测试获取结构损伤前后的模态振型数据，对九组模型进行了损伤识别试验。其中，第一组（未损）至第六组是多支撑结构，第七组（未损）至第九组为非支撑结构。对于多支撑结构，损伤采用支撑的去除来模拟，对于非支撑结构，损伤通过松动结构链接处的转动刚度来模拟。试验结果表明，对于多支撑结构，采用锤击及环境激励数据均可以实现结构的损伤识别。然而，对于链接损伤的识别比较困难，因为模态参数对链接处敏感性较低，模型误差对结果的影响也更明显。

（Choi Sanghyun，2005）提出一种通过顺应性指数进行损伤定位及程度识别的方法，该顺应性分布通过结构模态振型的改变计算获得。对于简支梁桥和两跨连续梁桥的数值模拟和相关室内试验验证了该方法的适用性。结果表明：该方法可以识别结构单处损伤和多处损伤下的位置，综合利用多阶模态振型能提高该方法用于损伤定位及程度识别的有效性。

（Ismail Z，2006）提出了一种用于定位钢筋混凝土桥梁裂缝及蜂窝损伤的方法。通过自由振动方程的重组及振型数据的四阶中心差分提出了一个欧拉梁的局部刚度识别指标。四座混凝土梁用于验证该方法，结果表明该方法具备良好的损伤定位及程度识别精度。

（Hu Chuanshuang，Muhammad T Afzal，2006）对结构损伤前后的振型差数据采用统计离散拉普拉斯算子进行构造，实现木质桥梁损伤辨识。结果表明，无论采用一阶还是二阶振型，该方法均可以实现准确的损伤定位，缺点是无法判断结构的损伤程度。

1.2.3.3 基于阻尼比的损伤识别

从理论上来说，当结构发生损伤时，系统的阻尼比会增大。然而对于实际工程结构而言，现有的阻尼比测试技术还不成熟，也就导致基于阻尼比的损伤识别方法应用并不广泛。国内外学者进行了一些采用阻尼比作为损伤识别参数的常识，但是绝大部分研究都没有得到阻尼比与损伤之间确切的相关关系（Casas 等，1994；Farrar 等，1998；Razak 等，2001；Salane 等，1990；Salawu 等，1995）。

（Salawu 等，1995）对一个公路混凝土梁桥进行了模态测试，旨在发现桥梁损伤与结构模态参数之间的内在规律。结果表明桥梁损伤与阻尼之间关系并不明显。（Casas 等，1994）对四对钢筋混凝土梁桥进行损伤模态测试，也发现相似的结果。

尽管很多学者通过研究认为阻尼比与损伤不存在明显的关系，识别结果也是不可靠。但是，（Razak 等，2001）得到了不同的结论。他们对三座钢筋混凝土梁桥进行了模态测试，其中一座未损，另外两座承受不同程度的损伤。测试结果表明，第二、三阶模态阻尼比随着损伤程度的增加而增加。因此，作者认为阻尼比能够很好地反映结构损伤的变化。

1.2.3.4 基于衍生模态参数的损伤识别

利用基本模态参数直接比较进行损伤识别的方法存在一定的局限性，更多研究转向用衍生模态参数进行结构的损伤识别，包括模态曲率、柔度矩阵、模态应变能及其他衍生指标。

（1）模态曲率

模态曲率为振型的二阶导数，对损伤更加敏感，更适合于结构的损伤定位，其定义为（Wahab 等，2001；Wahab 等，1999）：

$$\phi''_{j,i}=\frac{\phi_{(j+1),i}-2\phi_{j,i}+\phi_{(j-1),i}}{l^2} \tag{1-16}$$

式中：i——模态振型阶数；

j——节点号；

l——振型测点间距。

（Pandey 等，1991）首次提出模态曲率，该指标为模态振型的中心差分估计，可以有效地对损伤进行定位和损伤程度的判定。作者认为，模态曲率对结构损伤的敏感程度远远优于 MAC 和 COMAC 指标。

（Ratcliffe 等，1997）扩展了该方法，提出了不用基准模型进行损伤诊断的方法。该方法利用了对离散的模态振型进行拉普拉斯变换，并成功地识别了一个损伤钢梁。

$$L_l = (\varphi_{l+1} + \varphi_{l-1}) - 2\varphi_l \tag{1-17}$$

（Hamey 等，2004）对一复合梁在四种不同损伤下进行试验研究，试验中采用智能压电传感器，通过测试获得结构的模态曲率值，结果表明模态曲率具有良好的适用性。

（彭华等，2006）基于曲率模态的理论，提出了采用模态矢量进行损伤因子矩阵计算的方法。数值模拟算例验证了方法的有效性。在此基础上，基于两个线性假设，提出了结构寿命预测的新方法。

（李忠献等，2007）以大跨斜拉桥为研究对象，首先获取其基准有限元模型，通过数值模拟探讨了模态曲率参数方法用于结构损伤识别的有效性。结果表明，该方法可以对斜拉桥进行初步的损伤位置识别。

采用模态曲率作为损伤识别要求测点位置在空间上较接近，并且测点数目较多，否则中心差分的估计值会引入较大的误差。

（2）模态柔度

结构模态柔度可以通过低阶的频率和振型参数计算获得，而在实际工程中，低阶频率及振型参数可以从振动信号中比较精确地测试获得。模态柔度的计算公式如下：

$$F = \phi\Lambda^{-1}\phi^{\mathrm{T}} = \sum_{i=1}^{n}\frac{1}{\omega_i^2}\phi_i\phi_i^{\mathrm{T}} \tag{1-18}$$

式中：　F——模态柔度矩阵；

ϕ_i——质量归一化振型；

ω_i——模态频率；

$\Lambda = \mathrm{diag}(\omega_i^2)$——矩阵特征值。

通过比较结构损伤前后的模态柔度矩阵变化，就可以实现结构的损伤识别。并且，柔度与频率的二次方成反比关系，随着频率数值的增加，柔度矩阵收敛迅速。因此，仅采用前几阶低阶频率及振型就可以实现模态柔度的良好估计。

（Bernal 等，2002）提出了一种用于结构损伤位置识别的“损伤定位向量”法，该方法可以通过结构模态柔度变化空间向量计算获得的应力域变化实现损伤定位。对一钢桁架桥的数值模拟结果表明，该方法仅能够识别某些单元的损伤。

（Patjawit 等，2005）提出了公路桥梁损伤识别的整体柔度系数法（Global Flexibility Index，GFI），该系数通过模态柔度矩阵的谱范数计算获得。分别对一简支梁和钢筋混凝土梁进行了室内试验，结果表明，GFI 数值随着损伤程度的增加而降低，这表明 GFI 可以用于桥梁损伤的提前预警。

（Choi 等，2008）等提出了一种基于柔度及损伤指标的新方法，数值模拟和室内试验结果表明，该方法可以同时对四个损伤位置进行定位，对单位值损伤程度的识别结构也非常理想。

（杨开荣，2011）通过对百米钢栈桥的数值模拟分析，对比了模态柔度差曲率和模态柔度曲率差两种方法的损伤识别效果，结果表明这两种方法均具备良好的适用性。

均匀荷载曲面（Uniform Load Surface，ULS）方法由学者 Zhang 和 Aktan 首先提出，该方法的计算公式如下：

$$\mathrm{ULS} = F \cdot L \tag{1-19}$$

式中：　　F——模态柔度；

$L = \{1,1,\cdots,1\}^{\mathrm{T}}$——单位向量，用于表示结构所受均布荷载。

与模态柔度参数相同，ULS 的收敛速度很快，仅需要前几阶模态参数就可以计算获取。对于健康结构，ULS 为一平滑曲面。当结构损伤后，ULS 在损伤位置处会出现峰值。

（Zhang 等，1998）首次提出采用 ULS 方法实现结构损伤判定，对 ULS 的截断效应和误差的敏感度进行了试验研究。结果表明，该方法截断效应较小，对实现噪声具备良好的鲁棒性。

（Wu 等，2004）以 ULS 理论为基础，提出了均布荷载曲率（Uniform Load Surface Curvature，ULSC）的概念，并将该方法用于板类结构的损伤识别。结果表明，ULSC 方法具备良好的损伤定位能力。

（3）模态应变能

（Chen 等，1988）首先提出模态应变能（Modal Strain Energy，MSE）的概念，对于第 i 阶振型 ϕ_i 的结构应变能 U_i 可以通过下式计算：

$$U_i = \int_0^L EI\left(\frac{\partial^2 \phi_i}{\partial x^2}\right)^2 \mathrm{d}y \tag{1-20}$$

式中：EI——结构截面抗弯刚度；

　　L——结构长度。

通过计算结构损伤前后的模态应变能变化可以实现结构的损伤识别。该方法的基本思想是：结构单元模态应变能的分布与单元的刚度和对应的振型分量相关，当单元发生损伤，则结构损伤前后该单元模态应变能变化最大。

（Stubbs 等，1995）提出利用结构的应变能变化来确定结构的损伤，定义第 j 单元对应于第 i 阶模态应变能的分布 MF_{ij} 见式(1-21)，并利用损伤前后单元的模态应变能的分布比的比较作为损伤识别的指标，并对基于模态应变能的损伤识别方法进行了试验。测试模型为一两跨的铝质板梁，试验结果表明，该方法能够对损伤位置进行识别，但损伤程度的识别误差较大。

$$\mathrm{MF}_{ij} = \frac{\phi_i^{\mathrm{T}} \boldsymbol{K}_j \phi_i}{\phi_i^{\mathrm{T}} \boldsymbol{K} \phi_i} \tag{1-21}$$

（史治宇等，1998）提出结构损伤前后的单元模态应变能变化（MSEC）作为损伤定位因子 MSEC_{ij}［式(1-22)］，当 j 为损伤单元时，MSEC_{ij} 变化显著。

$$\mathrm{MSEC}_{ij} = 2\phi_i^{\mathrm{T}} K_j \left| \sum_{\substack{r=1 \\ r\neq i}}^{n} \frac{-\phi_r^{\mathrm{T}} \Delta K \phi_i}{\lambda_r - \lambda_i} \phi_r \right| \tag{1-22}$$

在此基础上，作者进一步优化损伤定位因子 MSECR_{ij}，并采用多阶模态振型的归一化平均值来降低模态振型的随机噪声的影响。最后，通过一平面桁架结构验证了利用该指标进行损伤定位的可行性。

$$\mathrm{MSECR}_{ij}=\frac{\left|\mathrm{MSE}_{ij}^{\mathrm{d}}-\mathrm{MSE}_{ij}^{\mathrm{u}}\right|}{\mathrm{MSE}_{ij}^{\mathrm{u}}} \tag{1-23}$$

（刘晖等，2004）等基于应变能耗散率理论，推导出结构损伤单元的损伤因子 D_j，当单元发生损伤后，其损伤因子 D 远大于其他未损伤单元的损伤因子，因而可通过损伤因子的值定位损伤，损伤因子的大小则表征对应单元的损伤程度。

（Li 等，2006）提出了一种用于结构损伤识别的模态应变能分解方法。该方法将结构单元的模态应变能分解为轴向和横向两类，并分别作为损伤识别指标。试验及数值模拟结果表明，轴向指标能够对水平单元损伤进行定位，而横向指标则适用于竖向单元；（Choi 等，2007）提出了一种用于木质梁结构损伤识别的基于模态应变能的改进方法，该方法采用样条插值函数进行模态振型数据重构，依据重构后的模态振型进而计算获得模态曲率。结果表明该方法可以通过试验数据实现结构的损伤位置识别，且高阶模态参数更加适合于多位置损伤定位，但对于损伤程度的识别效果有待进一步的研究；（葛继平，2011）采用模态应变能变化方法用于斜拉桥的损伤识别研究，结果表明，该方法可以利用结构的动力响应实现损伤识别，并建议综合多阶模态数据进行全面考虑。

1.2.3.5 其他损伤识别方法

1）基于模型修正的损伤识别

模型修正方法又称为系统识别方法，通过动载试验来获取结构动态响应参数以修正有限元模型的物理特征矩阵，然后就可以得到一组新的矩阵，这实际上就是一个模型修正的过程，也就得到一个更精确的有限元模型。模型修正的基本思想是在结构荷载试验中，通过对结构施加外部激励而测得结构的振动响应特性，然后利用某种特定的模型聚缩技术或向量扩充技术，使修正模型的动态响应尽可能地接近测试值，通过对修正模型和基准模型的比较，根据模型参数的变化就可以确定结构损伤的位置，同时还可以对损伤的程度进行评估。此方法实质上是求解一个有约束最优化数学问题。

模型修正的实际方法实际上也就是优化方法，根据最优化目标函数和约束条件等可以分为很多种，但其本质都是一样，不同只是在于基本方程和求解方法的不同。常用的模型修正方法就有以下几种：①最优矩阵修正法（Optimal matrix updating methods）；②灵敏度分析法（Sensitivity-based methods）；③特征结构分配法（Eigenstructure Assignment methods）；④混合法（Hybrid Matrix Updata Methods）。

2）基于残余向量的损伤识别

（Ricles 等，1992）率先提出残余向量的概念，基于第 i 阶振型的残余力向量定义为，$R_i=(K_0-\lambda_{\mathrm{d}i}M_0)\beta\phi_{\mathrm{d}i}$，其中刚度矩阵和质量矩阵为损伤前的量，如果结构没有损伤，则 R_i 为 0，当某个单元发生了刚度下降，则该单元相应节点自由度的振型分量必然发生较大变化，进而导致此自由度相应的残余力较大，从而可用于结构的损伤定位。但是对于某阶模态节点附近单元的损伤，该阶振型的残余力向量难以反映出来，因此，在损伤识别中应多用几阶振型来计算相应的残余力向量，以防漏判，并提高识别精度。

（Pandey 等，1994）利用残余力向量法对一桁架结构进行损伤识别，并分析了结构模型误差对此方法识别效果的影响。并指出，当其中 5 个单元存在 5%的刚度误差时，识别精度严重下降，对于小损伤程度的识别影响更加明显。（周先雁，沈蒲生，易伟建，1995）通过理论分析及对两钢筋混凝土平面框架结构的试验研究，成功地将残余力向量法用于结构损伤识别，并在损伤识别位置的基础上用加权灵敏度法来识别结构的损伤程度。

3）基于人工智能的损伤识别

近几年，随着科学技术和计算技术的不断发展，人们在结构损伤识别领域引入了诸如小波分析、神经网络和遗传算法等智能的损伤识别方法。虽然这些智能方法在结构损伤识别领域应用比较迟，但由于这些方法各自具有独特的优点，而得到了快速发展和广泛应用（孙杰，2013）。

（1）基于神经网络的结构损伤识别

人工神经网络是由多个非常简单的神经元借助于某种方式相互连接而成的动态系统，不受建立模型的约束，主要模拟人脑的结构和功能，是 20 世纪 80 年代迅速发展的一种智能技术，是强有力的分类器和识别器。通过自适应的学习能捕捉重要数据，在众多研究领域，比如预测估计、模式识别、优化设计等领域，都应用到神经网络的计算能力。由于神经网络具有损伤识别非参数方法的优点，所以不需要系统动力学特性的先验知识。由典型三层组成的 BP 神经网络（误差反向传播网络）在结构损伤识别领域使用频率非常高。结构分析中，而且大部分神经网络都采用由一个输入层、一个隐含层和一个输出层组成的三层网络结构。神经网络既对线性映射系统适用，同时对任意复杂的非线性映射系统同样适用，结构损伤识别方法在求解时必须建立结构反应与物理特性之间关系式，由于可能造成一系列问题，但是神经网络即使在不精确数据条件下，同样可以进行损伤识别。

目前，在土木工程领域基于人工神经网络方法用于损伤识别取得了一些成就，但是，利用此方法能否成功地进行损伤识别，受许多因素的制约，比如样本的个数和输入参数的选择等。

（2）基于遗传算法的结构损伤识别

遗传算法（Genetic Algorithm）是一种计算智能的数学方法，在 20 世纪 70 年代，由美国密执安大学的 John Holland 提出，具有高度自适应的人工智能方法，而且包含非常确定性和噪声的信息也有一定的处理能力。

实际上遗传算法也属于优化算法，依据自然遗传和自然选择激励同时对搜索空间中的多个解进行评估来寻优的一种方法。损伤识别的本质就是参数辨识问题，实际上是寻求参数最优解的问题，最优化方法是最常采用的求解方法。由于遗传算法具有良好的优化搜索能力，即使没有足够的数据，遗传算法仍然可以利用自身的优点进行快速地损伤定位和定量。同样即使在某种条件下可能丢失某些信息时，遗传算法仍旧是可以快速地寻求最优解。

（3）基于小波分析的结构损伤识别方法

小波分析是当前数学领域发展的一个新方向，是时间与尺度分析的一种新技术。近年来，它发展迅速并促进了傅里叶分析方法的大发展。小波分析法已经有很多应用在图像分析处理、奇异性检测等方面的成果。由于小波分析法具有多尺度的分辨率和在时域和频率都能够表征信号局部特征的特点，因此它对瞬态反常现象十分敏感，这些反常现象主要是由正常信号所携带的，并能显示反常信息的特征，也就是对应的信号发生突变，预示着结构的损伤，所以基于小波分析的损伤识别可以通过连续小波变换就能够识别出结构的损伤，具有很好的识别效果。

4）无模型损伤识别

无模型损伤识别方法又称为指纹识别法，通过直接分析比较结构损伤前后自振特性建立动力损伤指标实现识别损伤的方法。对于一些大型土木工程结构，比如隧道、大跨空间结构、海洋平台等的损伤识别，要想精确建立它们的模型是很困难的，因此，这种方法可以不依赖模型，仅基于环境激励下振动响应数据，来进行损伤识别，所以，无模型的损伤识别方法对于这些大型土木工程结构而言是非常有吸引力的，同时也非常适合用于结构健康监测系统中的自动损伤识别。

众所周知，该方法的最大优点是在识别结构损伤的过程中完全可以不依赖所建立的分析模型，但是有一点是必须的，也就是要提供实际结构在健康状况下的动态信息。对于大型复杂的工程结构，受到多种不确定的复杂因素的影响，给结构的损伤识别带来很大的困难。因而，无模型损伤识别方法要想真正应用到实际结构的损伤识别中还存在很大的差距，有待进一步的研究和发展。

5）基于概率统计信息的损伤识别方法

迄今为止，结构损伤识别方法绝大多数情况下是确定性的问题。但是，实际上，对于土木工程结构而言，在结构进行模型修正的过程中都会不可避免地遭受到各种不确定因素的影响，比如，测量噪声、测量数据不全以及建模误差等，结果就使得实际测量的数据和结构的分析模型在某种程度上都具有很大的不确定性，这将造成由于损伤引起的结构响应特性的变化常常会被这种不确定性所覆盖，无法正确进行损伤识别，严重阻碍了结构损伤识别方法进一步应用发展。因此，在结构损伤识别中，人们就想到引入统计分析的方法来处理和解决这一问题。在系统分析中，损伤被当作是系统的一种附加激励，由于这种附加激励的存在，就改变了系统的输出信号。由于人们借助于现有的测试设备，所测量出来的信号都是结构的输出信号，由此反求附加激励，然而，测试设备本身和信号传输等等必然存在噪声，使得采集输出信号基本没有变化，特别当结构出现小损伤时，容易观测的低频整体动态特性影响不大，噪声就吞噬了输出信号。于是，基于统计信息的损伤方法就应运而生。该方法是以概率统计为出发点，考虑模态信息的任意性及其统计分布特征，可利用相关的随机有限元模型分析研究特征值问题从而评估损伤，或利用谱密度估计的统计特征来获得模态参数的修正概率密度函数表达式来分析损伤等，包括广义的贝叶斯统计方法、规则化方法、模糊逻辑方法等。目前，虽然对于这些问题的研究并不多，但是它具有坚实的理论基础，从理论上讲，应该会有比较好的发展前途。

1.2.4 动力损伤识别方法层次分类

在前面论述了损伤识别包含的4个层次，即损伤判定（第1层次）、损伤定位（第2层次）、损伤程度判定（第3层次）以及剩余承载力及寿命预测（第4层次），将其用符号进行统一归类表示，见表1-2。

损伤识别层次 **表1-2**

损伤识别层次	损伤判定	损伤定位	损伤程度判定	剩余承载力及寿命预测
类别	Ⅰ	Ⅱ	Ⅲ	Ⅳ

动力损伤识别方法层次分类见表1-3。目前研究动力损伤识别层次研究水平主要是在第Ⅰ、Ⅱ这两个层次上，少数方法在某些特定条件和结构类型下可以达到第Ⅲ层次，对于第Ⅳ层次的研究方法目前还有待发展。

动力损伤识别方法层次分类 **表1-3**

方法		损伤识别层次			
		Ⅰ	Ⅱ	Ⅲ	Ⅳ
频率		☑	○	☒	☒
振型		☑	○	☒	☒
衍生模态参数	模态曲率	☑	☑	○	☒
	模态柔度	☑	☑	○	☒
	模态应变能	☑	☑	○	☒
模型修正	最优矩阵	☑	☑	☒	☒
	灵敏度	☑	☑	☒	☒
	特征结构分配	☑	☑	☒	☒
	混合法	☑	☑	☒	☒
残余向量		☑	☑	○	☒
人工智能	神经网络	☑	☑	○	☒
	遗传算法	☑	☑	○	☒
	小波分析	☑	☑	○	☒
其他	无模型	☑	☑	☒	☒
	概率统计	☑	☑	☒	☒

注：☑表示可以识别，○表示可能识别，☒表示不能识别。

在上述基础上，从动力损伤识别方法的应用研究及深入的层次进展进行了综述总结，如表 1-4 所示。动力损伤识别方法的应用研究主要在第Ⅰ、Ⅱ层次上，而要深入到第Ⅰ、Ⅱ、Ⅲ层次上难度较大，且主要应用集中在模型试验和数值分析研究两个方面，真正应用于实际工程中的相关研究相对较少。

结构损伤识别层次研究进展 **表 1-4**

序号	作者，时间	结构类型	应用	损伤类型	损伤识别层次
1	Fisher，1995	人造卫星	实际工程	全局损伤	Ⅰ
2	Salane，1981	高速公路桥	实际工程	疲劳裂缝	Ⅰ
3	Kato 等，1986	预应力混凝土桥	实际工程	全局性能	Ⅰ
4	Turner 等，1988	桥梁结构	数值分析	全局损伤	Ⅰ
5	Tang 等，1991	预应力混凝土桥	实际工程	全局损伤	Ⅰ
6	Raghavendrachar 等，1992	三跨预应力混凝土桥	模型试验	全局损伤	Ⅰ
7	Farrar，1994	桥梁结构	实际工程	全局损伤	Ⅰ
8	Begg，1976	海洋平台	实际工程	链接处缺陷	Ⅰ
9	Loland，1976	海洋平台	实际工程	全局损伤	Ⅰ
10	Wojnarowski，1977	海洋平台	数值分析	全局损伤	Ⅰ
11	Coppolino，1980	海洋平台	数值分析	链接处缺陷	Ⅰ
12	Petroski 等，1980	核反应容器	模型试验	裂缝	Ⅰ
13	Ghee，1995	钢框架结构	数值分析	全局损伤	Ⅰ
14	West，1982	航空结构	实际工程	裂缝	Ⅰ、Ⅱ
15	Kim，1995	桁架飞机	模型试验	全局损伤	Ⅰ、Ⅱ
16	Zimmerman，1996	桁架飞机	模型试验	全局损伤	Ⅰ、Ⅱ
17	Ihn 等，2008	空客机	实际工程	裂缝、断层	Ⅰ、Ⅱ
18	Liang 等，2015	飞行器	实际工程	子结构损伤	Ⅰ、Ⅱ
19	Mazurek 等，1990	铝制桥模型	模型试验	预设缺陷	Ⅰ、Ⅱ
20	Hearn 等，1991	钢框架	模型试验	裂缝	Ⅰ、Ⅱ
21	James，1995	涡轮叶片	模型试验	疲劳损伤	Ⅰ、Ⅱ
22	Lam，1995	钢框架	数值分析	预设缺陷	Ⅰ、Ⅱ

续表

序号	作者，时间	结构类型	应用	损伤类型	损伤识别层次
23	Prion，1996	钢框架	模型试验	全局损伤	Ⅰ、Ⅱ
24	Skjaerbaek，1995	预应力混凝土框架	数值分析	子结构损伤	Ⅰ、Ⅱ
25	Straser 等，1996	钢框架	模型试验	集中质量块为预设缺陷	Ⅰ、Ⅱ
26	Yang，2004	框架结构	数值分析	全局损伤	Ⅰ、Ⅱ
27	Biswas，1994	钢梁桥	模型试验	裂缝	Ⅰ、Ⅱ、Ⅲ

结构损伤识别在航空、机械、桥梁、海洋钻井平台等领域有了长足的进展，但是在隧道工程中的相关研究几乎处于空白状态。其重要的原因就在于隧道结构是一种超长线状结构，埋置于土体中，所受的环境因素相对于上部结构要复杂得多。基于动力特征的结构损伤识别及健康监测的诱人应用前景吸引了众多领域的研究人员，但从前面综述的内容中，不难分析出，该技术的实际应用尚有不少难点有待攻克，特别是对于隧道等大型土木工程结构物。

1.3 基于动力特征损伤识别在地铁隧道中应用的挑战与存在的问题

目前，虽然结构损伤识别方法经过了几十年的发展，成果斐然。但是，基于动力特征的隧道结构损伤识别及健康监测诊断仍然处于发展的初级阶段。结构动力损伤识别及健康监测是涉及多学科的一个交叉领域，需要将结构、计算机、通信、试验测试等领域结合起来研究。这些年来，隧道领域学者将传统的隧道检测、监测方法转向更高效的隧道动力监测技术，但是由于隧道结构经常遭受许多不可抗力因素和复杂的服役环境的严重影响，以及人们目前对服役期内隧道的工作特性的改变还不能全面地掌握，不仅要对损伤理论做深度分析和研究，还要研究其他交叉学科领域的相关问题。

（1）有效的损伤判别指标

有效的损伤判别指标要求所选取的指标参数具有较高的灵敏度，同时可通过利用现有的仪器设备精确地测量得到，实现对隧道结构损伤正确判断而不遗漏。

（2）有效的损伤定位指标

有效的损伤定位指标要求所选取的指标参数具有较高的灵敏度，同时可以通过动力测试数分析或后台提取获得，实现对隧道结构损伤的精确定位。

（3）有效的损伤程度判定方法

有效的损伤程度判定方法要求所选取的方法具有较好的鲁棒性，实现对隧道结构损伤程度的精确判定。

（4）观测数据的不完整

对于大多数结构识别方法而言，都是假定结构模型自由度与观测自由度保持一致，然而，在实际工程中，由于受到各种条件的影响，经常会造成观测数据的不完整，比如：①传感器的布设，一般情况下，测点越多越好，但是实际结构上布置的测点数是有限的，同时由于费用的原因，传感器的布置受到了限制；②与结构的复杂程度和结构形式有着密切的关系。对于一些构件，特别是其中存在受弯构件的这样的结构，在实际中，直接观测其转动自由度的响应是十分困难的，甚至是不可能的；③在结构振动试验中，由于受到各种因素的影响，比如：所采取的激励方式、数据采样率以及滤波的限制等，所获取模态数据也只是处于有限模态范围。

（5）观测数据的精确度

目前，现有比较实用的振动测试手段跟不上社会的发展，受环境噪声等因素的影响和干扰比较大，这必然给实际测量出来的动力数据中带来一定的测试误差，这样大大地降低了测试数据中的有效信息。因此，目前实测动力数据的数量和精度远远达不到损伤识别理论方法的要求，但存在的误差则可能会掩盖某些信息的变化，这些变化是由结构特性的改变而使得结构的响应也发生改变，最终使得结构损伤识别问题无法得到合理的最优解。

综上所述，隧道健康监测与损伤识别的研究尚处于基础性的研究阶段，要想真正用在实际工程上还是需要经过很长一个过程。实际上，结构损伤类型、位置、程度都将不同程度地影响着结构的各阶模态特征。因此，为了尽可能推动和加快隧道健康监测与损伤识别的实用化的进程，就必须寻找在某种特定结构条件下损伤的位置和类型的差异对结构动力响应的影响程度的大小，并且还要尽可能地把噪声的影响剔除。为了实现这一目的可从以下两方面着手：一方面，提高隧道损伤识别方法的灵敏度，并采用合理有效的计算手段对后期数据进行分析和处理；另一方面，要尽量减小和消除噪声以及非抗力因素的影响。

基于动力特性的结构损伤识别技术，主要包括以下几个方面：

（1）在系统的复杂性和多因素影响下，研究隧道结构的损伤判定、定位及程度判定；

（2）针对信息不完备及不同噪声水平条件下，提出鲁棒性高、可靠性好的损伤识别方法；

（3）深入开发和研究实际结构模态信息的测试与模态参数辨识技术；

（4）将损伤识别研究方法应用于实际隧道工程，对隧道进行实时在线动力监测，实时把握隧道结构全局性能。

目前国内外运营隧道病害状况较严，而其造成的后果也是非常严重的，隧道的运营安全正面临着巨大的考验，然而，由于隧道本身特殊的结构形式和周边环境复杂等各方面的影响，目前国内外对隧道结构健康诊断课题的研究还不成熟，大量的工程技术问题仍未得到有效的解决，大多数隧道病害的维修加固方案依然依靠工程师的经验制定，具有一定的盲目性，没有完备的理论支撑，因此，有必要对隧道结构健康诊断理论进行系统的、全面的分析研究。

1.4 主要研究内容及关键技术

1.4.1 主要研究内容

本书针对城市隧道结构中存在的病害问题，研究了不同病害损伤对隧道结构模态特征的影响，提出基于模态繁衍指数及损伤算法进行隧道损伤进行定位及损伤程度判定，并基于动力特性的损伤识别应用于上海地铁隧道，实时把握隧道结构健康状态。主要研究内容如下。

（1）第 1 章综述了健康监测技术的进展及发展趋势；针对健康监测中的核心研究：动力损伤识别技术进行综述分析；总结了基于动力特征损伤识别在地铁隧道中应用的挑战进行了总结。

（2）第 2 章对隧道损伤进行了定义与分类，将隧道常见病害进行归纳，从隧道结构动力特性影响上进行损伤的分类，一类是隧道衬砌上刚度退降，另一类是隧道边界条件变异，本书中主要分析的是隧道壁后脱空；基于摄动理论对刚度退降、壁后脱空两类损伤进行模态特征分析，刚度退降分析了单处损伤、多处损伤的不同工况，并基于 MATLAB 平台开发了隧道模态及损伤识别软件（简称 Tunnel_MADI system）；引入模态应变能损伤指数（Modal Strain Energy Damage Indicator，简称 MSEDI）对损伤单元进行定位。

（3）第 3 章采用模糊贴近度识别算法（Fuzzy Nearness-Based Damage Identification，简称 FNBDI）对隧道损伤程度进行判定。第 2 章对单处损伤、多处损伤工况下的损伤程度进行判定分析，并考虑信息不完备条件下及不同噪声水平引入误差条件下对损伤进行判定。

（4）第 4 章采用数值模拟方法对基于结构响应的损伤识别进行分析，首先采用 ANSYS 建立三维隧道模型，考虑土体接触效应，对隧道结构在单处损伤和多处损伤的不同工况下节点瞬态响应进行分析；其次，通过节点之间的响应信号处理分析提取传递函数损伤指数对损伤单位进行有效定位；最后采用 FNBDI 进行损伤程度判定。

（5）第 5 章设计制作了隧道结构模型，在考虑土体约束的情况下，通过预设不同的结构损伤，对单处损伤、多处损伤及壁后脱空进行了损伤定位及损伤程度判定。

（6）第 6 章主要是地铁隧道动力测试及振动响应信号的参数辨识的应用分析，主要包括两方面内容：第一，归纳总结基于振动信号的参数辨识的最新方法；第二，采用正交多项式及 ARMA 法进行了参数辨识分析，为后续的动力实时监测系统后台数据分析提供先验基础。

（7）第 7 章结合目前国内隧道结构检测监测及性能评价现状对隧道结构性能进行了评价，并提出直接用动力参数的隧道结构性能判定初探；对振动测试、监测中的误差影响及降低措施进行了阐述分析；对上海地铁 12 号线进行远程在线实时动力监测并在后台进行了数据分析，有效地实现了隧道结构长期健康监测。

1.4.2 关键技术

本书研究中的技术路线如图 1-5 所示，主要包括：

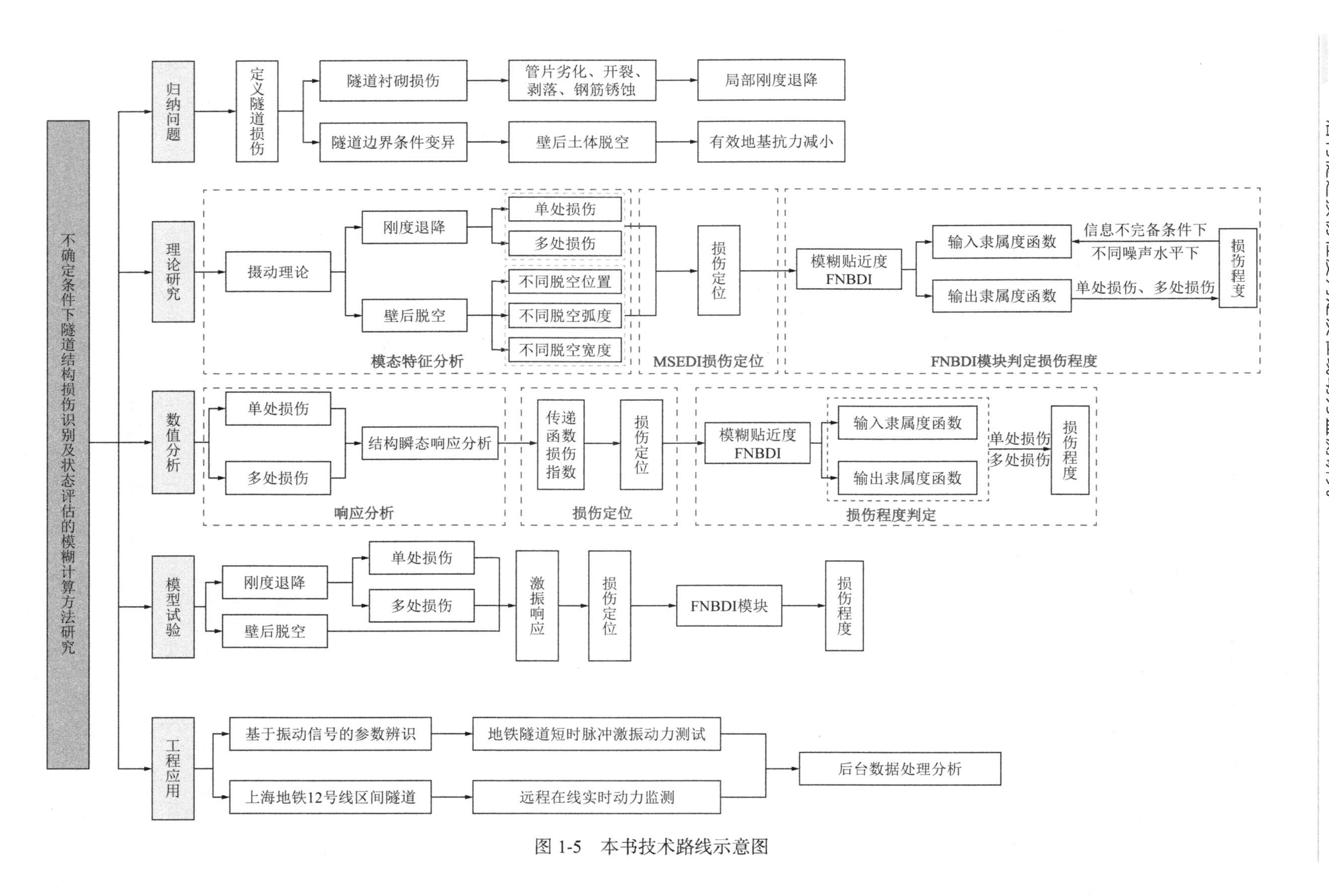

图 1-5 本书技术路线示意图

（1）将隧道常见病害进行隧道损伤类型划分，基于摄动理论对不同类型损伤进行理论分析，并开发了 Tunnel_MADI 隧道模态分析与损伤识别平台，快速有效地分析隧道结构在不同损伤下的模态特征。

（2）建立 FNBDI 损伤程度判定模块，在信息不完备条件下和不同噪声水平下分析隧道结构损伤程度。

（3）建立考虑土体约束的三维有限元隧道模型分析隧道结构瞬态响应，从不同损伤工况下响应信号中来分析结构损伤，包括损伤定位及程度判定。

（4）设计制作考虑土体约束的隧道结构试验模型，进行损伤识别验证。

（5）对基于振动信号的参数辨识最新方法进行了归纳总结，并将短时脉冲激振应用于地铁动力测试中。

（6）对隧道整体性能进行了评定，并首次提出直接采用动力参数进行隧道工程损伤识别与健康监测，将其应用于上海 12 号线地铁区间隧道工程。

第 2 章

基于动力特征的隧道结构损伤识别理论与方法

2.1 引　言

在第 1 章中综述了基于动力特征的结构损伤识别与损伤识别层次的相关研究，从中不难发现，桥梁工程在动力损伤识别研究中发展较快，走在研究的前沿，然而隧道工程在动力损伤识别的研究是相对滞后的，其原因主要有两点：（1）隧道结构属于隐蔽工程，有很多不易通过人工检查的病害，各种病害因素导致的损伤无统一的判据标准；（2）隧道埋置在土（岩）体之中，其结构特性不仅仅受隧道衬砌结构本身影响，还涉及土体、环境之间的相互耦合作用，研究难度非常大。

为了更好、更有效地展开基于动力特性的隧道结构损伤识别研究，首先必须对隧道结构损伤进行定义；其次必须了解隧道结构损伤与动力特征（模态特征）之间的机理与相互关系。

在此本章先按照盾构隧道工程中的常见病害类型来分析隧道的损伤状况，将损伤通过单元参数化来进行讨论，并分析损伤对结构模态特征的影响。

2.1.1　结构损伤定义

国际材料与结构试验学会关于混凝土结构破损分类的推荐草案中，损伤（Damage）是指结构由于外部力学因素引起的削弱或破损；缺陷（Defect）是指由于设计、施工错误或材料本身的不完善所引起的结构削弱或破损。其中外部力学因素有荷载作用（包括地震和台风等），基础不均匀沉降以及长期使用产生的疲劳作用。自然环境也是产生结构损伤的一个不可忽视的主要原因。

从广义上来讲，损伤包括非受力损伤和受力损伤。对于混凝土结构，非受力损伤主要是指施工过程中带来的缺陷，以及使用过程中因温度、湿度和周围侵蚀性介质腐蚀等非受力因素造成的破损，如混凝土的开裂和碳化、钢筋的锈蚀等；受力损伤是指结构或构件在使用过程中因受力因素而产生的裂缝的出现和扩展、刚度退降、结构有效截面尺寸减小、钢筋锈蚀、材料品质劣化等外部特征（刘锡军，2006）。

结构损伤的程度，在某种程度上决定着结构的可靠性、使用功能及耐久性。结构损伤对结构的动力特征，即模态特征，包括模态频率、模态振型及模态阻尼都有一定的影响。反之亦然，可通过把握结构的动力特征的变化规律来识别与判断结构的损伤状态。

2.1.2　隧道结构常见病害类型

隧道结构由于受设计施工水平、结构材料质量、各类静动荷载的反复作用及隧道地下环境侵蚀作用，并随着隧道运营时间的增长，不可避免地出现各类损伤。通过统计上海轨道交通 9 条线路，185 个区间，353043 环管片在 2011—2012 年病害检查的结果，得到了管片剥落、管片裂缝、管片错台、接缝张开、渗漏水面积、渗漏水、收敛变形及沉降变形为地铁盾构隧道中的常见病害。其他病害，如道床开裂、材料劣化（包括混凝土管片、连接件及止水条劣化），在隧道结构使用至一定年限后相继出现。隧道常见病害照片如图 2-1 所示。

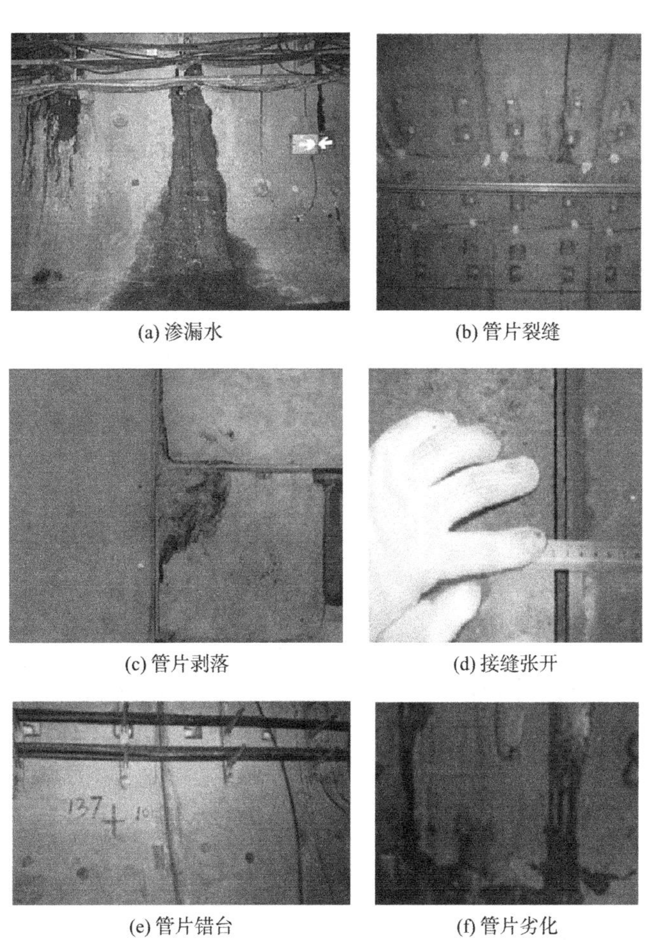

(a) 渗漏水　(b) 管片裂缝

(c) 管片剥落　(d) 接缝张开

(e) 管片错台　(f) 管片劣化

图 2-1　隧道常见病害

在隧道结构的动力损伤识别问题中，将隧道中常见的病害归结为隧道衬砌结构损伤和边界条件变异损伤。两类损伤受地层、埋深、服役时间、设计年限、结构形式、列车振动及环境影响等因素的相互作用影响，见图 2-2。

隧道管片损伤与边界条件变异对隧道的刚度影响见图 2-3。隧道衬砌结构损伤主要包括两类：一类是混凝土劣化、开裂、剥落、管片错台及钢筋锈蚀等，这类管片损伤直接导致隧道结构刚度退降；另一类是管片连接件、止水带劣化等，这类管片损伤直接导致隧道衬砌承载能力降低，间接地导致隧道结构有效地基承载力降低。边界条件变异损伤主要有壁后脱空、纵向沉降、收敛变形及渗漏水等。这些隧道病害都将影响隧道土体边界之间的动力接触关系，导致隧道结构的地基抗力损失，进而间接地导致隧道结构有效刚度退降。

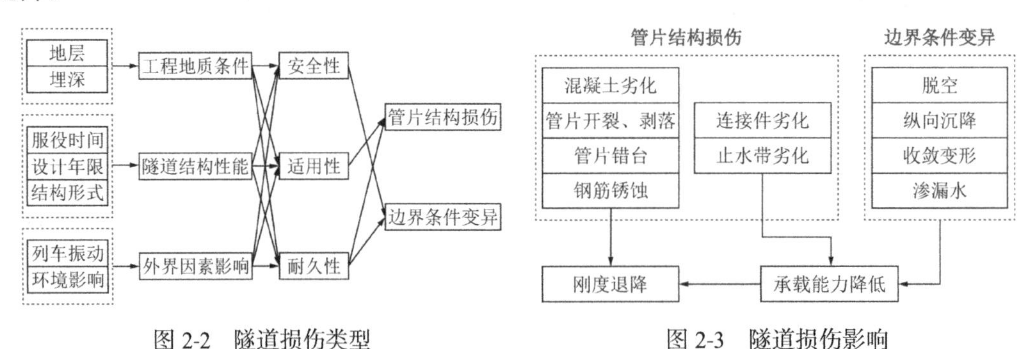

图 2-2　隧道损伤类型　　　　图 2-3　隧道损伤影响

盾构隧道特征为管片拼装结构的超长线状结构，无论哪种类型的病害，都将导致隧道结构的全局承载能力的下降及其等效刚度降低。

隧道结构损伤初始微小损伤很难被发现，但是微小损伤在环境荷载循环交替作用下可能会逐渐增大，对隧道结构安全稳定造成威胁，甚至可能影响结构的正常使用。结构是否存在损伤，损伤发生的位置，对损伤程度进行及时判定和评估，一直是工程界关注的难题。

在实际隧道运营中，结构损伤与边界条件变异通常会不同程度地同时发生。而最终在隧道结构上呈现的是有效刚度的退降和有效承载力降低，因此在分析隧道结构损伤机理时，将损伤结构单元参数化，并用单元刚度退降来模拟隧道衬砌结构损伤，单元地基抗力损失模拟结构边界条件变异损伤。本章着重分析隧道衬砌刚度退降和隧道壁后脱空两种不同类型的损伤。

2.2　基于摄动理论的隧道结构损伤模态特征分析

2.2.1　隧道结构动力模型

隧道是一种超长线状的地下结构，其结构形式复杂，由离散管片拼装组成管片环，管片环再逐次拼装形成整条隧道，在管片接头设置螺栓和防水密封垫等，盾构隧道如图 2-4 所示，由管片主体、横向管片接头和纵向环向接头构成。

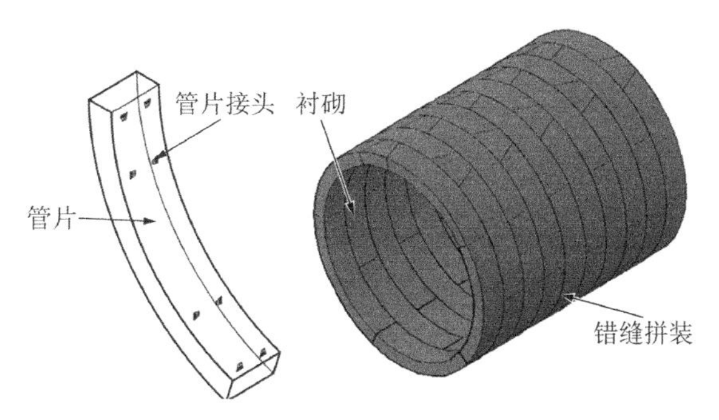

图 2-4　盾构隧道结构

在机理分析时，通常将盾构隧道结构简化为薄壁圆壳梁，将隧道的抗弯刚度进行折减，并且考虑管片环缝、纵缝对隧道整体刚度影响，对其进行相应的刚度折减，建立满足工程实际计算要求的等效模型（叶飞，2011，2008）。除此之外，隧道在主动荷载作用发生变形的同时，还受到地层对其变形产生的约束作用。因此综合考虑将隧道简化为弹性地基梁结构（Lee Km，Xw Ge，2001），如图 2-5 所示。

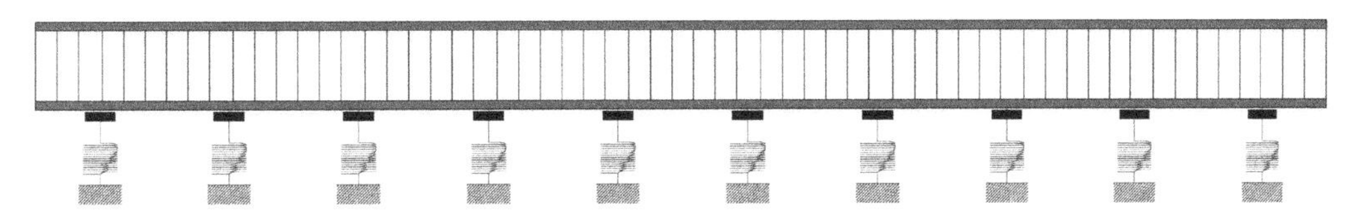

图 2-5　弹性地基梁示意图

$$EI(x) = \eta EI \tag{2-1}$$

式中：η——抗弯刚度折减系数；

EI——原混凝土衬砌的弹性模量。

国内外不少学者提出以“梁-弹簧模型”计算结果为基础，提出了等效抗弯刚度系数 η 和弯矩增加率 ξ 的估算方法，其示意图见图 2-6（张稳军，袁大军，2009）。将等效抗弯刚度系数 η 作为参数算出等效刚度管环模型的管环收敛变化量，将趋于稳定的点对应的 η 值作为等效抗弯刚度。

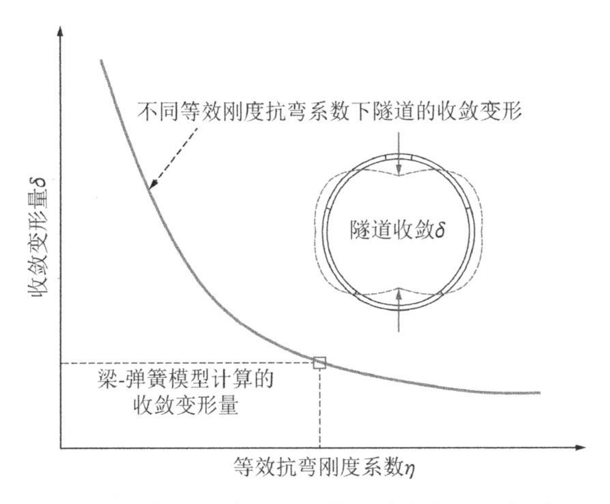

图 2-6　等效抗弯刚度系数 η 确定方法示意图

本章的抗弯刚度折减系数参考文献（王建炜，2012）中的取值，通过三维精细有限元模型和模型试验分析得到折减系数，取 $\eta = 0.52$。

取图 2-5 中的微段单元进行受力分析，见图 2-7。

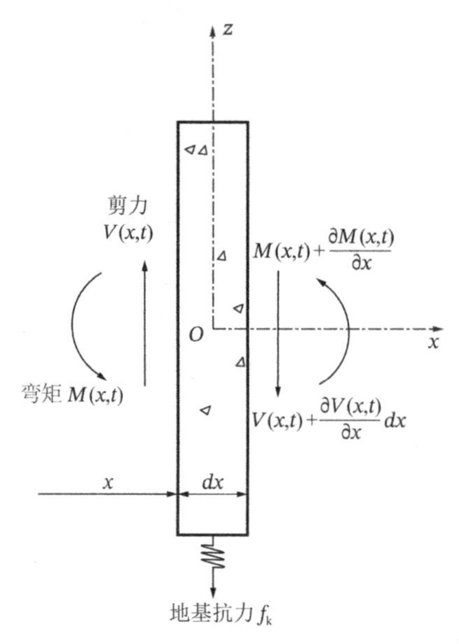

图 2-7　微单元受力图

根据微单元上的受力建立平衡方程得：

$$V(x,t) + f_{\mathrm{k}} - \left[V(x,t) + \frac{\partial V(x,t)}{\partial x}\mathrm{d}x\right] - f_{\mathrm{I}} = 0 \tag{2-2}$$

式中：$V(x,t)$——截面剪力；

f_{k}——地基抗力，$f_{\mathrm{k}} = ku(x,t)$，k 为地基抗力系数；

f_{I}——截面惯性力，$f_{\mathrm{I}} = m\frac{\partial^2 u(x,t)}{\partial t^2}$。

根据对弹性轴上的边界点的力矩求和，可得第二个平衡方程：

$$M(x,t) + V(x,t)\,\mathrm{d}x - \left[M(x,t) + \frac{\partial M(x,t)}{\partial x}\mathrm{d}x\right] = 0 \tag{2-3}$$

将式(2-3)简化，并引入 Euler-Bernouli 梁弯矩与曲率之间的基本关系式：

$$M(x,t) = EI(x)\frac{\partial^2 u(x,t)}{\partial x^2} \tag{2-4}$$

式中：$EI(x)$——梁的抗弯刚度；

$u(x,t)$——梁的竖向振动位移。

将式(2-4)代入式(2-2)得无阻尼自由振动弹性地基梁的典型振动微分方程：

$$\frac{\partial^2}{\partial x^2}\left[EI(x)\frac{\partial^2 u(x,t)}{\partial x^2}\right] + m\frac{\partial^2 u(x,t)}{\partial t^2} = f_{\mathrm{k}} \tag{2-5}$$

2.2.2　特征方程求解

对于 n 自由度结构系统，上述振动方程通过有限元分析可以转换为：

$$[\boldsymbol{M}]\ddot{q} + [\boldsymbol{K}]q = kq \tag{2-6}$$

式中：$[\boldsymbol{M}]$——$n \times n$ 的结构质量矩阵；

$[\boldsymbol{K}]$——$n \times n$ 的结构刚度矩阵；

q——$n \times 1$ 的结构挠度向量。

令 $q = \phi e^{i\omega t}$，得到隧道结构的模态特征问题可以归结为求解广义特征值问题：

$$[\boldsymbol{K}]\phi = (\omega^2 + k)[\boldsymbol{M}]\phi \tag{2-7}$$

结构模态特征问题可以归结为求解广义特征值问题：

$$[\boldsymbol{K}]\phi - \lambda[\boldsymbol{M}]\phi = 0 \tag{2-8}$$

式中，$\lambda = \omega^2 + k$ 为广义特征值；ω 为结构的圆角频率；ϕ 为特征向量。

根据上述模态分析理论可知，模态参数频率和振型取决于结构的刚度 EI 和质量 m。在实际应用中，一般认为损伤引起结构质量的改变可以忽略。因此，由损伤引起单元刚度的降低是噪声结构模态参数变化的主要原因。

以圆环截面梁为例（盾构隧道截面），如图 2-8 所示，D 为圆环外径，d 为圆环内径。其截面刚度 K 可以表示为：

$$K = EI = E\frac{\pi(D^4 - d^4)}{64} \tag{2-9}$$

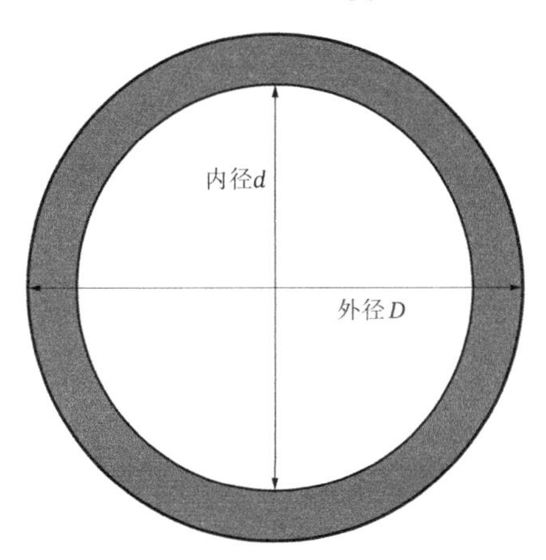

图 2-8　圆环截面梁示意图

从式(2-9)可以看出，截面刚度取决于两方面，即材料弹性模型（E）和截面尺寸（外径，D 和内径 d）。在目前的损伤识别领域，通常有两种损伤模拟方法，一种假定截面的尺寸发生变化，另一种假定截面的弹性模量发生变化。在本章的研究过程中，数值模拟和室内试验作为验证手段用于校验本章所提出损伤识别方法的有效性，在数值模拟分析中，单元的损伤通过截面弹性模量的降低来实现，损伤程度 β_n 可以表示为：

$$\beta_n = 1 - E_n^{\mathrm{d}}/E_n^{\mathrm{u}} \tag{2-10}$$

式中：n——损伤单元编号；

E_n^{d}、E_n^{u}——未损及损伤结构的弹性模量。

则认为结构的刚度 $\boldsymbol{K}$ 产生相应的摄动，即有：

$$\boldsymbol{K}_{\mathrm{d}} = \boldsymbol{K}_{\mathrm{u}} - \boldsymbol{K}_1 \tag{2-11}$$

$$\boldsymbol{K}_1 = \varepsilon\boldsymbol{K}_{\mathrm{u}} \tag{2-12}$$

式中：$\boldsymbol{K}_{\mathrm{d}}$、$\boldsymbol{K}_{\mathrm{u}}$——损伤后及未损伤结构的刚度矩阵；

$\boldsymbol{K}_1$——刚度矩阵的变化量；

ε——摄动小参量，而在通常的情况下结构质量不会发生变化，即可认为质量矩阵 $\boldsymbol{M}$ 无变化。

由矩阵的摄动理论可将损伤的特征值 λ_i^{d} 及 ϕ_i^{d} 展开为小参量 ε 的幂级数（陈塑寰，1991；孙继广，2001）：

$$\lambda_i^{\mathrm{d}} = \lambda_i^0 + \varepsilon\lambda_i^1 + \varepsilon^2\lambda_i^2 + \cdots \tag{2-13}$$

$$\phi_i^{\mathrm{d}} = \phi_i^0 + \varepsilon\phi_i^1 + \varepsilon^2\phi_i^2 + \cdots \tag{2-14}$$

将式(2-13)、式(2-14)代入式(2-8)，展开后并略去 ε 的三次及以上的项，合并 ε 的同次幂系数可得：

$$\varepsilon^0:\boldsymbol{K}_{\mathrm{u}}\phi_i^0 = \lambda_i^0\boldsymbol{M}\phi_i^0 \tag{2-15}$$

$$\varepsilon^1:\boldsymbol{K}_{\mathrm{u}}\phi_i^1 + \boldsymbol{K}_1\phi_i^0 = \lambda_i^0\boldsymbol{M}\phi_i^1 + \lambda_i^1\boldsymbol{M}\phi_i^0 \tag{2-16}$$

$$\varepsilon^2:\boldsymbol{K}_{\mathrm{u}}\phi_i^2 + \boldsymbol{K}_1\phi_i^1 = \lambda_i^0\boldsymbol{M}\phi_i^2 + \lambda_i^1\boldsymbol{M}\phi_i^1 + \lambda_i^2\boldsymbol{M}\phi_i^0 \tag{2-17}$$

根据展开定理，令：

$$\phi_i^1 = \sum_{j=1}^{n} C_{ij}^1\phi_j^0 \tag{2-18}$$

将式(2-18)代入式(2-16)可得：

$$\boldsymbol{K}_{\mathrm{u}}\sum_{j=1}^{n} C_{ij}^1\phi_j^0 + \boldsymbol{K}_1\phi_i^0 = \lambda_i^0\boldsymbol{M}\sum_{j=1}^{n} C_{ij}^1\phi_j^0 + \lambda_i^1\boldsymbol{M}\phi_i^0 \tag{2-19}$$

将两边同时乘以 $\phi_k^{0\mathrm{T}}$，并考虑正则化条件，可得：

$$C_{ik}^1\lambda_k^0 + \phi_k^{0\mathrm{T}}\boldsymbol{K}_1\phi_i^0 = C_{ik}^i\lambda_i^0 + \lambda_i^0\phi_k^{0\mathrm{T}}\boldsymbol{M}\phi_i^0 \tag{2-20}$$

当 $k = i$ 时，可得：

$$\lambda_i^1 = \phi_i^{0\mathrm{T}}\boldsymbol{K}_1\phi_i^0 \tag{2-21}$$

当 $k \neq i$ 时，可得：

$$C_{ik}^1 = \frac{1}{\lambda_i^0 - \lambda_k^0}\phi_k^{0\mathrm{T}}\boldsymbol{K}_1\phi_i^0(k \neq i) \tag{2-22}$$

对于二阶的情况，同理，根据展开定理令：

$$\phi_i^2 = \sum_{j=1}^{n} C_{ij}^2\phi_j^0 \tag{2-23}$$

将式(2-23)代入式(2-17)可得：

$$\boldsymbol{K}_{\mathrm{u}}\sum_{j=1}^{n} C_{ij}^2\phi_j^0 + \boldsymbol{K}_1\phi_i^1 = \lambda_i^0\boldsymbol{M}\sum_{j=1}^{n} C_{ij}^2\phi_j^0 + \lambda_i^1\boldsymbol{M}\phi_i^1 + \lambda_i^2\boldsymbol{M}\phi_i^0 \tag{2-24}$$

当 $k = i$ 时，可得：

$$\lambda_i^2 = \phi_i^{0\mathrm{T}}\boldsymbol{K}_1\phi_i^1 - \lambda_i^1\phi_i^{0\mathrm{T}}\boldsymbol{M}\phi_i^1 \tag{2-25}$$

当 $k \neq i$ 时，可得：

$$C_{ik}^2 = \frac{\phi_k^{0\mathrm{T}}\boldsymbol{K}_1\phi_i^1 - \lambda_i^1\phi_k^{0\mathrm{T}}\boldsymbol{M}\phi_i^1}{\lambda_i^0 - \lambda_k^0}(k \neq i) \tag{2-26}$$

根据损伤后的特征向量，同样满足正交化条件：

$$\left(\phi_i^0+\varepsilon\phi_i^1+\varepsilon^2\phi_i^2+\cdots\right)^{\mathrm{T}}\boldsymbol{M}\left(\phi_i^0+\varepsilon\phi_i^1+\varepsilon^2\phi_i^2+\cdots\right)=1 \tag{2-27}$$

展开后，则由 ε 的同次幂系数相等可得：

$$\varepsilon^0:\ \phi_i^{0\mathrm{T}}\boldsymbol{M}\phi_i^0=1 \tag{2-28}$$

$$\varepsilon^1:\ \phi_i^{0\mathrm{T}}\boldsymbol{M}\phi_i^1+\phi_i^{1\mathrm{T}}\boldsymbol{M}\phi_i^0=0 \tag{2-29}$$

$$\varepsilon^2:\ \phi_i^{0\mathrm{T}}\boldsymbol{M}\phi_i^2+\phi_i^{1\mathrm{T}}\boldsymbol{M}\phi_i^1+\phi_i^{2\mathrm{T}}\boldsymbol{M}\phi_i^0=0 \tag{2-30}$$

由式(2-29)可得：

$$C_{ii}^1=0 \tag{2-31}$$

则可得特征向量的一阶、二阶摄动量为：

$$\phi_i^1=\sum_{\substack{k=1\\k\neq i}}^{n}\frac{1}{\lambda_i^0-\lambda_k^0}\phi_k^{0\mathrm{T}}\boldsymbol{K}_1\phi_i^0\phi_k^0 \tag{2-32}$$

$$\phi_i^2=\sum_{\substack{k=1\\k\neq i}}^{n}\frac{\phi_k^{0\mathrm{T}}\boldsymbol{K}_1\phi_i^1-\lambda_i^1\phi_k^{0\mathrm{T}}\boldsymbol{M}\phi_i^1}{\lambda_i^0-\lambda_k^0}\phi_k^0-0.5\phi_i^{1\mathrm{T}}\boldsymbol{M}\phi_i^1\phi_i^0 \tag{2-33}$$

2.2.3　损伤参数敏感性分析

以上依据摄动理论分析了隧道结构损伤后特征值及特征向量的前两阶摄动解析式(2-18)、式(2-21)及式(2-25)、式(2-33)。在此基础上来讨论隧道结构模态特征值及特征向量对单元损伤的灵敏度的状况。对于隧道结构，可将损伤等效为单元弹性模量 E_j 的变化，则第 j 个单元损伤受弹性模量为 $(1-\beta_j)E_j$，其中 β_j（$0\leqslant\beta_j\leqslant 1$）为单元 j 的损伤因子。则由第 j 个单元的损伤引起的结构整体刚度矩阵摄动为：

$$\Delta\boldsymbol{K}_j=\beta_j\boldsymbol{K}_j^{\mathrm{e}} \tag{2-34}$$

式中：$\boldsymbol{K}_j^{\mathrm{e}}$——$j$ 单元刚度矩阵在结构总体刚度矩阵中的部分，并有：

$$\boldsymbol{K}=\sum_{j=1}^{n}\boldsymbol{K}_j^{\mathrm{e}} \tag{2-35}$$

则由第 j 个单元损伤引起的特征值摄动量为 $\Delta\lambda_{ij}$，特征向量摄动量为 $\Delta\phi_{ij}$，分别代入式(2-18)、式(2-21)及式(2-25)、式(2-33)，可得单个单元损伤后的摄动结果：

$$\Delta\lambda_{ij}=\beta_j\phi_i^{0\mathrm{T}}\boldsymbol{K}_j^{\mathrm{e}}\phi_i^0+\beta_j^2\phi_i^{0\mathrm{T}}\left(\boldsymbol{K}_j^{\mathrm{e}}-\phi_i^{0\mathrm{T}}\boldsymbol{K}_j^{\mathrm{e}}\phi_i^0\boldsymbol{M}\right)\sum_{\substack{k=1\\k\neq i}}^{n}\frac{1}{\lambda_i^0-\lambda_k^0}\phi_k^{0\mathrm{T}}\boldsymbol{K}_j^{\mathrm{e}}\phi_i^0\,\phi_k^0 \tag{2-36}$$

$$\begin{aligned}\Delta\phi_{ij}=&\beta_j\sum_{\substack{k=1\\k\neq i}}^{n}\frac{\phi_k^{0\mathrm{T}}\boldsymbol{K}_j^{\mathrm{e}}\phi_i^0}{\lambda_i^0-\lambda_k^0}\phi_k^0+\beta_j^2\sum_{\substack{k=1\\k\neq i}}^{n}\frac{\phi_k^{0\mathrm{T}}\left(\boldsymbol{K}_j^{\mathrm{e}}-\phi_i^{0\mathrm{T}}\boldsymbol{K}_j^{\mathrm{e}}\phi_i^0\boldsymbol{M}\right)}{\lambda_i^0-\lambda_k^0}\sum_{\substack{k=1\\k\neq i}}^{n}\frac{\phi_k^{0\mathrm{T}}\boldsymbol{K}_j^{\mathrm{e}}\phi_i^0}{\lambda_i^0-\lambda_k^0}\phi_k^0\phi_k^0-\\&0.5\beta_j^2\left(\sum_{\substack{k=1\\k\neq i}}^{n}\frac{\phi_k^{0\mathrm{T}}\boldsymbol{K}_j^{\mathrm{e}}\phi_i^0\phi_k^0}{\lambda_i^0-\lambda_k^0}\right)^2\phi_i^0\end{aligned} \tag{2-37}$$

由式(2-36)、式(2-37)可见，当损伤前结构确定时，单个单元发生损伤时结构的特征值和特征向量的二阶摄动是单元损伤因子 β_j 的二阶近似结果而省略了三阶以上的项，对于隧道结构的一般损伤而言，二阶摄动具有较好的精度。

在摄动理论分析的基础上，可进行结构特征值与特征向量相对于单元损伤的灵敏度分析。对单元弹性模量的灵敏度分析如下：

$$\frac{\mathrm{d}\lambda_i}{\mathrm{d}E_j}=\lim_{\beta_j\to 0}\frac{\Delta\lambda_{ij}}{\beta_j E_j}=\frac{\phi_i^{0\mathrm{T}}\boldsymbol{K}_j^{\mathrm{e}}\phi_i^0}{E_j}=\frac{\lambda_{ij}^1}{E_j} \tag{2-38}$$

$$\frac{\mathrm{d}\phi_i}{\mathrm{d}E_j}=\lim_{\beta_j\to 0}\frac{\Delta\phi_{ij}}{\beta_j E_j}=\sum_{\substack{k=1\\k\neq i}}^{n}\frac{\phi_k^{0\mathrm{T}}\boldsymbol{K}_j^{\mathrm{e}}\phi_i^0}{(\lambda_i^0-\lambda_k^0)E_j}\phi_k^0=\frac{\phi_{ij}^1}{E_j} \tag{2-39}$$

为了进一步简化，结构特征值与特征向量相对单元损伤因子 β_j 的灵敏度分析如下：

$$\frac{\mathrm{d}\lambda_i}{\mathrm{d}\beta_j}=\lim_{\beta_j\to 0}\frac{\Delta\lambda_{ij}}{\beta_j}=\phi_k^{0\mathrm{T}}\boldsymbol{K}_j^{\mathrm{e}}\phi_i^0=\lambda_{ij}^1 \tag{2-40}$$

$$\frac{\mathrm{d}\phi_i}{\mathrm{d}\beta_j}=\lim_{\beta_j\to 0}\frac{\Delta\phi_{ij}}{\beta_j}=\sum_{\substack{k=1\\k\neq i}}^{n}\frac{\phi_k^{0\mathrm{T}}\boldsymbol{K}_j^{\mathrm{e}}\phi_i^0}{\lambda_i^0-\lambda_k^0}\phi_k^0=\phi_{ij}^1 \tag{2-41}$$

2.2.4 损伤定位参数

从式(2-38)～式(2-41)可见，单元损伤灵敏度仅仅是对应于一阶摄动的极限情况，因此采用模态特征值及模态特征向量作为直接损伤识别参数来分析结构损伤状态或反演损伤识别存在较大的误差。在此基础上引入模态应变能（Modal Strain Energy，简称 MSE），MSE 是 Chen 于 1998 年首次提出，并应用于梁的损伤识别中（Chen 等，1988；Cornwell 等，1999；Doebling 等，1997）。相应地将 MSE 引入隧道这种薄壁圆筒梁结构中，第 n 个单元在 i 阶模态应变能可定义为：

$$\begin{aligned}\mathrm{MSE}_{i,n}^{\mathrm{d}}&=\frac{1}{2}\left(\phi_{i,n}^{\mathrm{d}}\right)^{\mathrm{T}}(E_n^{\mathrm{d}}I)\phi_{i,n}^{\mathrm{d}}\\ \mathrm{MSE}_{i,n}^{\mathrm{u}}&=\frac{1}{2}\left(\phi_{i,n}^{\mathrm{u}}\right)^{\mathrm{T}}(E_n^{\mathrm{u}}I)\phi_{i,n}^{\mathrm{u}}\end{aligned} \tag{2-42}$$

式中：　i——模态应变能阶数；

n——单元编号；

$\phi_{i,n}^{\mathrm{d}}$ 和 $\phi_{i,n}^{\mathrm{u}}$——损伤和未损伤结构的 i 阶模态振型值。

在 i 阶模态下的第 n 个单元的模态应变能变化值 $\vartheta_{i,n}$ 为：

$$\vartheta_{i,n}=\mathrm{MSE}_{i,n}^{\mathrm{u}}-\mathrm{MSE}_{i,n}^{\mathrm{d}} \tag{2-43}$$

考虑所有模态阶数 i，第 n 个单元的加权损伤为：

$$\vartheta_n=\frac{1}{n}\sum_{i=1}^{n}\vartheta_{i,n} \tag{2-44}$$

将 ϑ_n 进行归一化处理得到模态应变能损伤指数(Modal Strain Energy Damage Indicator，简称 MSEDI)，对于第 n 个单元的 MSEDI 为：

$$\mathrm{MSEDI}_n=\vartheta_n/\sum_{1}^{n}\vartheta_n \tag{2-45}$$

上式可用于隧道结构的损伤识别与定位，MSEDI 损伤识别流程见图 2-9。

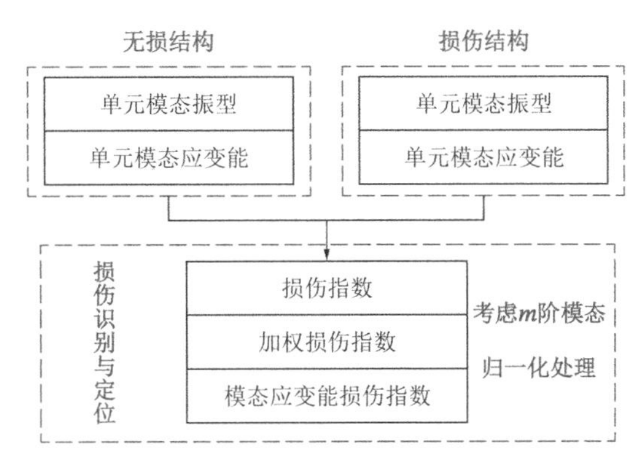

图 2-9　MSEDI 损伤识别流程

通过分析无损条件和任意损伤条件下的隧道结构的模态振型，进而分析结构单元模态应变能，通过式(2-42)～式(2-45)来获得隧道结构的模态应变能损伤指数。在单元模态应变能损伤指数突变处即可判定为损伤单元。

2.3　基于 ANSYS-MATLAB 有限元方法的隧道结构损伤识别模态特征分析

从第 2.2 节内容可知，损伤导致结构模态特征及模态的反演参量的变化，反之可通过模态特征的变化来反映结构的损伤，这就是基于动力特征的结构损伤识别的原理。对于少数简单结构可以通过理论分析得到结构模态特征的精确解析解，但是对于一般复杂的结构，加上边界条件引入的超静定问题，即便在理论上作出相应的假定和简化，有时也难以得到精确的解析解。

因此，本节引入有限元方法进行分析研究，并基于 ANSYS-MATLAB 有限元法进行结构的模态特征分析，首先在有限元软件 ANSYS 的前处理模块中进行结构建模，其次通过 MATLAB 编译模态分析程序对 ANSYS 导出的接口数据的分析来求解结构的模态特征。ANSYS-MATLAB 有限元法取长补短，充分利用 ANSYS 强大的前处理供能和 MATLAB 强大的数据计算功能。

2.3.1　结构模态特征的有限元分析步骤

动力分析仍以节点位移 $\{q\}$ 作为基本未知量，但此时 $\{q\}$ 不仅是坐标的函数，而且也是时间的函数，即：

$$\{q\} = \{q\}(x, y, z, t) \tag{2-46}$$

因此节点具有速度 $\{\dot{q}\}$ 和加速度 $\{\ddot{q}\}$。利用节点位移插值表示单元内任一点的位移时，一般采用与静力分析相同的形函数，即：

$$\{d\} = [\boldsymbol{N}]\{q\}^{\mathrm{e}} \tag{2-47}$$

式中：$[\boldsymbol{N}]$——形函数矩阵。单元内的应变和应力与节点位移的关系为：

$$\{\sigma\} = [\boldsymbol{D}][\boldsymbol{B}]\{q\}^{\mathrm{e}} \tag{2-48}$$

$$\{\varepsilon\} = [\boldsymbol{B}]\{q\}^{\mathrm{e}} \tag{2-49}$$

式中的位移、应变和应力都是时间 t 的函数。

由于节点具有速度和加速度，结构将受到阻尼力和惯性力的作用。根据达朗伯原理，引入惯性力和阻尼力之后结构仍处于平衡状态，因此动力分析中仍可采用虚位移原理来建立单元特性方程，然后再根据整体平衡得到整个结构的平衡方程：

$$[\boldsymbol{M}]\{\ddot{q}\} + [\boldsymbol{C}]\{\dot{q}\} + [\boldsymbol{K}]\{q\} = \{\boldsymbol{R}(t)\} \tag{2-50}$$

式中：$\{q\}$——节点位移矩阵；

$\{\boldsymbol{R}(t)\}$——节点荷载矩阵；

$[\boldsymbol{M}]$——质量矩阵；

$[\boldsymbol{C}]$——阻尼矩阵；

$[\boldsymbol{K}]$——刚度矩阵。

式(2-50)称为结构的运动方程,是一个一阶常微分方程组,其求解过程比静力要复杂得多。

1）结构离散

结构离散过程与静力分析相同，也是将一个连续体划分一定数量的单元，只是由于两者分析内容不同，对网格形式的要求有可能不一样。例如，静力分析时要求在应力集中部位加密网格，但在动态分析中，由于固有频率和振型主要与结构的质量和刚度分布有关，因此它要求整个结构尽可能采用均匀网格。

2）单元分析

单元分析是建立单元特性矩阵，形成单元特性方程。在动态分析中，除刚度矩阵外，单元特性矩阵还包括质量矩阵和阻尼矩阵。本节仍采用虚位移原理来建立单元相应的特性矩阵。

在动荷载作用下，对应任一瞬时，设单元节点发生虚位移 $\{\delta q\}^{\mathrm{e}}$，则单元内各点也产生相应的虚位移 δd 和虚应变 $\delta\varepsilon$。根据虚功原理，此时单元内产生的虚应变能为：

$$\delta U = \int_V \{\delta\varepsilon\}^{\mathrm{T}}\{\sigma\}\,\mathrm{d}V \tag{2-51}$$

此时单元除受动荷载外,还受到由加速度引起的惯性力 $-\rho\{\ddot{d}\}\mathrm{d}V$ 和由速度引起的阻尼力 $-\nu\{\dot{d}\}\mathrm{d}V$ 的作用，其中 ρ 为结构材料密度，ν 为线性阻尼系数。因此外力所做的功为：

$$\delta W = \int_V \{\delta d\}^{\mathrm{T}}\{P_\nu\}\,\mathrm{d}V + \int_A \{\delta d\}^{\mathrm{T}}\{P_{\mathrm{s}}\}\,\mathrm{d}A + \{\delta d\}^{\mathrm{T}}\{P_{\mathrm{c}}\} - \int_V \{\delta d\}^{\mathrm{T}}\{\ddot{d}\}\,\mathrm{d}V - \int_V \nu\{\delta d\}^{\mathrm{T}}\{\dot{d}\}\,\mathrm{d}V \tag{2-52}$$

式中：$\{P_\nu\}$、$\{P_{\mathrm{s}}\}$、$\{P_{\mathrm{c}}\}$——作用于单元上的动体力、动面力和动态集中力；

V——单元体积；

A——单元面积。

由于

$$\{d\} = [\boldsymbol{N}]\{q\}^{\mathrm{e}}, \{\varepsilon\} = [\boldsymbol{B}]\{q\}^{\mathrm{e}} \tag{2-53}$$

且形函数仅为坐标 x、y、z 的函数，与时间无关，因此：

$$\begin{cases}\{\dot{d}\} = [\boldsymbol{N}]\{\dot{q}\}^{\mathrm{e}} \\ \{\ddot{d}\} = [\boldsymbol{N}]\{\ddot{q}\}^{\mathrm{e}} \\ \{\delta d\} = [\boldsymbol{N}]\{\delta q\}^{\mathrm{e}} \\ \{\delta \varepsilon\} = [\boldsymbol{B}]\{\delta q\}^{\mathrm{e}}\end{cases} \tag{2-54}$$

根据虚位移原理，有

$$\delta U = \delta W \tag{2-55}$$

将式(2-51)～式(2-54)代入式(2-55)并整理得到单元运动方程：

$$[\boldsymbol{m}]^{\mathrm{e}}\{\ddot{q}\}^{\mathrm{e}} + [\boldsymbol{c}]^{\mathrm{e}}\{\dot{q}\}^{\mathrm{e}} + [\boldsymbol{k}]^{\mathrm{e}}\{q\}^{\mathrm{e}} = \{R(t)\}^{\mathrm{e}} \tag{2-56}$$

式中

$$[\boldsymbol{k}]^{\mathrm{e}} = \int_V [\boldsymbol{B}]^{\mathrm{T}}[\boldsymbol{D}][\boldsymbol{B}]\,\mathrm{d}V \tag{2-57}$$

$$[\boldsymbol{m}]^{\mathrm{e}} = \int_V [\boldsymbol{N}]^{\mathrm{T}}\rho[\boldsymbol{N}]\,\mathrm{d}V \tag{2-58}$$

$$[\boldsymbol{c}]^{\mathrm{e}} = \int_V [\boldsymbol{N}]^{\mathrm{T}}\nu[\boldsymbol{N}]\,\mathrm{d}V \tag{2-59}$$

分别称为单元的刚度矩阵、质量矩阵和阻尼矩阵，它们就是决定单元动态性能的特性矩阵。

$$\{R(t)\}^{\mathrm{e}} = \int_V [\boldsymbol{N}]^{\mathrm{T}}\{P_{\mathrm{v}}\}\,\mathrm{d}V + \int_A [\boldsymbol{N}]^{\mathrm{T}}\{P_{\mathrm{s}}\}\,\mathrm{d}A + [\boldsymbol{N}]^{\mathrm{T}}\{P_{\mathrm{c}}\} \tag{2-60}$$

称为单元节点动荷载列阵，它是作用在单元上的体力、面力和集中力向单元节点移置的结果。

由式(2-57)～式(2-60)可知，在动力分析和静力分析中，单元的刚度矩阵是相同的，外部荷载的移置原理也是一样的。

将式(2-58)与式(2-59)相比得：

$$[\boldsymbol{c}]^{\mathrm{e}} = \frac{\nu}{\rho}[\boldsymbol{m}]^{\mathrm{e}} \tag{2-61}$$

即单元阻尼矩阵与质量矩阵成正比，故称这种阻尼为比例阻尼，这时 $[\boldsymbol{c}]^{\mathrm{e}}$ 为对称矩阵，且与模态矩阵具有正交性。

在动态分析中，单元的质量矩阵通常采用以下两种形式。

（1）一致质量矩阵（Consistent Mass Matrix）

按式(2-58)形成的单元质量矩阵为一致质量矩阵，因为它采用了和刚度矩阵一致的形函数。这种质量矩阵取决于单元的类型和形函数的形式。对于 3 节点三角形单元，可以推出一致质量矩阵为：

$$[\boldsymbol{m}]_{\mathrm{c}}^{\mathrm{e}} = \frac{\rho t A}{12}\begin{bmatrix} 2 & 0 & 1 & 0 & 1 & 0 \\ 0 & 2 & 0 & 1 & 0 & 1 \\ 1 & 0 & 2 & 0 & 1 & 0 \\ 0 & 1 & 0 & 2 & 0 & 1 \\ 1 & 0 & 1 & 0 & 2 & 0 \\ 0 & 1 & 0 & 1 & 0 & 2 \end{bmatrix} \tag{2-62}$$

（2）集中质量矩阵（Lumping Mass Matrix）

集中质量矩阵将单元的分布质量按等效原则分配在各个节点上，等效原则就是要求不改变原单元的质量中心，这样形成的质量矩阵称为集中质量矩阵。集中质量矩阵是一个对角矩阵，如3节点三角形单元的集中质量矩阵为：

$$[\boldsymbol{m}]_l^{\mathrm{e}}=\frac{\rho tA}{12}\begin{bmatrix}1&0&0&0&0&0\\0&1&0&0&0&0\\0&0&1&0&0&0\\0&0&0&1&0&0\\0&0&0&0&1&0\\0&0&0&0&0&1\end{bmatrix} \tag{2-63}$$

3）总体刚度矩阵集成

总体矩阵集成的任务是将各单元特性矩阵汇总形成整个结构的特性矩阵。

$$\begin{cases}[\boldsymbol{K}]=\sum_{1}^{n_{\mathrm{e}}}[\boldsymbol{k}]^{\mathrm{e}}\\[\boldsymbol{M}]=\sum_{1}^{n_{\mathrm{e}}}[\boldsymbol{m}]^{\mathrm{e}}\\[\boldsymbol{C}]=\sum_{1}^{n_{\mathrm{e}}}[\boldsymbol{c}]^{\mathrm{e}}\end{cases} \tag{2-64}$$

$[\boldsymbol{K}]$、$[\boldsymbol{M}]$和$[\boldsymbol{C}]$均为$n\times n$阶对称矩阵（n为结构总自由度数，n_{e}为单元总数）。

4）模态特征分析

结构的固有特性由一组模态参数定量描述，它由结构本身特性决定，与外部荷载无关。模态参数包括模态频率、模态振型、模态质量、模态刚度和模态阻尼比等，其中最重要的参数是模态频率、模态振型和模态阻尼比。

模态特征分析就是求解特征值和特征向量的过程。由于模态特征与外荷载无关，且阻尼对模态频率和振型影响不大，因此可通过无阻尼自由振动方程计算模态特征。自由振动可以分解为多个简谐振动的叠加，因此式(2-56)的解可以设为：

$$\{q\}=\{\Phi\}\mathrm{e}^{i\omega t} \tag{2-65}$$

式中：ω——振动圆频率；

$\{\Phi\}$——节点振幅矢量，$\{\Phi\}=\{\phi_1\quad\phi_2\cdots\phi_n\}^{\mathrm{T}}$。

将式(2-65)代入式(2-56)并略去阻尼项，可得

$$([\boldsymbol{K}]-\omega^2[\boldsymbol{M}])\{\Phi\}=0 \tag{2-66}$$

式(2-66)为一广义特征值问题。模态特征分析实际上就是数学上的求解广义特征值的问题。

5）Block Lanczo模态求解

对于广义特征方程组的求解方法有很多种，以下介绍本章中采用的Block Lanczo（分块兰索斯）模态求解法，也称模态叠加法。Block Lanczos算法是用一组矢量来实现Lanczos递归计算的。这种方法不仅计算精确高并且计算速度快。Block Lanczos算法都自动采用系数矩阵方法求解器。当计算某系统特征值谱包含一定范围的固有频率时，采用Block Lanczos法提取模态特别有效。计算时，求解从频率谱中间位置到高频段范围内的固有频率时，求

解收敛速度和求解低阶频率时基本上一样快，特别适用于大型对称特征值的求解问题（谢汉龙，2012）。

Block Lanczos 法是对一选取的初始矢量 $\{\Phi^0\}$ 和迭代公式：

$$\left\{\Phi^{k+1}\right\}=[A]^{-1}\left\{\Phi^{k}\right\} \tag{2-67}$$

求一矢量 $\{\Phi^1\}$、$\{\Phi^2\}$、……，使它收敛于与 $|A|$ 绝对值最大的特征值相应的特征矢量，在满足收敛精度时，以 $\left\{\Phi^{k+1}\right\}$ 作为 $[A]$ 的特征矢量，再求出相应的特征值。

2.3.2　基于 ANSYS-MATLAB 有限元的模态分析程序

为了分析隧道结构的模态特征以及后续的基于动力特征的损伤识别计算分析需要，基于 ANSYS 及 MATLAB 平台编制模态特征分析程序。

（1）ANSYS 中建立数据文件，将有限元模型以及总体信息、节点信息、单元信息、单元材料与界面特性信息的形式写入数据文件；

（2）主程序开始，建立各类变量等，并读入数据文件，形成有限元模型的各类信息的数组数据；

（3）对应各节点，循环处理边界条件及节点耦合信息，形成节点自由度向量编号，根据节点自由度向量编号建立总体刚度矩阵及总体质量矩阵数组；

（4）对应各单元，循环处理形成各单元的单元刚度与单元质量矩阵，并根据节点自由度向量编号，对号填入总体刚度及总体质量矩阵中，形成总体刚度及总体质量矩阵；

（5）求解关于总体刚度矩阵、总体质量矩阵的广义特征值问题；

（6）将特征值按照升序排列，形成从低到高的特征值对应的特征向量序列；

（7）将特征向量按照质量矩阵 $\boldsymbol{M}$ 归一化，并输出前 n 阶特征值及特征向量到文件中；

（8）对所计算特征值、特征向量进行摄动处理。

基于 ANSYS-MATLAB 有限元的模态分析程序的原理图见图 2-10，其程序流程图见图 2-11。

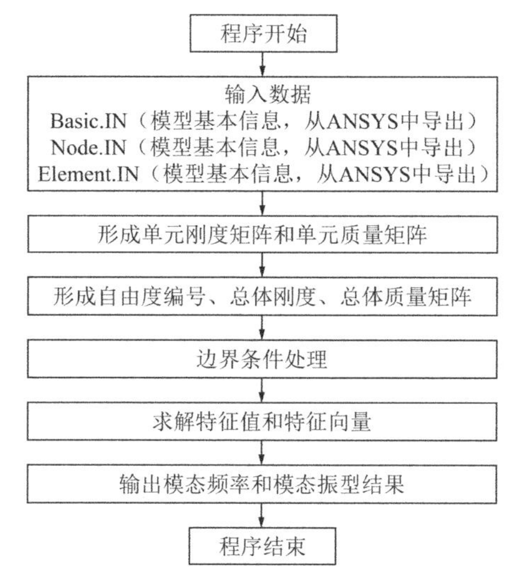

图 2-10　ANSYS-MATLAB 模态分析程序原理图

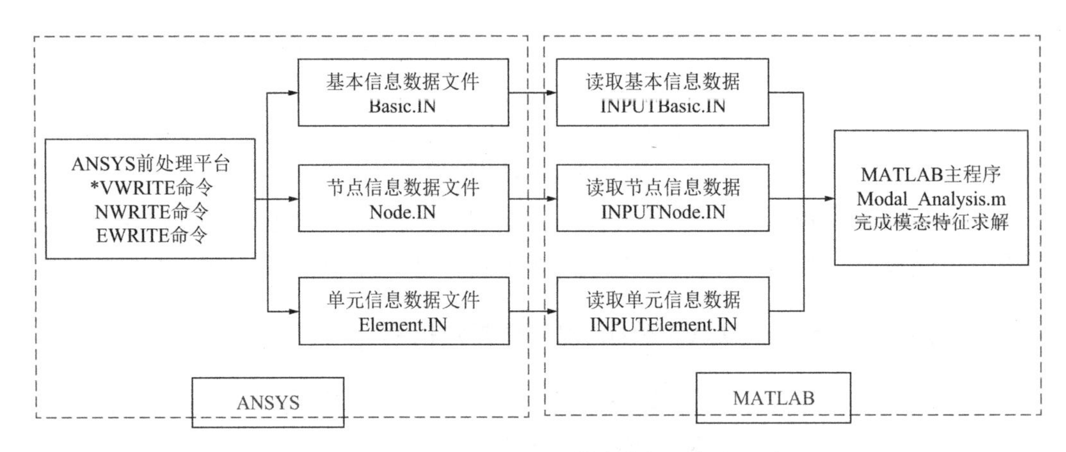

图 2-11　ANSYS-MATLAB 模态分析程序流程图

2.3.3　Tunnel_MADI 隧道模态分析与损伤识别平台

隧道模态分析与损伤识别平台 Tunnel_MADI（Tunnel Modal Analysis and Damage Indenfification，简称 Tunnel_MADI）是在第 2.2 节中理论分析基础上，基于 MATLAB 平台开发的，可以分析任一土层条件下隧道管片损伤的模态特征分析，并基于 MSEDI 的损伤定位。

Tunnel_MADI 包括隧道结构参数、土层参数、管片劣化参数、模态分析精度参数及模态分析与损伤识别结果五个模块。其主界面见图 2-12。

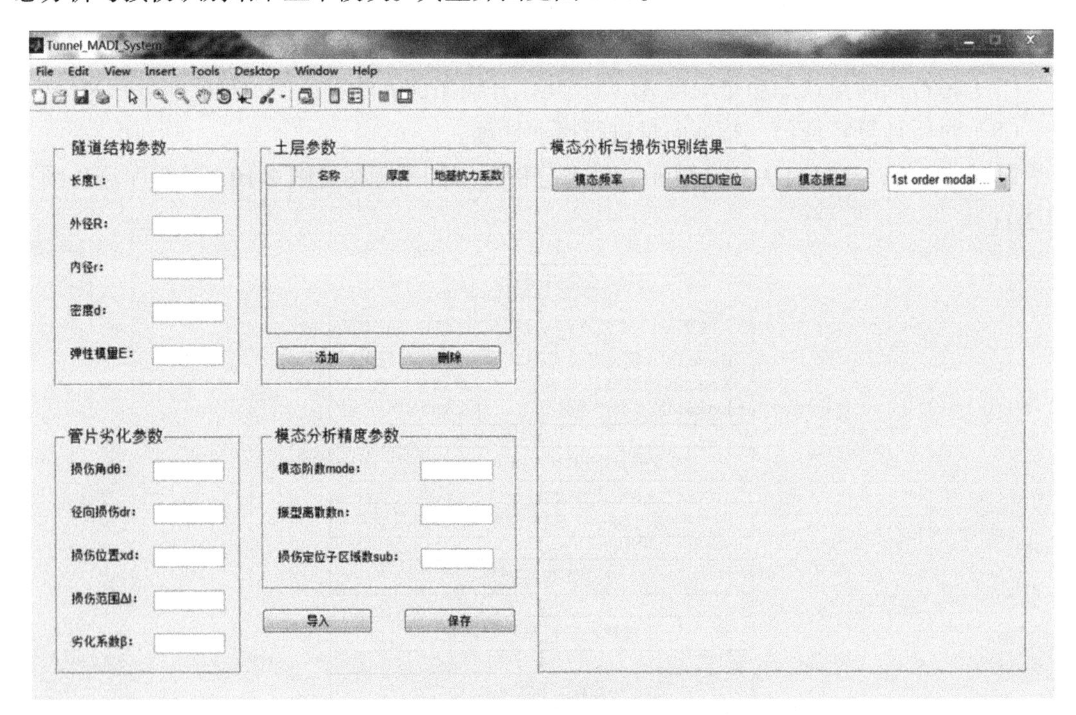

图 2-12　Tunnel_MADI 主界面

平台可以通过导入参数或者手动输入各参数，见图 2-13。

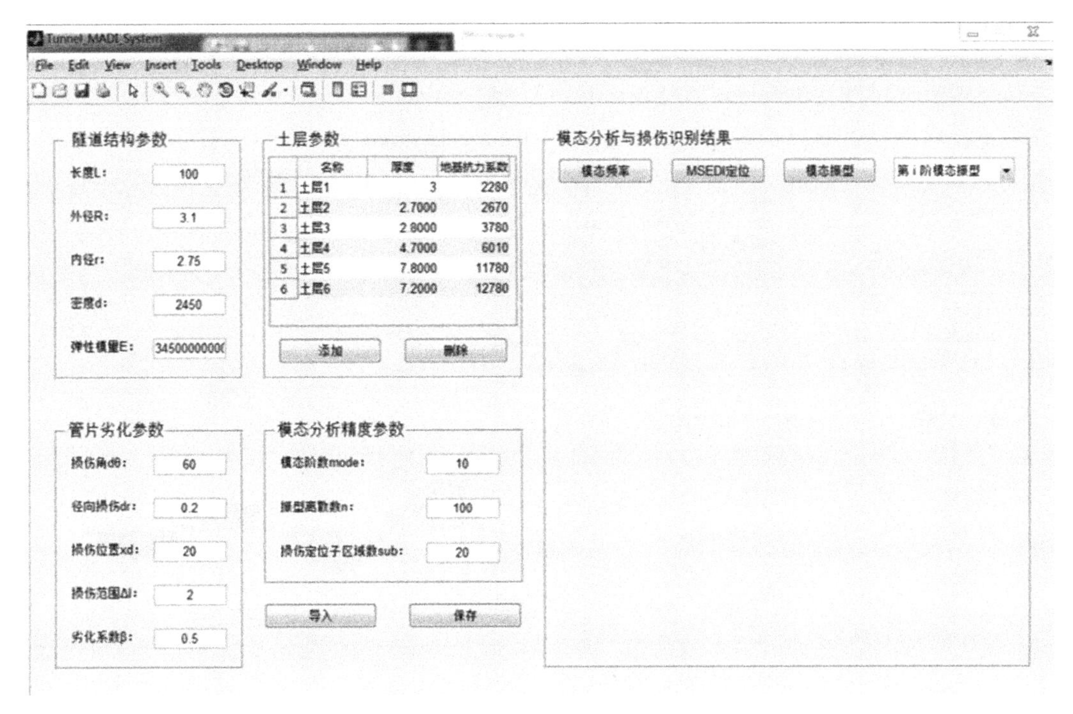

图 2-13　Tunnel_MADI 导入参数界面

点击右侧模态分析按钮，选中需要分析的模态频率，模态振型通过下拉菜单选取需要分析的损伤前后的振型，见图 2-14、图 2-15。

点击右侧模态分析按钮，选中 MSEDI，通过损伤前后振型变化量对损伤单元进行定位，见图 2-16。

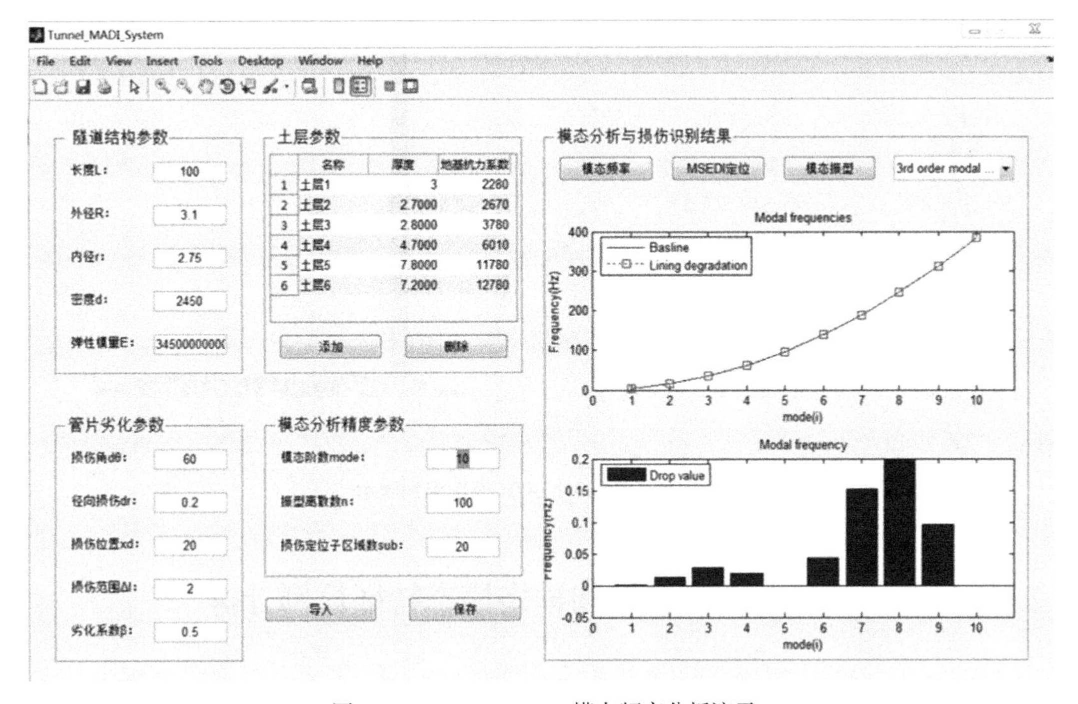

图 2-14　Tunnel_MADI 模态频率分析演示

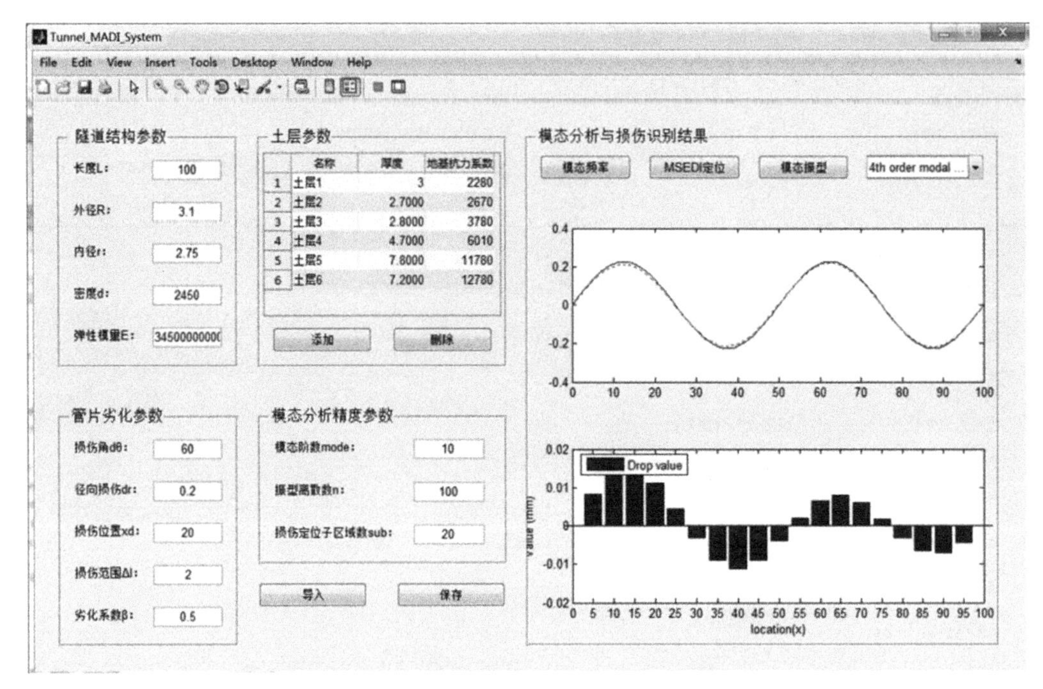

图 2-15　Tunnel_MADI 模态振型分析演示

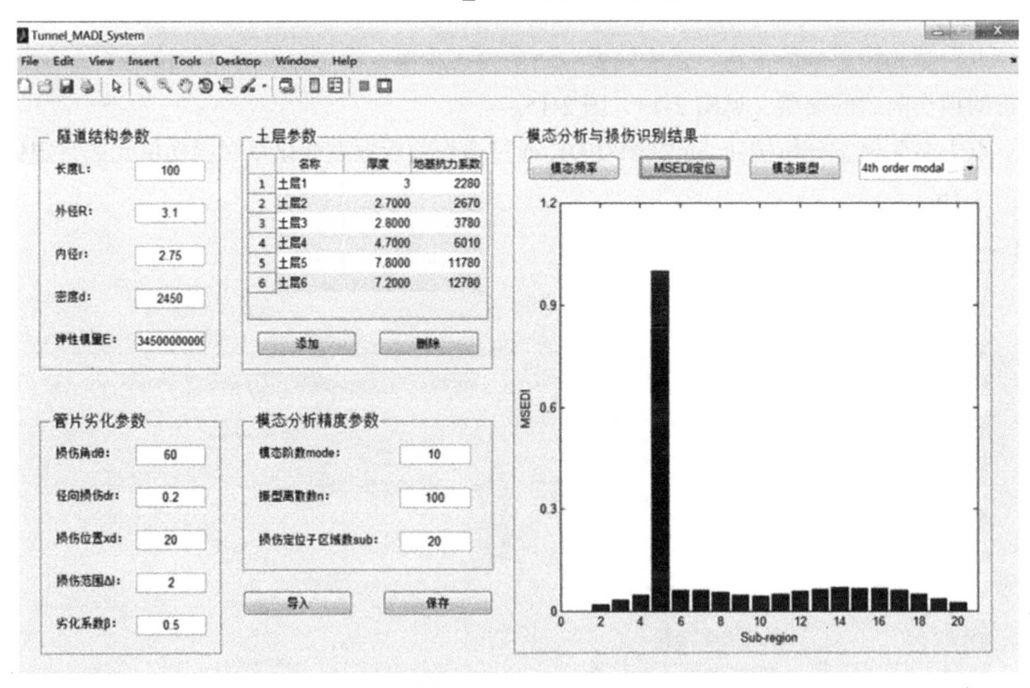

图 2-16　Tunnel_MADI 损伤识别演示

2.4 基于摄动理论的隧道结构损伤模态特征算例分析

为分析隧道结构的模态特征以及后续的损伤识别的计算分析需要，分别采用第 2.3 节的 ANSYS-MATLAB 结构模态分析程序，以典型的隧道结构-弹性地基梁为研究对象，讨论不同单元、不同损伤程度及多处损伤单元组合对结构模态特征的影响分析。通过对损伤所产生模态特征的这一问题的详细分析，将为其反问题——基于动力特征的损伤识别问题的研究提供先验知识，有助于动力损伤识别理论与方法的研究。

以上海地铁盾构隧道尺寸进行分析，地铁隧道管片为 C50 钢筋混凝土，埋深为 28.2m，外径为 3.1m，内径为 2.75m，管片厚度为 0.35m。隧道结构参数见表 2-1。

隧道结构参数表　　表 2-1

长度 L/m	外径 D/m	内径 d/m	埋深 h/m	厚度 t/m	密度 ρ/（kg/m³）	弹性模量 E/MPa
120	3.1	2.75	28.2	0.35	2450	34500

隧道所在土层及地基抗力系数取值见表 2-2，取值依据工程勘察报告及上海土体的经验。

土层参数表　　表 2-2

土层	厚度/m	地基抗力系数/（kN/m³）
①$_2$ 淤泥	3	2280
⑤$_{1\text{-}1}$ 淤泥质土	2.7	2670
⑤$_{1\text{-}2}$ 粉质黏土	2.8	3780
⑥黏土	4.7	6010
⑦$_1$ 砂质粉土	7.8	11780
⑦$_2$ 细砂	15.3	12780

计算弹性地基梁全长 80m，模型包含 9 个节点，8 个单元，抗弯刚度 $EI = 9.5272 \times 10^8$kN/m³，地基抗力系数 $k = 5556.3$kN/m³，如图 2-17 所示。

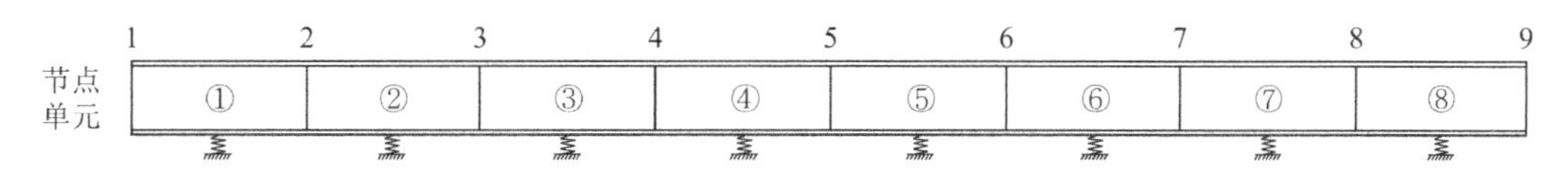

图 2-17　弹性地基梁模型

2.4.1　单处损伤下隧道结构模态特征分析

2.4.1.1　不同损伤单元下隧道结构模态特征分析

以单元②、④、⑥损伤程度 10%为例，分析弹性地基梁结构的模态特征。无损结构模态频率及变化量值见表 2-3 及图 2-18。

单处损伤下隧道结构模态频率　表 2-3

模态阶数	无损	损伤单元					
		单元②	变化量	单元④	变化量	单元⑥	变化量
1	1.766	1.765	0.001	1.761	0.005	1.761	0.005
2	4.063	4.063	0.02	4.063	0.02	4.063	0.02
3	8.682	8.601	0.081	8.669	0.013	8.668	0.014
4	15.279	15.108	0.171	15.109	0.17	15.108	0.171
5	23.807	23.579	0.228	23.768	0.039	23.768	0.039

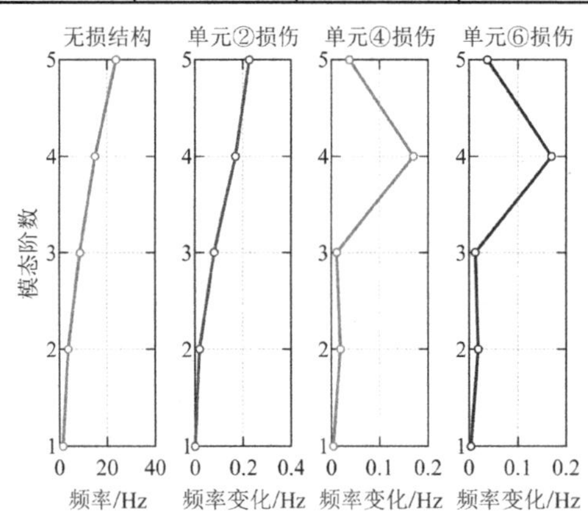

图 2-18　不同损伤单元下模态频率

由以上可知，不同损伤单元导致结构模态频率的变化量不同，单元刚度退降 10%，结构模态频率的变化较小（均小于 0.5Hz），最大变化率为 1.12%（表 2-4）。由此可见模态频率对损伤不太敏感。

不同单元损伤下模态频率最大变化率　表 2-4

模态阶数	第 1 阶	第 2 阶	第 3 阶	第 4 阶	第 5 阶
模态频率最大变化率	0.28%	0.49%	0.93%	1.12%	0.96%

不同损伤单元下的前五阶模态振型变化曲线见图 2-19～图 2-23，不同损伤单元导致结构模态振型变化量不同。单元②损伤下各阶振型变形在单元②位置（10～20m）处有明显的振幅增加，同样地，单元④损伤下各阶振型变形在单元④位置（30～40m）处有明显的振幅增加，单元⑥损伤下各阶振型变形在单元⑥位置（50～60m）处有明显的振幅增加，这一规律在一阶模态尤其明显，由此可见低阶模态振型对损伤更为敏感，并且振型可以有效地反映损伤单元位置。主要原因是：

（1）模态振型本身就是一个关于位置的曲线；

（2）结构单元刚度降低，结构在损伤单元的承载能力降低，必然导致振型在损伤单元处有所增加。

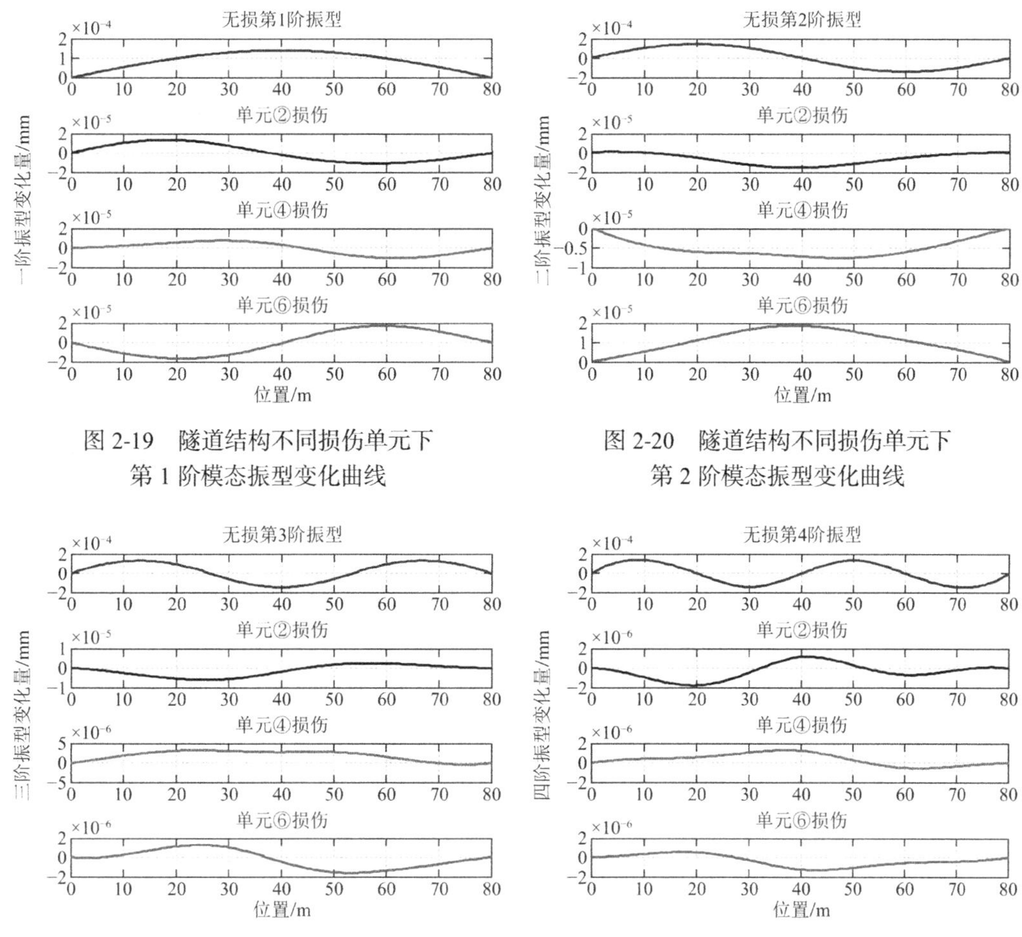

图 2-19　隧道结构不同损伤单元下第 1 阶模态振型变化曲线

图 2-20　隧道结构不同损伤单元下第 2 阶模态振型变化曲线

图 2-21　隧道结构不同损伤单元下第 3 阶模态振型变化曲线

图 2-22　隧道结构不同损伤单元下第 4 阶模态振型变化曲线

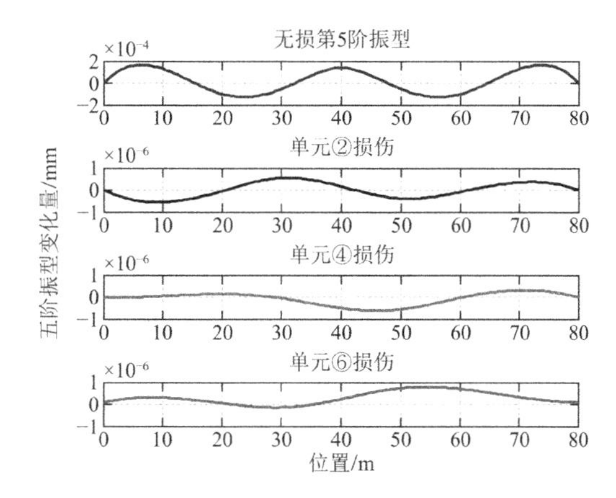

图 2-23　隧道结构不同损伤单元下第 5 阶模态振型变化曲线

为了更好地对损伤进行识别及定位，在模态振型的基础上对其进行参量化，提出一个模态振型的繁衍参量进行结构的识别及定位，在第 2.2.4 节中已对模态应变能损伤指数

（Modal Strain Energy Damage Indicator，简称 MSEDI）进行阐述。分别对上述分析的单元②、单元④、单元⑥刚度退降 10%三个不同损伤工况下的模态振型数据来进行损伤单元定位的反演分析，MSEDI 柱状图如图 2-24～图 2-26 所示，在相应单元处指数突变明显，存在结构损伤，与分析假定符合。

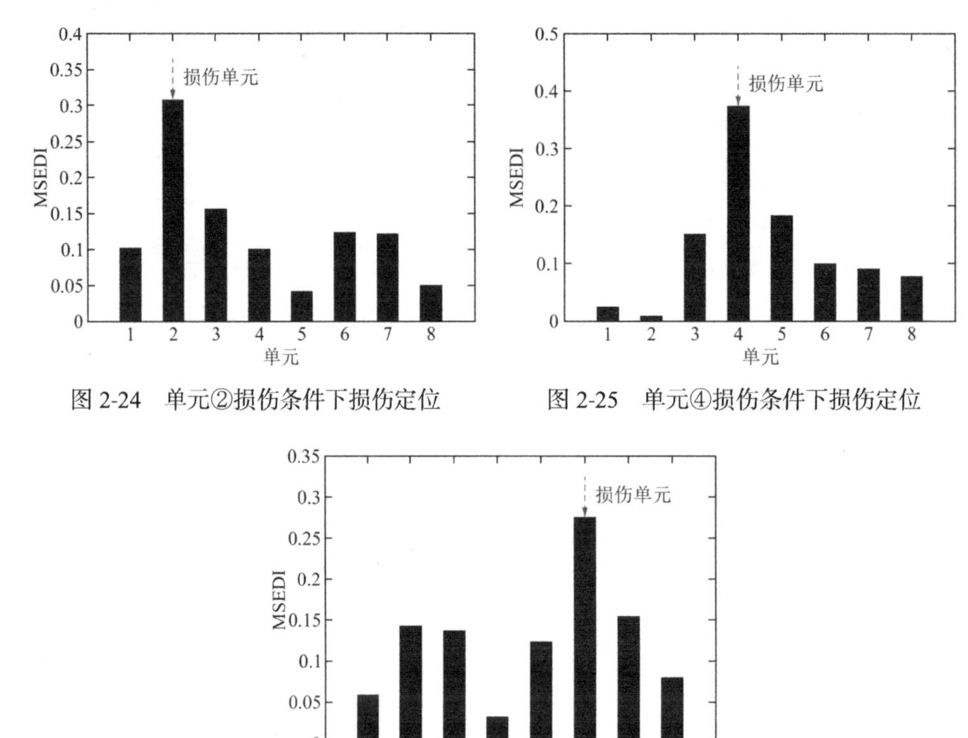

图 2-24　单元②损伤条件下损伤定位

图 2-25　单元④损伤条件下损伤定位

图 2-26　单元⑥损伤条件下损伤定位

2.4.1.2　不同损伤程度下隧道结构模态特征分析

以单元②损伤程度为 10%、20%、30%为例，分析单元损伤在不同损伤程度下隧道结构模态特征。无损结构模态频率及变化量值见表 2-5 及图 2-27 所示。

不同损伤程度下隧道结构模态频率　　表 2-5

模态阶数	无损	单元②损伤					
		10%	变化量	20%	变化量	30%	变化量
1	1.766	1.765	0.001	1.764	0.002	1.763	0.003
2	4.083	4.063	0.020	4.047	0.036	4.035	0.048
3	8.682	8.601	0.081	8.537	0.145	8.492	0.190
4	15.279	15.108	0.171	14.974	0.305	14.877	0.402
5	23.807	23.579	0.228	23.399	0.408	23.271	0.536

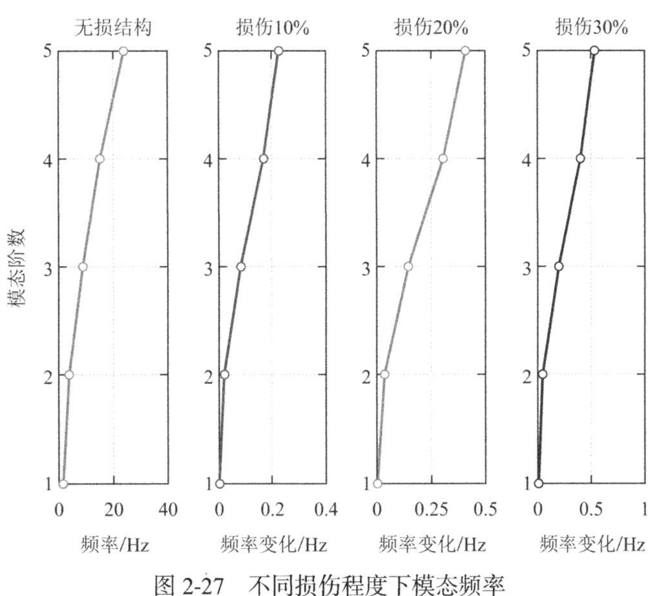

图 2-27　不同损伤程度下模态频率

由以上可知，不同损伤程度导致结构模态频率的变化量不同，单元刚度退降越大，结构模态频率越大，前五阶模态频率最大变化率为 2.63%，见表 2-6 及图 2-28。由此可见模态频率对损伤不太敏感。

不同损伤程度下模态频率变化率　　**表 2-6**

频率变化率	第 1 阶	第 2 阶	第 3 阶	第 4 阶	第 5 阶
损伤 10%	0.05%	0.49%	0.93%	1.12%	0.96%
损伤 20%	0.09%	0.9%	1.67%	1.99%	1.71%
损伤 30%	0.11%	1.15%	2.19%	2.63%	2.26%

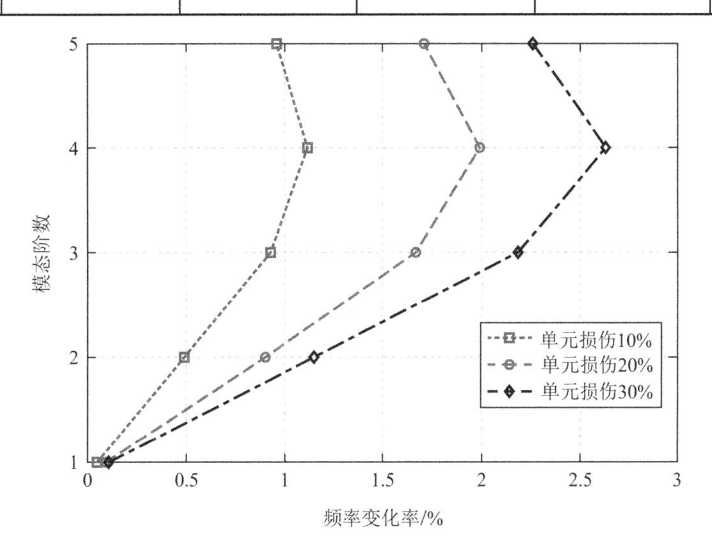

图 2-28　频率变化量与损伤程度、模态阶数变化曲线

单元②在不同损伤程度下的前五阶振型变化量曲线见图 2-29～图 2-33。

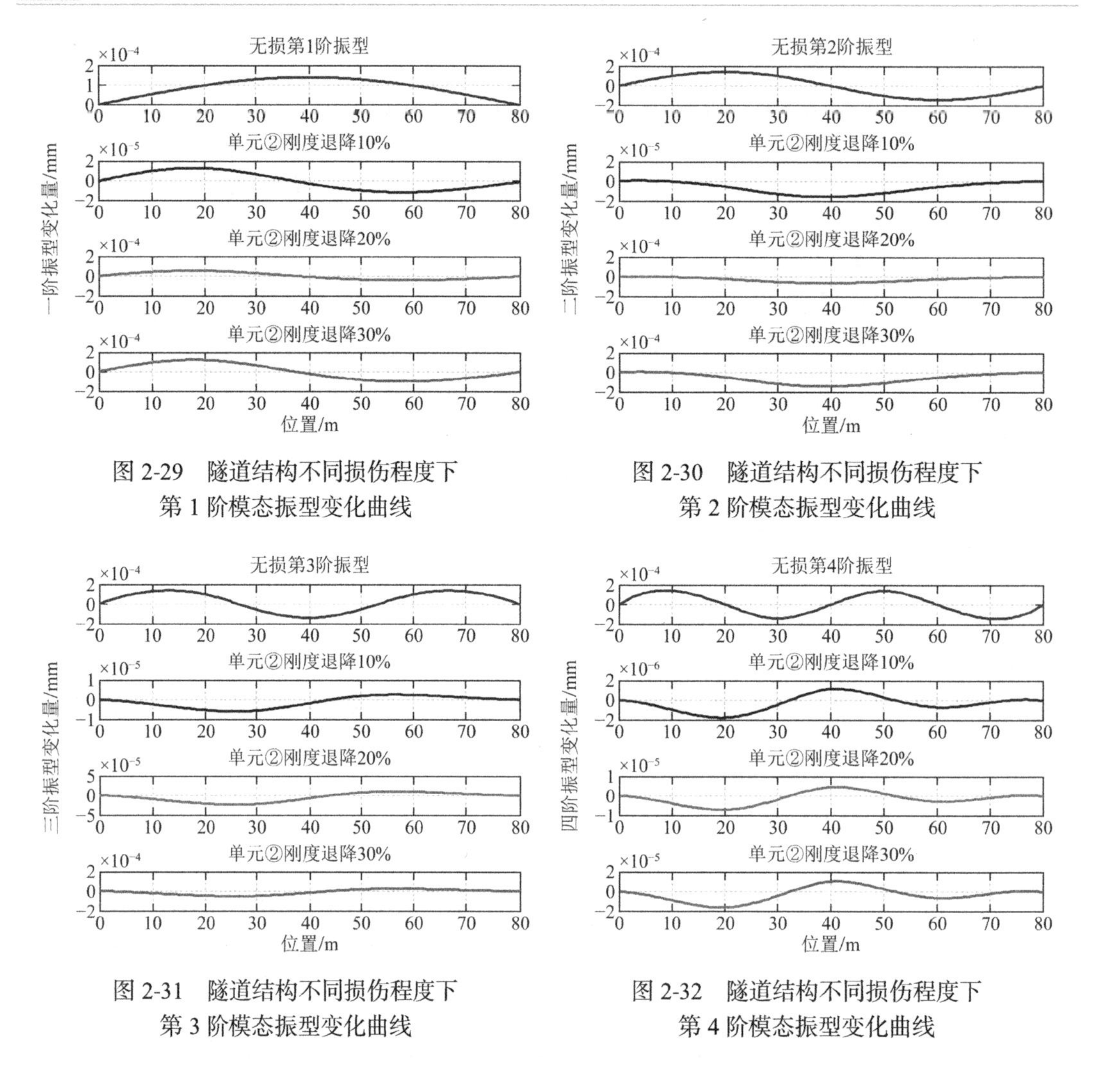

图 2-29 隧道结构不同损伤程度下第 1 阶模态振型变化曲线

图 2-30 隧道结构不同损伤程度下第 2 阶模态振型变化曲线

图 2-31 隧道结构不同损伤程度下第 3 阶模态振型变化曲线

图 2-32 隧道结构不同损伤程度下第 4 阶模态振型变化曲线

图 2-33 隧道结构不同损伤程度下第 5 阶模态振型变化曲线

分别对上述分析的单元②刚度退降 10%、20%、30%三个不同损伤工况下的模态振型数据来进行损伤单元定位的反演分析。由模态应变能指数 MSEDI 柱状图（图 2-34～图 2-36）可以看出，在单元②处有明显指数突变值，也就是在单元②中存在结构损伤，与分析假定的损伤单元相吻合。

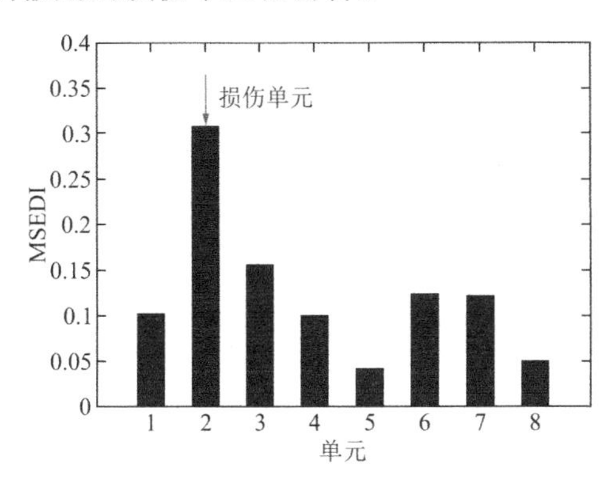

图 2-34　单元②刚度退降 10%损伤定位

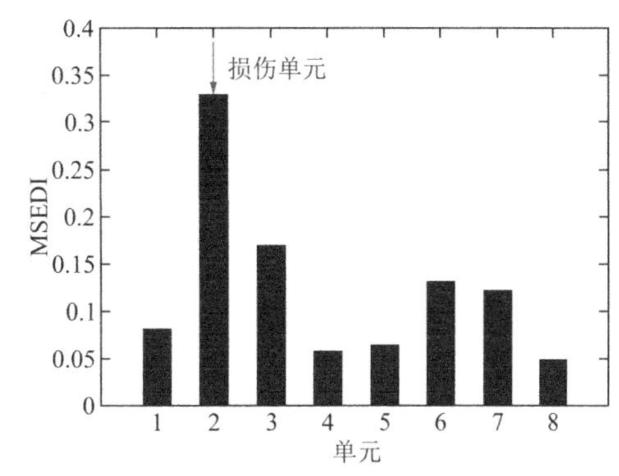

图 2-35　单元②刚度退降 20%损伤定位

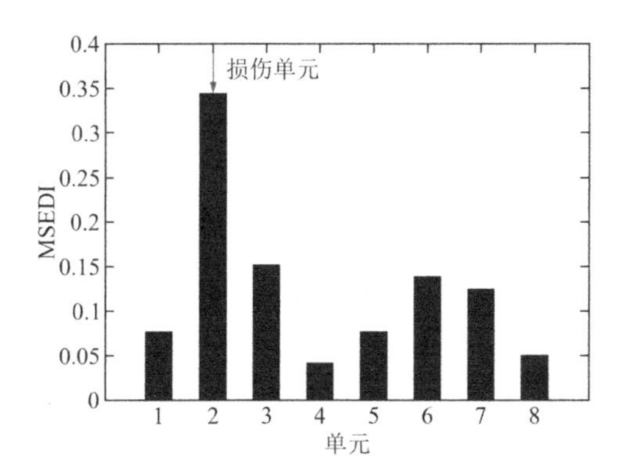

图 2-36　单元②刚度退降 30%损伤定位

2.4.2　多处损伤下隧道结构模态特征分析

针对第 2.4.1 节对单处损伤对隧道结构模态特征影响的分析及根据模态振型的反演参量模态应变能损伤指数（MSEDI）对损伤单元进行损伤定位，在本节中拓展分析，将单处损伤单元引申到多处损伤单元进行分析，以单元②、④损伤程度为 10%、20%、30%多处损伤组合为例，损伤工况表见表 2-7。分析多个单元损伤在不同损伤程度下隧道结构模态特征影响分析及损伤单元的定位。多单元损伤模态频率及变化率见表 2-8 及图 2-37。

多单元损伤组合工况　　　　表 2-7

损伤工况	单元损伤程度	
	单元②	单元④
Case1	10%	10%
Case2	10%	20%
Case3	20%	20%
Case4	20%	30%
Case5	30%	30%

多单元损伤模态频率 表 2-8

模态阶数	无损结构	损伤结构				
		Case1	Case2	Case3	Case4	Case5
1	1.766	1.760	1.756	1.7556	1.753	1.752
2	4.083	4.043	4.026	4.011	4.000	3.989
3	8.682	8.588	8.577	8.513	8.505	8.459
4	15.279	14.938	14.803	14.668	14.572	14.475
5	23.807	23.539	23.509	23.330	23.308	23.179

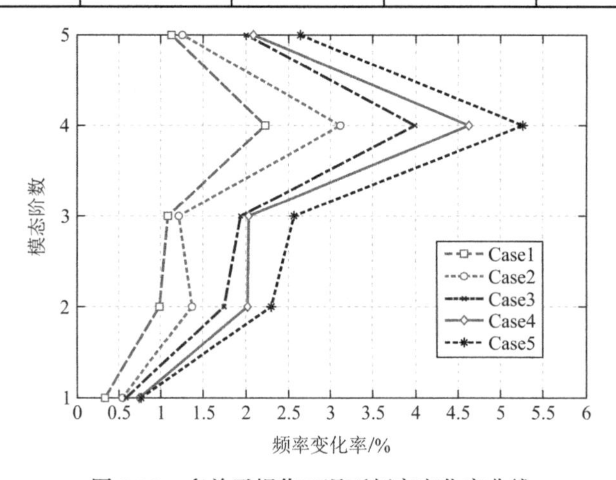

图 2-37 多单元损伤工况下频率变化率曲线

不同多单元损伤组合工况下的前五阶振型变化曲线见图 2-38～图 2-42。对于多单元损伤工况的损伤程度由 Case1～Case5 逐渐增大，不同损伤程度导致结构模态频率的变化量不同，损伤程度越大，结构模态频率越大，前五阶模态频率最大变化率为 5.26%，由此可见模态频率对损伤不太敏感。

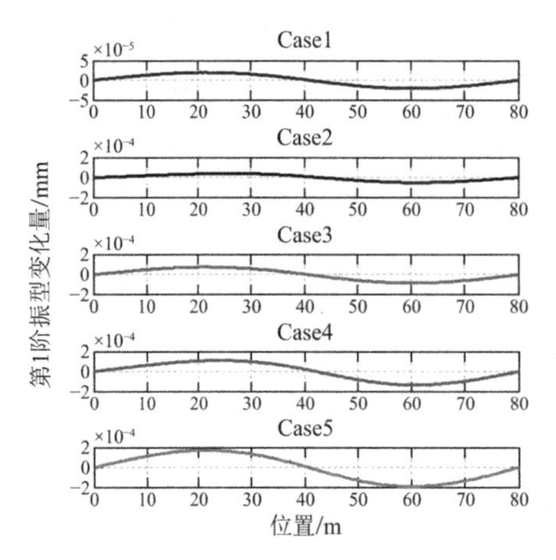

图 2-38 隧道结构多单元损伤工况下第 1 阶模态振型变化曲线

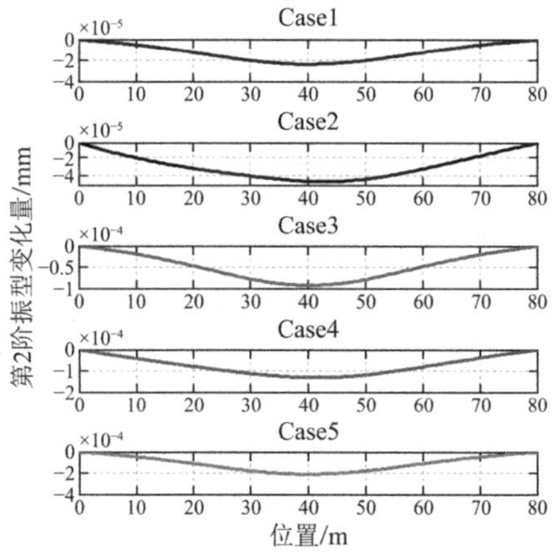

图 2-39 隧道结构多单元损伤工况下第 2 阶模态振型变化曲线

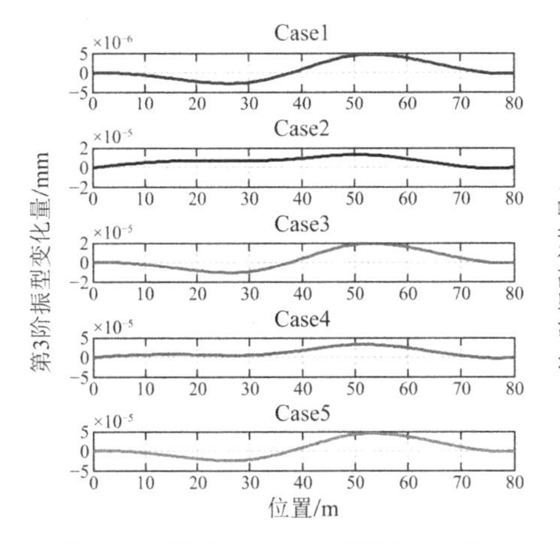

图 2-40　隧道结构多单元损伤工况下第 3 阶模态振型变化曲线

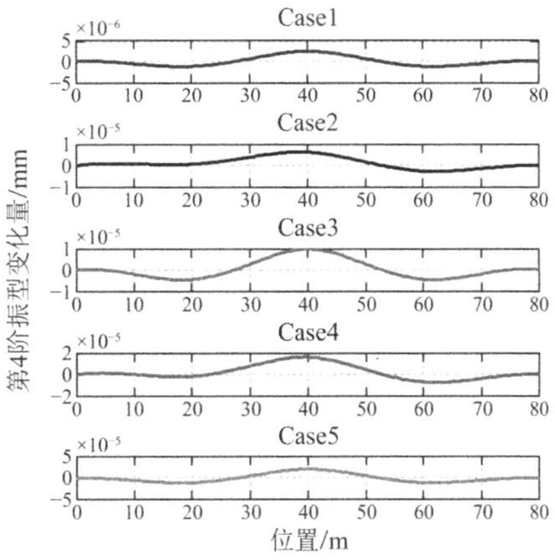

图 2-41　隧道结构多单元损伤工况下第 4 阶模态振型变化曲线

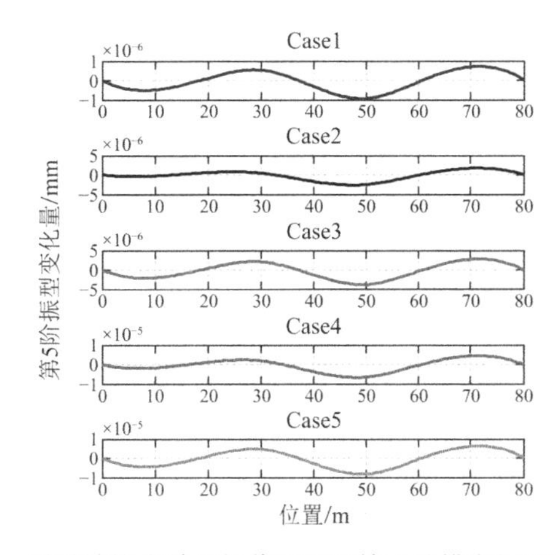

图 2-42　隧道结构多单元损伤工况下第 5 阶模态振型变化曲线

为了更好地对损伤进行识别及定位，在模态振型的基础上对其进行参量化，提出一个模态振型的繁衍参量进行结构的识别及定位。分别对上述分析的多单元损伤组合 Case1～Case5 五种不同损伤工况下的模态振型数据来进行损伤单元定位的反演分析。由模态应变能指数 MSEDI 柱状图（图 2-43～图 2-47）可以看出，在单元②、④处有明显指数突变值，也就是在单元②、④中存在结构损伤，与分析 Case1～Case5 损伤单元相吻合。

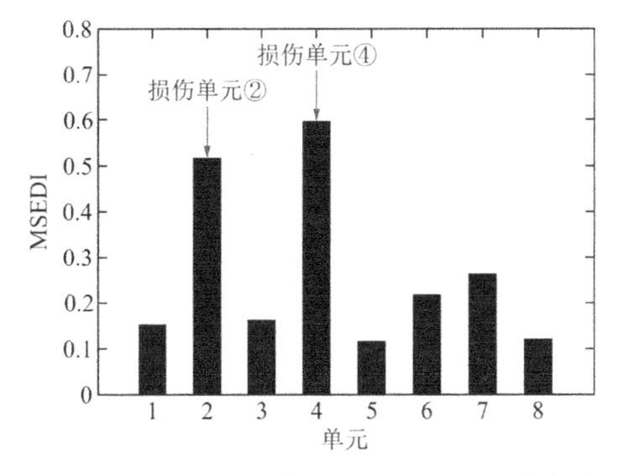

图 2-43　多单元损伤 Case1 工况下损伤定位

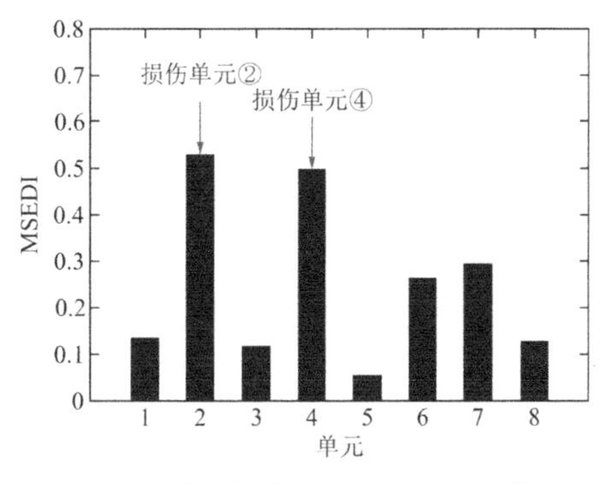

图 2-44　多单元损伤 Case2 工况下损伤定位

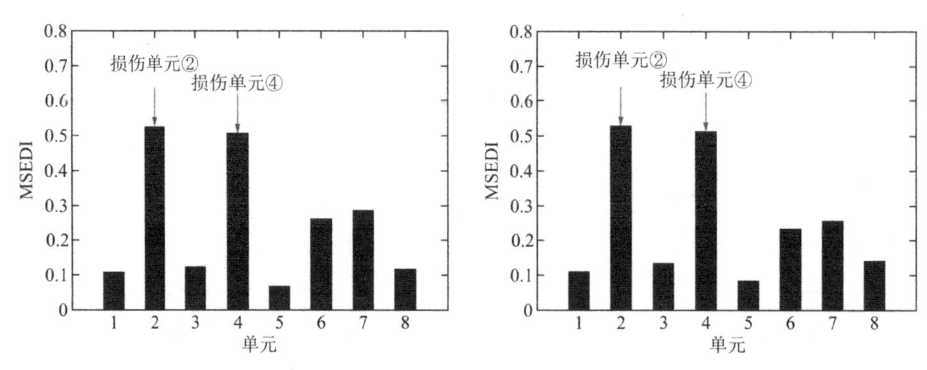

图 2-45 多单元损伤 Case3 工况下损伤定位 图 2-46 多单元损伤 Case4 工况下损伤定位

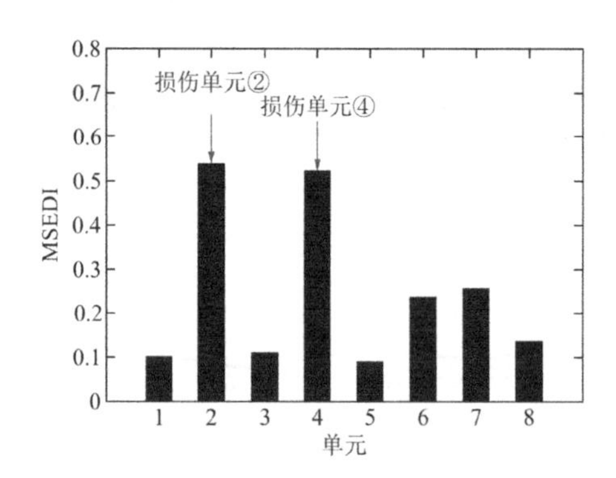

图 2-47 多单元损伤 Case5 工况下损伤定位

由以上分析可知，模态应变能损伤指数（MSEDI）能够准确地对多处损伤单元进行定位，它不受损伤大小的影响，也就是说即便是较小的损伤，模态应变能损伤指数（MSEDI）也能够有效地对多处损伤单元进行定位。

2.5 基于摄动理论的隧道结构壁后脱空模态特征分析

如第 2.1 节所述，除了隧道病害引起的隧道衬砌结构损伤导致的刚度退降，还存在着边界变异损伤，主要有壁后脱空、纵向沉降及收敛变形等。这些隧道病害都将影响隧道土体边界之间的动力接触关系，导致隧道结构的地基承载力减小，进而间接地影响结构安全稳定。

隧道壁后脱空病害是隧道运营的安全隐患之一，它别于其他一些常见表观病害，脱空具有极强的隐蔽性和不确定性。隧道壁后水土流失是导致运营期隧道脱空的直接原因，它受多方面因素影响。首先，由于地下水环境导致的渗漏水是贯穿隧道施工期至运营期中一直存在的病害，而渗漏水形成的渗流路径极易造成不同程度的水土流失；其次，列车循环荷载、地面交通荷载及周边施工荷载等各类静动荷载交替作用加速水土流失（白冰，李春峰，2007；刘维宁，2013；王祥秋，2006）；再次，环境气象影响造成突发的水土流失，如突遇强降雨量等，都是诱发土体流失，甚至土体流砂的因素。脱空能够引发其他的一些次生病害，如地表沉降及隧道纵向变形，管片承载力降低，影响结构的安全稳定。

目前国内外对隧道壁后脱空的检测方法主要有：探地雷达检测脱空区（Wang Ji-fei，2014；Xie Xiong-yao，2013；董新平，2009；冯慧民，2004；康富中，2010；杨峰，2008；张鸿飞，2009）、波速检测（Zhou Biao，2014；Jones Simon，Hugh Hunt，2011；Zhou Biao，2012）及其他一些检测方法（Feng Lei，2015）。在这些方法中都没有统一判定标准，完全依靠经验判定。

因此，对脱空病害进行定量描述，并提出一个对脱空病害较灵敏的识别参量进行脱空判定与探定具有重要意义。本节基于摄动理论法对隧道结构的动态特征进行演化分析，并通过模态的反演参量损伤指数对脱空位置进行探定。摄动法主要是研究结构参数在发生变化后，结构的动态特性参数的变化趋势和规律（陈塑寰，1991）。

2.5.1　隧道壁后脱空模型

运营期的地铁隧道由于渗漏水、管片材料劣化及循环动荷载等各因素影响，在隧道底部容易产生壁后脱空病害。隧道壁后脱空模型 $\Gamma(k_i, h_i, x_{\mathrm{d}}, \mathrm{d}\theta, \Delta l)$ 考虑了多个因素对脱空的影响，其中包括隧道所在土层因素 $\Gamma_1(k_i, h_i)$、脱空因素 $\Gamma_2(x_{\mathrm{d}}, \mathrm{d}\theta, \Delta l)$ 包括脱空所在位置及脱空范围大小等各个因素的影响。

隧道在纵向上简化为温克尔地基梁模型，地基抗力系数 k 可由土层厚度 h_i、压缩层厚度 h 及各土层地基系数 k_i 表示，其接触示意图见图 2-48。

$$k = h / \sum_{i=1}^{n} \frac{h_i}{k_i} \tag{2-68}$$

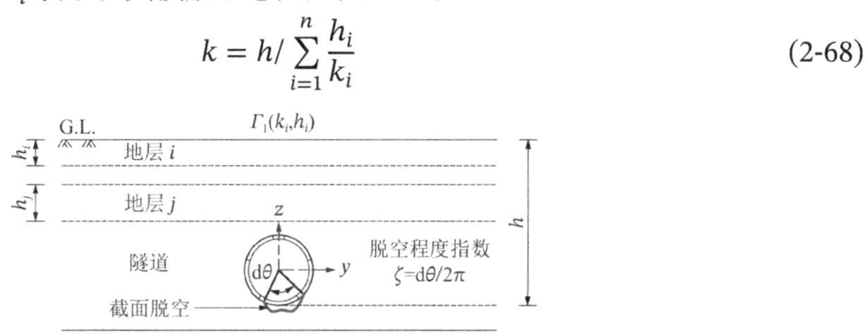

图 2-48　隧道与壁后土体接触示意图

隧道壁后脱空在纵向上的示意及对应地基抗力系数图如图 2-48 所示。其中 x_{d} 为脱空在纵向上的坐标，Δl 为脱空宽度，$\mathrm{d}\theta$ 为脱空截面弧度。若同一截面处存在多处脱空，其示意图见图 2-49。

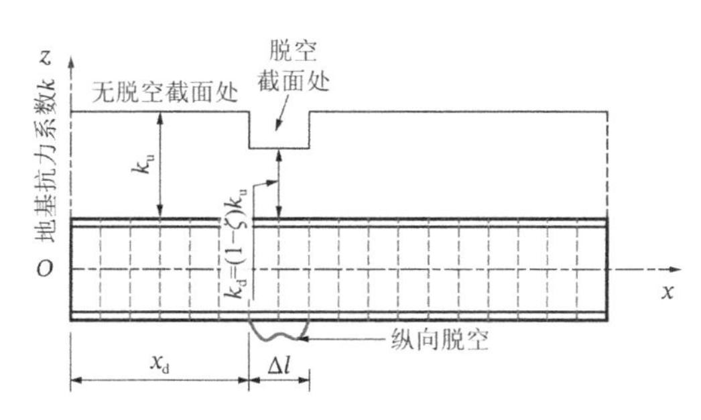

图 2-49　脱空纵向示意及对应地基抗力系数图

当隧道壁后产生脱空病害时，脱空截面处的地基抗力系数可以表示为：

$$k_{\mathrm{d}}=\left(1-\frac{\mathrm{d}\theta}{2\pi}\right)k_{\mathrm{u}} \tag{2-69}$$

式中：k_{d}——脱空病害下的基床系数；

k_{u}——无脱空病害下的基床系数。

将式(2-69)简化为：

$$k_{\mathrm{d}}=(1-\zeta)k_{\mathrm{u}} \tag{2-70}$$

式中，$\zeta=\frac{\mathrm{d}\theta}{2\pi}$ 为表征脱空病害程度的指标系数。若截面存在多处脱空病害，则：

$$k_{\mathrm{d}}=\left(1-\sum_{i=1}^{n}\zeta_i\right)k_{\mathrm{u}} \tag{2-71}$$

由图 2-49 可知，隧道结构在纵向长度方向上的地基抗力系数为类似阶跃函数，存在脱空截面处的地基抗力系数为 k_{d}，无脱空截面处的地基抗力系数为 k_{u}，则引入 Heaviside 函数表示地基抗力系数：

$$k=\{1-\zeta[H(x-x_{\mathrm{d}})-H(x-x_{\mathrm{d}}-\Delta l)]\}k_{\mathrm{u}}=[1-\zeta\Delta l\delta(x-x_{\mathrm{d}})]k_{\mathrm{u}} \tag{2-72}$$

式中：$H(x)$——Heaviside 函数。

$$H(x)=\begin{cases}0 & x<0\\ 1 & x\geqslant 0\end{cases}$$

2.5.2 脱空病害摄动分析

取的隧道纵向上的微段单元进行受力分析，如图 2-7 所示。根据微段单元上的受力建立平衡方程得：

$$V(x,t)+f_k-\left[V(x,t)+\frac{\partial V(x,t)}{\partial x}\mathrm{d}x\right]-f_{\mathrm{I}}=0 \tag{2-73}$$

式中：$V(x,t)$——作用在截面上的竖向力；

f_{I}——微段上横向惯性力的合力，等于微段质量和微段横向加速度的乘积，即 $f_{\mathrm{I}}=m\frac{\partial^2 u(x,t)}{\partial^2 t}$；

f_k——微段上横向惯性力的合力，等于微段地基抗力系数和微段位移的乘积，即 $f_k=ku(x,t)$。

对弹性轴上的边界点的力矩求和可得第二个平衡关系式。忽略含有惯性力和作用荷载的二阶矩项后，得到：

$$M(x,t)+V(x,t)\,\mathrm{d}x-\left[M(x,t)+\frac{\partial M(x,t)}{\partial x}\mathrm{d}x\right]=0 \tag{2-74}$$

式中：$M(x,t)$——截面上的弯矩。

将式(2-74)简化得：

$$\frac{\partial M(x,t)}{\partial x}=V(x,t) \tag{2-75}$$

对式(2-75)求导，并将 f_{I}、f_k 代入式中得：

$$\frac{\partial^2}{\partial^2 x}\left[\eta EI(x)\frac{\partial^2 u(x,t)}{\partial^2 x}\right]+m\frac{\partial^2 u(x,t)}{\partial^2 t}=ku(x,t) \tag{2-76}$$

2.5.3　摄动求解脱空下结构模态解析式

按分离变量法，设式(2-76)的通解为：

$$u(x,t)=\phi(x)\mathrm{e}^{j\omega t} \tag{2-77}$$

将式(2-72)、式(2-77)代入式(2-76)得：

$$\eta EI\frac{\partial^4\phi(x)}{\partial x^4}-m\lambda_i\phi(x)=k_{\mathrm{u}}[1-\zeta\Delta l\delta(x-x_{\mathrm{d}})]\phi(x) \tag{2-78}$$

式中：λ——模态特征，$\lambda=\omega^2$；

下标 i——对应的模态阶数。

根据摄动理论，脱空后的特征值和模态振型可用一阶摄动量表示为：

$$\lambda_i=\lambda_i^0-\zeta\lambda_i^1 \tag{2-79}$$

$$\phi_i=\phi_i^0-\zeta\phi_i^1 \tag{2-80}$$

式中：λ_i、ϕ_i——存在脱空条件下隧道结构的特征值与模态振型；

λ_i^0、ϕ_i^0——无脱空下隧道结构的特征值与模态振型；

λ_i^1、ϕ_i^1——隧道结构因脱空产生的特征值与模态振型的一阶摄动量。

将式(2-79)、式(2-80)代入式(2-78)后得：

$$\begin{aligned}&\eta EI\frac{\partial^4}{\partial x^4}(\phi_i^0-\zeta\phi_i^1)-m(\lambda_i^0-\zeta\lambda_i^1)(\phi_i^0-\zeta\phi_i^1)\\&=k_{\mathrm{u}}[1-\zeta\Delta l\delta(x-x_{\mathrm{d}})](\phi_i^0-\zeta\phi_i^1)\end{aligned} \tag{2-81}$$

隧道结构模态振型因脱空病害而产生的一阶摄动 ϕ_i^1 用 ϕ_i^0 展开为：

$$\phi_i^1(x)=\sum_{n=1}^{N}\alpha_{in}\phi_n^0 \tag{2-82}$$

式中：α_{in}——模态振型系数，表示第 n 阶模态对第 i 阶模态振型的影响。

无脱空下薄壁筒结构的第 i 阶模态特征值和振型采用如下闭合解（Takens Floris，1981）。

$$\lambda_i^0=\left(\frac{i\pi}{L}\right)^4\frac{\eta EI}{m}-\frac{k_{\mathrm{u}}}{m} \tag{2-83}$$

$$\phi_i^0=\sqrt{\frac{2}{mL}}\sin\frac{i\pi x}{L} \tag{2-84}$$

将式(2-82)、式(2-84)代入式(2-81)并展开，提取 ζ 一次幂系数得：

$$\begin{aligned}&\eta EI\left(\frac{i\pi}{L}\right)^4\sin\left(\frac{i\pi x}{L}\right)-m\lambda_i^0\sum_{n=1}^{N}\alpha_{in}\sin\left(\frac{n\pi x}{L}\right)-m\lambda_i^1\sin\left(\frac{i\pi x}{L}\right)+\\&k_{\mathrm{u}}\Delta L\delta(x-x_{\mathrm{d}})\sin\left(\frac{i\pi x}{L}\right)+k_{\mathrm{u}}\sum_{n=1}^{N}\alpha_{in}\sin\left(\frac{n\pi x}{L}\right)=0\end{aligned} \tag{2-85}$$

将上式乘以 $\sin\frac{j\pi x}{L}$，并在整个长度上积分，考虑模态的正交性，可得：

$$\left[m\lambda_i^1-\eta EI\left(\frac{i\pi}{L}\right)^4\right]\frac{L}{2}\delta_{ij}+(k_{\mathrm{u}}-m\lambda_i^0)\alpha_{ij}\frac{L}{2}=-k_{\mathrm{u}}\Delta L\sin\left(\frac{i\pi x_{\mathrm{d}}}{L}\right)\sin\left(\frac{j\pi x_{\mathrm{d}}}{L}\right) \tag{2-86}$$

当 $i \neq j$ 时

$$\alpha_{ij}=\frac{2k_{\mathrm{u}}\dfrac{\Delta l}{L}\sin\dfrac{i\pi x_{\mathrm{d}}}{L}\sin\dfrac{j\pi x_{\mathrm{d}}}{L}}{m\lambda_i^0-k_{\mathrm{u}}} \tag{2-87}$$

当 $i=j$ 时，根据正交化条件有：

$$\int_0^L \phi_i(x)\,m\phi_i(x)\,\mathrm{d}x=1 \tag{2-88}$$

将式(2-80)代入式(2-88)得：

$$\int_0^L m\left(\phi_i^0\phi_i^0-2\zeta\phi_i^0\phi_i^1+\zeta^2\phi_i^1\phi_i^1\right)\mathrm{d}x=1 \tag{2-89}$$

由 ζ 的一次幂系数可得：

$$\alpha_{ii}=0 \tag{2-90}$$

由式(2-82)可知，$\alpha_{ii}=\phi_i^0(x)m\phi_i^1(x)$，代入式(2-89)并简化得：

$$\lambda_i^1=\lambda_i^0-\frac{k_{\mathrm{u}}}{m}+\frac{2k_{\mathrm{u}}}{m}\frac{\Delta l}{L}\sin^2\frac{i\pi x_{\mathrm{d}}}{L} \tag{2-91}$$

则一阶摄动表示存在隧道壁后脱空的特征值和模态振型为：

$$\lambda_i=\lambda_i^0-\zeta\lambda_i^1 \tag{2-92}$$

$$\phi_i=\phi_i^0-\zeta\left(\sum_{\substack{j=1\\ i\neq j}}^{N}\alpha_{ij}\phi_j^1+\alpha_{ii}\phi_j^1\right) \tag{2-93}$$

2.5.4 脱空病害对隧道模态特征影响分析

以上海地铁 12 号线某盾构隧道为工程背景，采用第 2.5.3 节中的摄动理论分析在不同脱空病害下隧道的模态频率与模态振型的变化规律，并采用模态应变能指数对脱空位置进行判断。最后采用数值分析了某一脱空病害下隧道结构的模态特征，并与摄动理论分析结果进行了比较。

2.5.4.1 工程概况

隧道所在土层及地基抗力系数取值见表 2-1，取值依据工程勘察报告及上海土体的经验。地铁隧道管片为 C50 钢筋混凝土，埋深为 28.2m，外径为 6.2m，内径为 5.5m，管片厚度为 0.35m。隧道结构参数见表 2-2。

2.5.4.2 脱空因素的影响分析

隧道结构在无脱空病害下的动力特征主要受隧道结构特征及隧道所在土层及埋深影响，而隧道结构在脱空病害下的动力特征除了受这些因素影响外，还受脱空因素 $\Gamma_2(x_{\mathrm{d}},\mathrm{d}\theta,\Delta l)$ 影响，包括脱空所在的位置、脱空范围大小。对于上述的隧道结构在无脱空条件下的模态频率见表 2-9，前四阶模态振型见图 2-50。

无脱空病害条件下隧道模态频率　　表 2-9

模态阶数	频率/Hz	模态阶数	频率/Hz
1	1.779	6	63.312
2	7.039	7	86.174
3	15.830	8	112.554
4	28.139	9	142.452
5	43.967	10	175.866

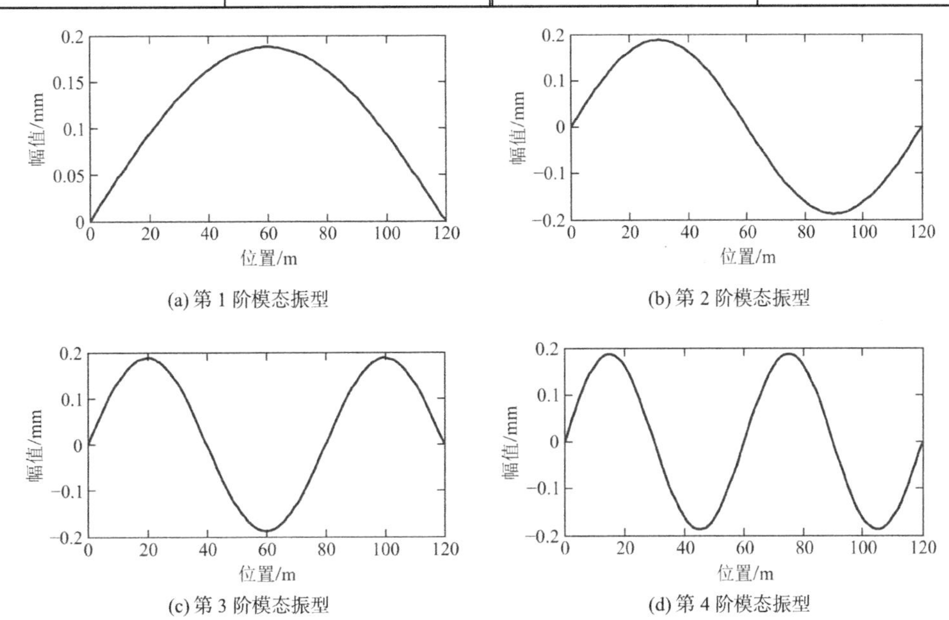

图 2-50　无脱空病害下隧道前四阶模态振型变化

2.5.4.3　脱空位置影响分析

脱空弧度取 10°，脱空宽度取 $L/300$，分析脱空位置 $L/6$、$L/5$、$L/4$、$L/3$ 下的隧道模态特征的变化规律。图 2-51 为不同脱空位置下隧道模态频率变化量曲线，该变化值是相对于无脱空条件下（表 2-9）的变化量。图 2-52 为不同脱空位置下隧道前四阶模态振型变化量曲线，该变化值是相对于无脱空条件下（图 2-50）的变化量。

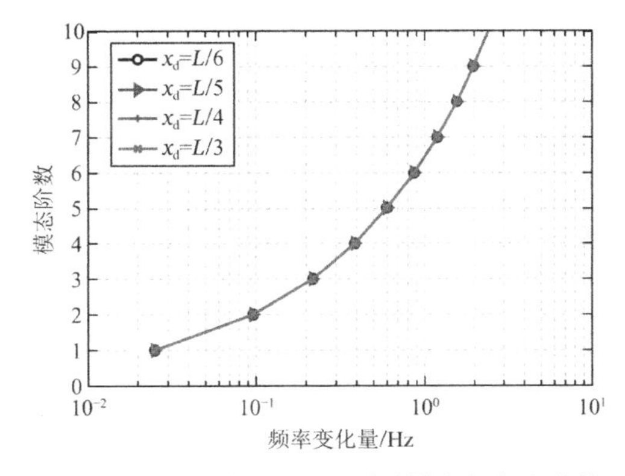

图 2-51　不同脱空位置下隧道模态频率变化值

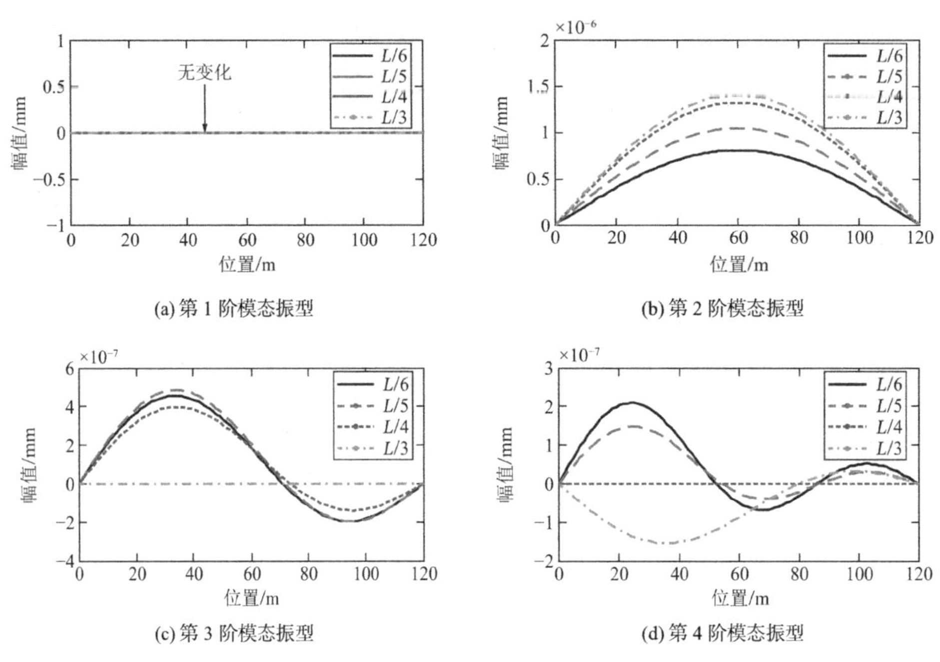

(a) 第 1 阶模态振型　(b) 第 2 阶模态振型

(c) 第 3 阶模态振型　(d) 第 4 阶模态振型

图 2-52　不同脱空位置下隧道前四阶模态振型

由以上可知：

（1）脱空位置不影响隧道结构的模态频率的改变；

（2）脱空位置不影响隧道结构的第 1 阶模态振型，对其他阶次的模态振型有不同程度的影响，不同脱空位置导致振型的变化曲率不同；

（3）当脱空位置处于模态节点处时不影响结构的模态振型［如当脱空位置处于 $L/3$ 处时，第 $3n$（$n=1,2,\cdots$）阶的模态节点］。

2.5.4.4　脱空弧度影响分析

脱空位置取 $L/5$、脱空宽度取 $L/300$，分析脱空弧度取 $\mathrm{d}\theta=5°$、$\mathrm{d}\theta=10°$、$\mathrm{d}\theta=15°$、$\mathrm{d}\theta=20°$下的隧道模态特征的变化规律。图 2-53 为不同脱空弧度下隧道模态频率变化量，该变化值是相对于无脱空条件下（表 2-9）的变化量。不同脱空弧度下隧道前四阶模态振型变化如图 2-54 所示，该变化值是相对于无脱空条件下（图 2-50）的变化量。

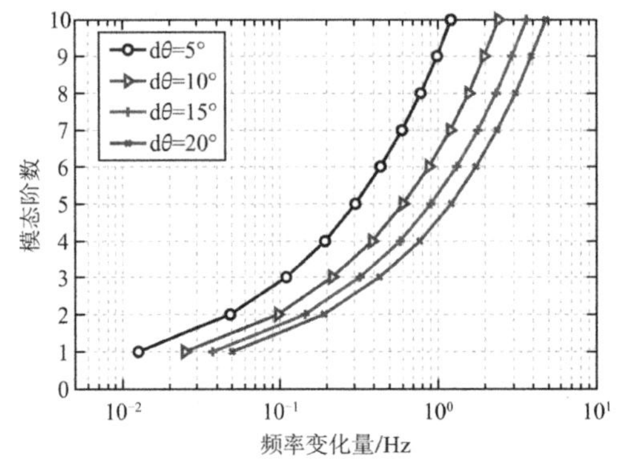

图 2-53　不同脱空弧度下隧道模态频率变化值

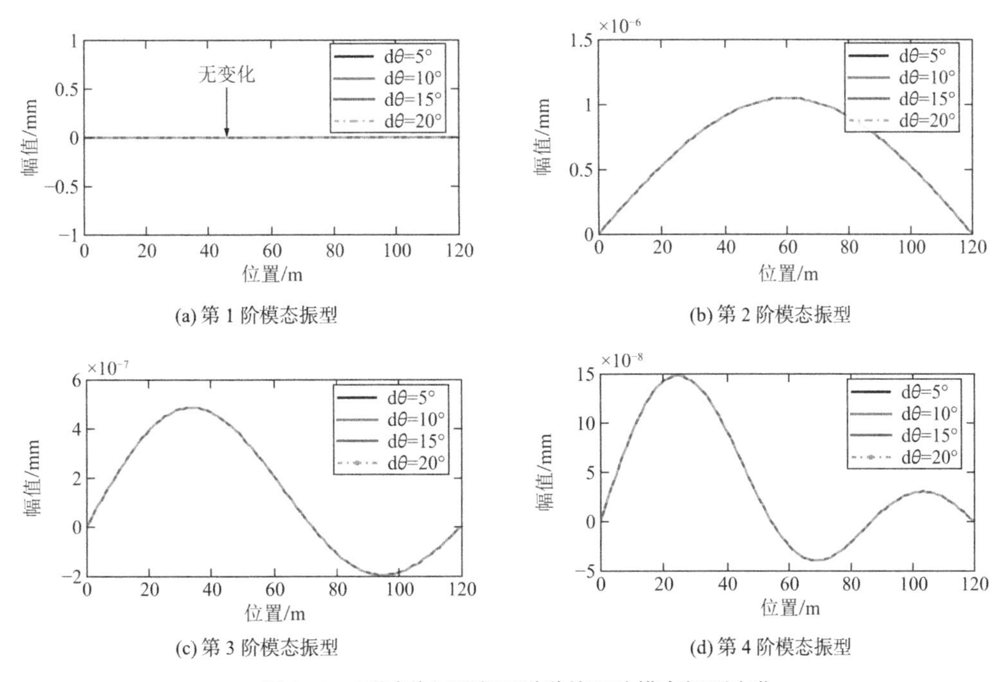

(a) 第 1 阶模态振型　(b) 第 2 阶模态振型

(c) 第 3 阶模态振型　(d) 第 4 阶模态振型

图 2-54　不同脱空弧度下隧道前四阶模态振型变化

由以上可知：

（1）脱空弧度对隧道模态频率的影响最大，弧度越大，频率变化量越大；

（2）脱空弧度不影响隧道结构的第 1 阶模态振型，对其他阶次的模态振型，振型变化不随脱空弧度的增大而增大。

2.5.4.5　脱空宽度影响分析

脱空弧度取 10°，位置取 $L/5$，分析脱空宽度取 $L/400$、$L/300$、$L/200$、$L/100$ 下的隧道模态特征的变化规律。不同脱空宽度下隧道模态频率变化见图 2-55，该变化值是相对于无脱空条件下（表 2-9）的变化量。图 2-56 为不同脱空宽度下隧道前四阶模态振型变化曲线，该变化值是相对于无脱空条件下（图 2-50）的变化量。

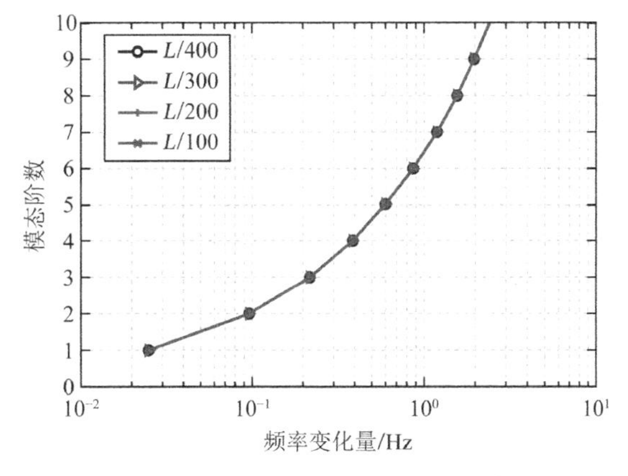

图 2-55　不同脱空宽度下隧道模态频率变化

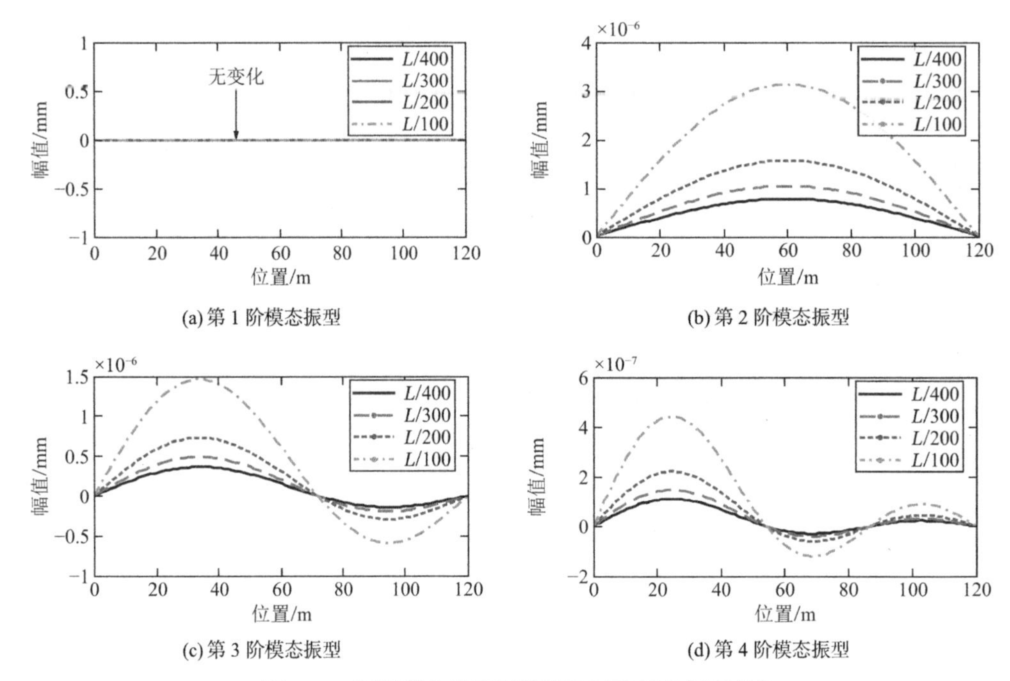

(a) 第 1 阶模态振型

(b) 第 2 阶模态振型

(c) 第 3 阶模态振型

(d) 第 4 阶模态振型

图 2-56 不同脱空宽度下隧道前四阶模态振型变化

由以上可知：

（1）脱空宽度不影响隧道结构的模态频率的改变；

（2）脱空宽度不影响隧道结构的第 1 阶模态振型，对其他阶次的模态振型，脱空宽度对隧道模态振型的影响最大，宽度越大，振型变化量越大。

2.5.4.6 不同脱空病害下隧道结构模态分析

在摄动分析过程中引入不同脱空工况，不同脱空病害下示意图如图 2-48 所示。盾构隧道脱空工况的参数如表 2-10 所示。

不同脱空工况参数表 表 2-10

名称	脱空弧度 $d\theta$	脱空位置 x_d	脱空宽度 Δl
Case1	5°	$L/6$	$L/400$
Case2	10°	$L/5$	$L/300$
Case3	15°	$L/4$	$L/200$
Case4	20°	$L/3$	$L/100$

根据第 2.5.3 节中的摄动理论解析解分析了表 2-10 的四种脱空工况下，脱空范围由 Case1 到 Case4 依次增大。隧道结构的动力特征，隧道脱空前的模态频率值及在不同脱空工况下前四阶模态频率的变化曲线如图 2-57 所示，可知：

（1）脱空范围越大，频率变化量越大；

（2）高阶模态频率变化量大于低阶模态变化量；

（3）脱空病害必然导致隧道动力特性的改变，频率是结构的固有特性，结构模态频率变化可以作为发生脱空病害的判定依据。

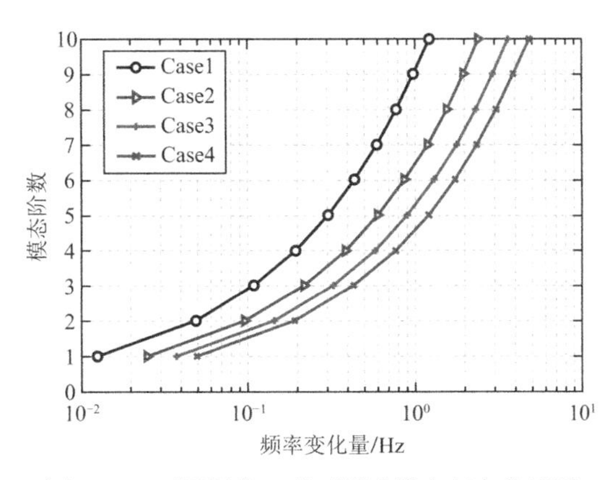

图 2-57　不同损伤工况下隧道模态频率曲线图

隧道结构在不同脱空工况下隧道前四阶模态振型变化图如图 2-58 所示。

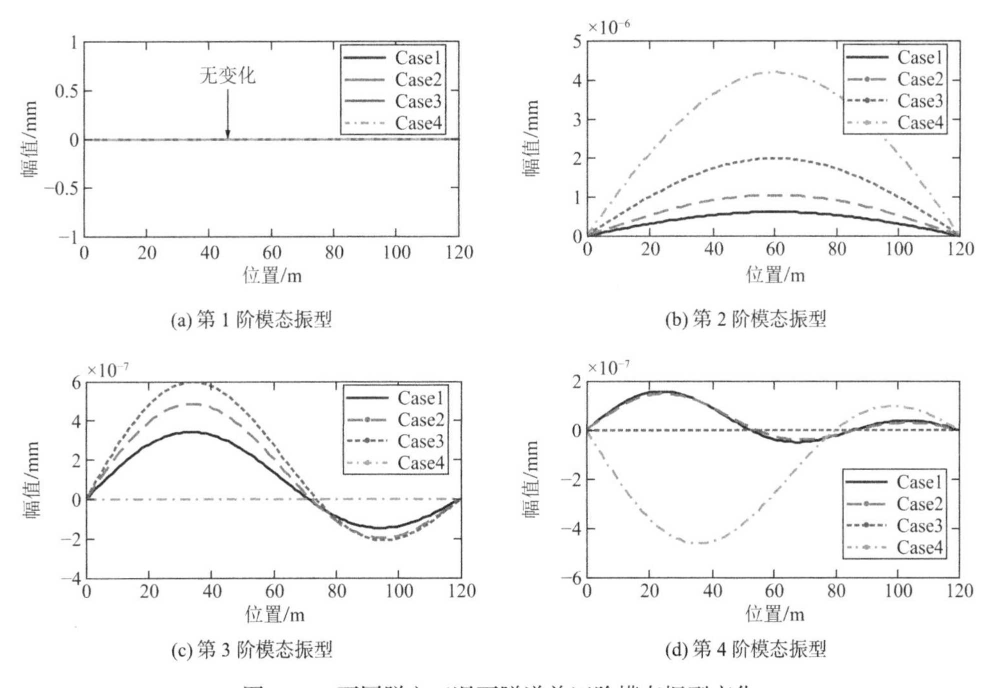

(a) 第 1 阶模态振型　(b) 第 2 阶模态振型

(c) 第 3 阶模态振型　(d) 第 4 阶模态振型

图 2-58　不同脱空工况下隧道前四阶模态振型变化

由以上曲线图可以看出：

（1）无论模态频率还是模态振型，它们同时受脱空病害位置及脱空范围影响。脱空程度越大，模态变化就越大；

（2）当脱空位置处于模态节点处时不影响结构的模态振型［如当脱空位置处于 $L/3$ 处时，第 $3n$（$n = 1,2,\cdots$）阶的模态节点］；

（3）由于隧道结构的质量刚度都较大，隧道结构在低频下的振型幅值都非常小，脱空导致的振型变化量相应地很小，量级大多在 10^{-7}～10^{-5}mm。

2.5.4.7 不同脱空病害下的损伤定位

为了能够在可控的范围内对脱空病害进行探定分析，在隧道纵向长度方向划分12m × 10个单元，对不同脱空病害的位置及脱空弧度示意图如图2-59所示。对脱空位置进行探定，其结果如图2-60～图2-63所示，MSEDI明显突变处与$x_{\mathrm{d}} = 20\mathrm{m}$、24m、30m、40m位置对应。

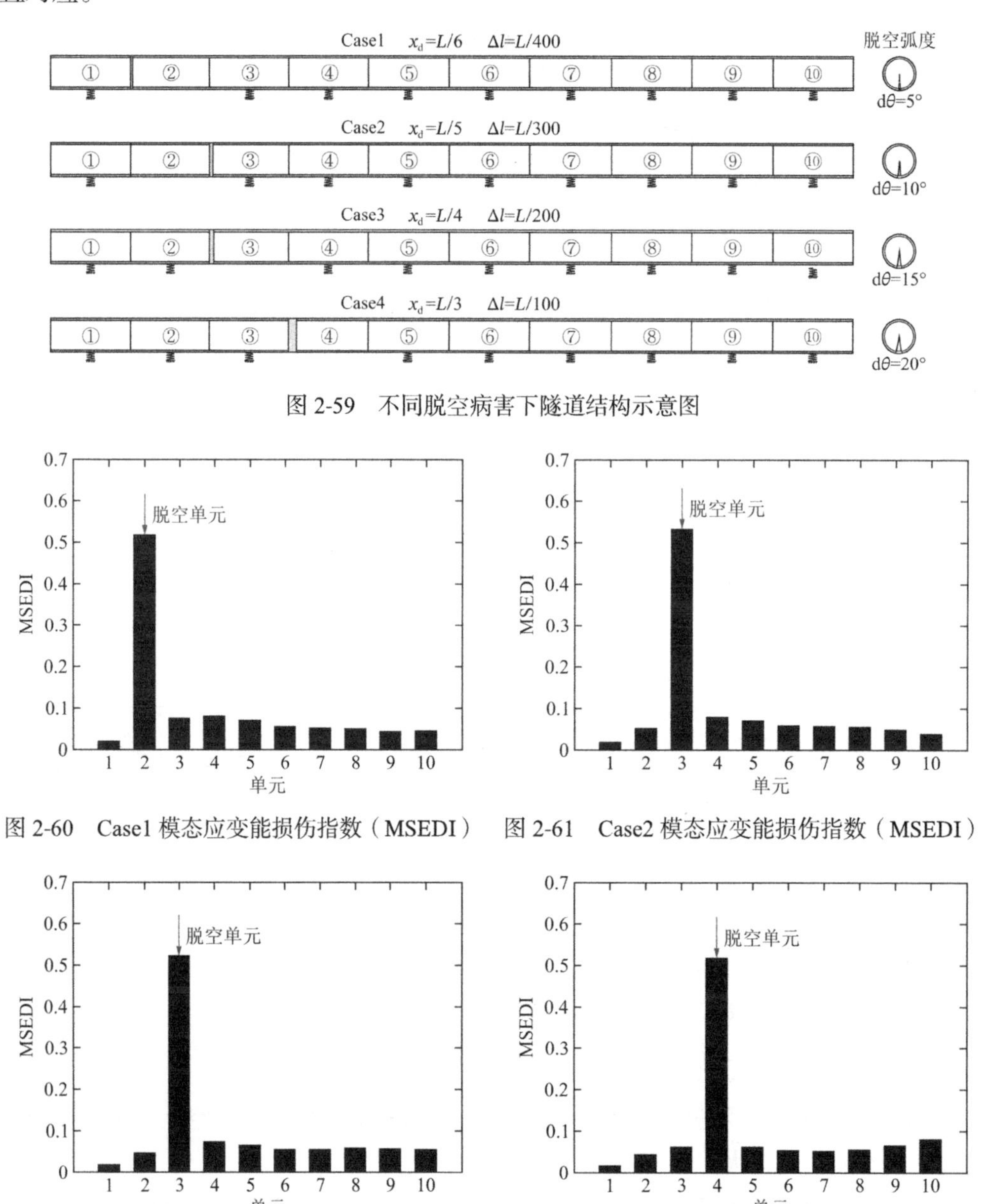

图2-59 不同脱空病害下隧道结构示意图

图2-60 Case1模态应变能损伤指数（MSEDI）

图2-61 Case2模态应变能损伤指数（MSEDI）

图2-62 Case3模态应变能损伤指数（MSEDI）

图2-63 Case4模态应变能损伤指数（MSEDI）

由以上分析发现，模态应变能损伤指数MSEDI可以很好地对脱空病害进行定位，但是它不是一个单调参数，在不同脱空病害下，MSEDI并不随着脱空程度增大而增大，它只是反映了脱空单元与其他单元的量差来判定脱空的位置。

2.6 本章小结

本章首先对隧道损伤进行了定义与分类，将隧道常见病害从隧道结构动力特性影响上分为两类：一类是隧道衬砌上刚度退降，另一类是考虑隧道土体耦合效应导致的隧道边界条件变异。本章中主要分析的是隧道壁后脱空。

其次，基于摄动理论对刚度退降、壁后脱空两类损伤进行模态特征分析，将隧道模型视为弹性地基梁结构，并考虑盾构隧道的拼装特性，采用惯用修正法对隧道线性结构进行折减，分析任一损伤下，包括刚度退降分析了单处损伤、多处损伤及壁后脱空的不同工况，隧道结构的模态特征解析式，并基于 MATLAB 平台开发了隧道模态及损伤识别软件（简称 MA_DI system）。

最后，引入模态应变能损伤指数 MSEDI 对损伤单元进行定位。结果表明，MSEDI 能够对损伤位置进行精准定位。本章主线是以弹性地基梁隧道结构模型进行损伤定义分析，再到摄动理论分析两类损伤，再引入 MSEDI 进行损伤定位，为后续研究提供支撑。

第 3 章

基于模糊贴近度法的隧道损伤程度判定

3.1 引　言

纵观损伤识别的国内外研究现状，频率和振型类参数是最常用的损伤指标，这两种指标各有优缺点。频率参数易于测取，与测量位置无关，测试误差较小。但频率对损伤不敏感，且无法对损伤进行定位。频率类指标的上述缺点可以通过振型类参数弥补，该类参数对损伤敏感，可以用于识别结构损伤位置。Lee Jong Jae（2005）等通过理论研究发现，振型比值及差值对结构基准模型的误差较小，是一种良好的损伤识别指标。

然而，振型类参数的识别效果还取决于原始测试数据的准确性及完备度。在实际测试过程中，由于测试系统噪声及外界噪声的影响，测试获取的模态振型数据具有一定的误差，这给损伤识别方法的运行带来了难度。另外，由于土木工程结构的复杂性及特殊性，如测试位置的局限性、激励及数据采样的限制等，往往造成测试数据的不完备。测试数据的不完备通常表现为测试模态的不完整以及自由度的不完整等两方面的影响，会进一步影响损伤识别的精度（袁旭东，2005）。因此，如何利用噪声及不完备数据实现结构的损伤识别具有重要的研究意义。

现实生活中绝大部分事物均包含模糊性，即“亦此亦彼”的模糊现象，结构损伤识别领域也不例外。对于结构刚度降低 6%，无法准确地归为“未损”“轻微损伤”“严重损伤”等损伤状态，只是部分程度地隶属于上述的损伤状态。近几年来，模糊推理方法在处理噪声等不确定性问题上得到了越来越多的应用，也取得了良好的效果。相对于模糊推理，模糊贴近度方法更加简便，已应用于农业机械优化、岩溶坍塌判定、图像处理等领域（何书，2009；吴成茂，2009；张衍，2012；张转，2014），但在结构损伤识别中的应用尚处于起步阶段。

因此，本章以弹性地基梁隧道为研究对象，针对噪声引起的参数误差及信息不完备状况，提出了基于模糊贴近度的损伤识别方法（Fuzzy Nearness-Based Damage Identification，简称 FNBDI），即采用改进的模态应变能指数对损伤单元进行定位，确定损伤单元，并选取振型变化参数为 FNBDI 参数，建立单元损伤特征库与模糊准则，集成 FNBDI 模糊模块，通过计算测试样本与损伤特征库模糊准则之间的模糊贴近度，依赖折近准则实现损伤程度的判定。数值计算分析用于验算 FNBDI 方法在单处损伤及多处损伤识别方面的推理能力、抗噪能力和处理不完备信息的能力。

3.2 模糊贴近度理论

3.2.1 模糊集合概念

模糊集合概念由 Zadeh Lotfi A（1996）首先提出，用于处理模糊性现象。该集合中元素外延不明确、边界不清晰，是经典集合理论的推广。模糊集合的定义为：如果在论域 U 中存在着并非绝对属于某集合的元素，或者说存在着不同程度属于或不属于该集合的元素，这个集合称为模糊集合（曹谢东，2003）。

在经典数学理论中，集合可用特征函数来表示，论域 U 中元素 $\forall x \in U$ 属于普通集 P，则特征函数 $X_P(x)=1$，否则 $X_P(x)=0$。对于模糊集合来说，其特征函数的取值为闭区间 [0,1]。

给定论域 U，U 到[0,1]闭区间的任一映射 μ_A：

$$\mu_A : U \to [0,1] \tag{3-1}$$

确定 U 的一个模糊集合 A，μ_A 成为模糊集合 A 的隶属函数，它反映了模糊集合中的元素属于该集合的程度。若 A 中的元素用 x 表示，则 $\mu_A(x)$ 成为 x 属于 A 的隶属度。$\mu_A(x)$ 的取值范围为闭区间 [0,1]。若 $\mu_A(x)$ 接近 1，则表示 x 属于 A 的程度越高；若 $\mu_A(x)$ 接近 0，则表示 x 属于 A 的程度越低。可见，模糊集合完全由隶属函数所描述。

上述定于表明，论域 U 中的一个模糊子集 A 是 U 具有某种性质的元素的全体，这些元素之间的界限并不明确。对于论域 U 中的任一元素，能根据这种性质，采用一切区间 [0,1] 上的实数来表征该元素隶属于模糊子集 A 的程度。

3.2.2 隶属函数

隶属函数是对模糊概念的定量描述，正确地确定隶属函数，是运用模糊集合理论解决实际问题的基础与关键（肖辞源，2004）。隶属函数的确定，本质上说应该是客观的，但是每个人对于同一模糊概念的认识理解又有差异，因此，隶属函数又带有主观性。它一般是根据经验或统计进行确定的，也可由专家、权威人士给出。

以实数域 R 为论域时，称隶属函数为模糊分布。常见的模糊分布有以下几种类型。

1）正态型

正态型（图 3-1）是最主要也是最常见的一种分布，表示为：

$$\mu(x)=\mathrm{e}^{-\left(\frac{x-a}{b}\right)^2}, b>0 \tag{3-2}$$

a 决定了函数曲线的中心点，b 决定了函数曲线的宽度。

2）半梯形分布与梯形分布

（1）偏小型（图 3-2）

$$\mu(x)=\begin{cases}1 & x\leqslant a_1\\ \dfrac{a_2-x}{a_2-a_1} & a_1<x\leqslant a_2\\ 0 & x>a_2\end{cases} \tag{3-3}$$

（2）偏大型（图 3-3）

$$\mu(x)=\begin{cases}0 & x\leqslant a_1\\ \dfrac{x-a_1}{a_2-a_1} & a_1<x\leqslant a_2\\ 1 & x>a_2\end{cases} \tag{3-4}$$

（3）中间型（图 3-4）

$$\mu(x)=\begin{cases}0 & x\leqslant a_1\\ \dfrac{x-a_1}{a_2-a_1} & a_1<x\leqslant a_2\\ 1 & a_2<x\leqslant a_3\\ \dfrac{a_4-x}{a_4-a_3} & a_3<x\leqslant a_4\\ 0 & x>a_4\end{cases} \tag{3-5}$$

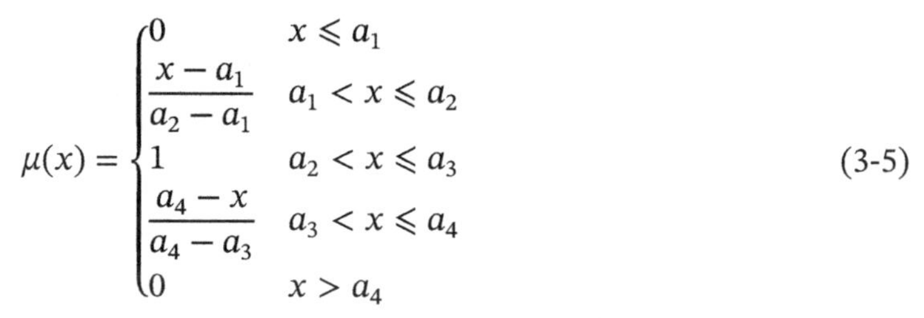

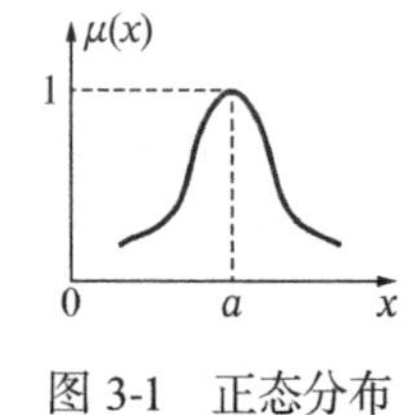

图 3-1　正态分布

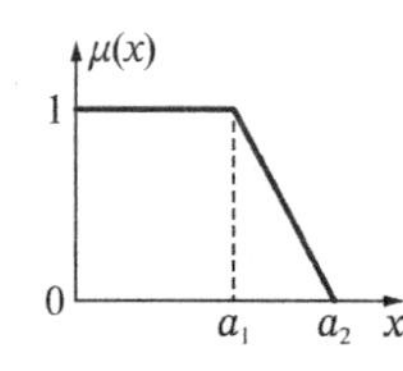

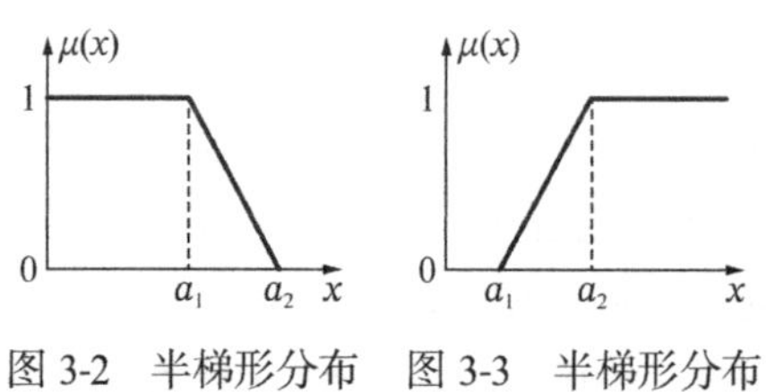

图 3-2　半梯形分布（偏小型）

图 3-3　半梯形分布（偏大型）

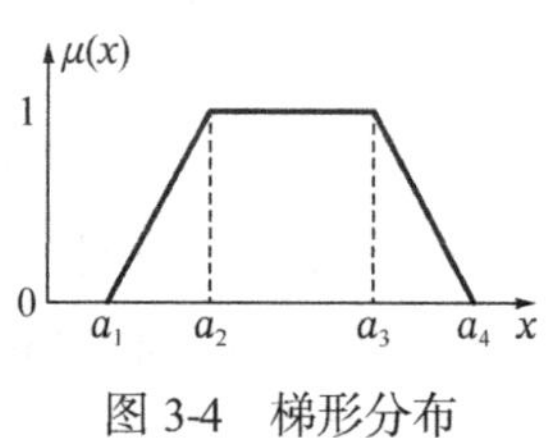

图 3-4　梯形分布（中间型）

3）K 次抛物线分布

（1）偏小型（图 3-5）

$$\mu(x)=\begin{cases}1 & x\leqslant a_1\\ \left(\dfrac{a_2-x}{a_2-a_1}\right)^K & a_1<x\leqslant a_2\\ 0 & x>a_2\end{cases} \tag{3-6}$$

（2）偏大型（图 3-6）

$$\mu(x)=\begin{cases}1 & x\geqslant a_2\\ \left(\dfrac{x-a_1}{a_2-a_1}\right)^K & a_1<x\leqslant a_2\\ 0 & x<a_1\end{cases} \tag{3-7}$$

（3）中间型（图 3-7）

$$\mu(x)=\begin{cases}0 & x\leqslant a_1\\ \left(\dfrac{x-a_1}{a_2-a_1}\right)^K & a_1<x\leqslant a_2\\ 1 & a_2<x\leqslant a_3\\ \left(\dfrac{a_4-x}{a_4-a_3}\right)^K & a_3<x\leqslant a_4\\ 0 & x>a_4\end{cases} \tag{3-8}$$

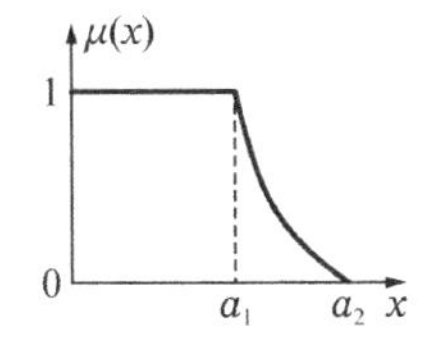

图 3-5　K 次抛物线分布（偏小型）

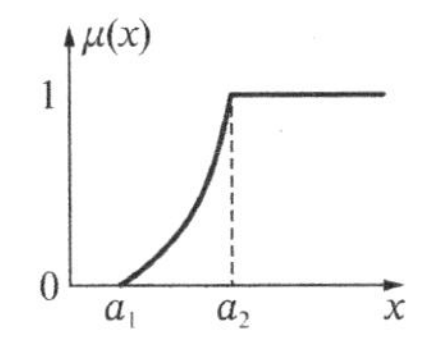

图 3-6　K 次抛物线分布（偏大型）

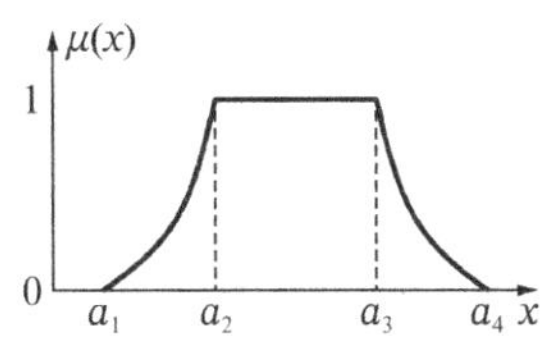

图 3-7　K 次抛物线分布（中间型）

3.2.3　模糊集合贴近度及折近原则

1）模糊子集的内积和外积

设模糊集合 A、B 为模糊域 U 的子集，记为 A、$B\in U$，则模糊子集 A、B 的内积和外积分别表示为：

$$\begin{aligned}A\bullet B&=\bigvee_{x\in U}[\mu_A(x)\wedge\mu_B(x)]\\ A\odot B&=\bigwedge_{x\in U}[\mu_A(x)\vee\mu_B(x)]\end{aligned} \tag{3-9}$$

式中：$A\bullet B$、$A\odot B$——集合 A、B 的内积和外积；

$\mu_A(x)$、$\mu_B(x)$——两个模糊子集的隶属度函数；

运算符$\vee$、$\wedge$——代表取最大值和取最小值，为模糊数学中的基本运算符。

从式(3-9)可知，$A\bullet B$ 和 $A\odot B$ 为区间[0,1]内的实数。

如果论域 U 为有限域，则模糊集的内积和外积可以按如下方法计算：

设有限论域 $U=\{x_1,x_2,\cdots,x_n\}$，A、B 为 U 上两个模糊向量：

$$A=\{a_1,a_2,\cdots,a_n\},B=\{b_1,b_2,\cdots,b_n\} \tag{3-10}$$

则称

$$\begin{aligned}A\bullet B&=\bigvee_{k=1}^{n}(a_i\wedge b_i)\\ A\odot B&=\bigwedge_{k=1}^{n}(a_i\vee b_i)\end{aligned} \tag{3-11}$$

2）模糊集合贴近度

对论域 U，A、$B\in U$ 上任意两个模糊集合，它们之间的相近程度即为模糊集的贴近度。则：

$$(A,B)=\frac{1}{2}[A\bullet B+A\odot B] \tag{3-12}$$

设(A,B)为集合A、B的Zadeh模糊贴近度，$0 \leqslant (A,B) \leqslant 1$，当$(A,B)$越接近于1时，表明两个模糊集合的贴近度越好；当$(A,B)$越接近0时，两模糊集的贴近度越差。$\delta(A,B)$为$A$与$B$的贴近度，$(A,B)$满足如下性质：

$$\begin{gathered} \delta(A,A)=1 \\ \delta(U,\phi)=0 \\ \delta(A,B)=\delta(B,A) \\ A \subset B \subset C \rightarrow \delta(A,C) \leqslant \delta(A,B) \wedge \delta(B,C) \end{gathered} \tag{3-13}$$

（1）海明贴近度

$$\delta_{\mathrm{H}}(A,B)=1-\frac{1}{n}\sum_{i=1}^{n}|a_i-b_i| \tag{3-14}$$

（2）欧几里得接近度

$$\delta_{\mathrm{E}}(A,B)=1-\frac{1}{\sqrt{n}}\left[\sum_{i=1}^{n}(a_i-b_i)^2\right]^{\frac{1}{2}} \tag{3-15}$$

（3）最大最小贴近度

$$\delta_1(A,B)=\frac{\sum_{i=1}^{n}(a_i \wedge b_i)}{\sum_{i=1}^{n}(a_i \vee b_i)} \tag{3-16}$$

（4）算术平均最小贴近度

$$\delta_2(A,B)=\frac{\sum_{i=1}^{n}(a_i \wedge b_i)}{\frac{1}{2}\sum_{i=1}^{n}(a_i \vee b_i)} \tag{3-17}$$

3）择近准则

对于论域U，已知模糊集上的n个模糊集$A_1,A_2,\cdots,A_n$，即已知其隶属度函数$\mu_{A_1}(u),\mu_{A_2}(u),\cdots,\mu_{A_n}(u)$。对于$U$上的模糊子集$B$，判定其与已知模糊集合中哪一个最接近时需要用到择近原则。其定义如下：

设$A_1,A_2,\cdots,A_n \in U$，对于给定的$B \in U$，若$\exists i \in \{1,2,\cdots,n\}$，使得：

$$(B,A_i)=\max_{1 \leqslant j \leqslant n}(B,A_i) \tag{3-18}$$

则认为B与A_i最接近，应把B归为模式A_i。

3.3 FNBDI方法判定隧道结构单处损伤程度

3.3.1 FNBDI方法判损伤程度流程

为了说明模FNBDI的有效性，选取如图2-17所示弹性地基梁为研究对象。首先通过模态应变能损伤指数（MSEDI）确定结构损伤单元，再采用 FNBDI 方法进行损伤程度判定，本章提出的 FNBDI 方法的技术流程如图 3-8 所示。

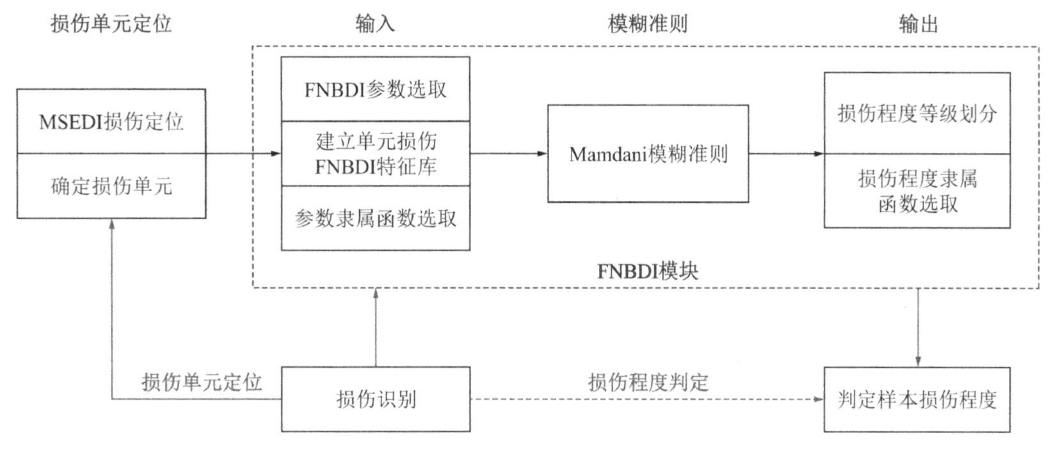

图 3-8 FNBDI 方法技术流程

3.3.1.1 建立损伤单元②的 FNBDI 损伤特征库

FNBDI 建立损伤特征库包括三个方面，第一，选取 FNBDI 参数，本节选取隧道结构损伤前后模态振型变化值 $\Delta\phi_n$（$n = 1,2,3,\cdots,9$）作为损伤识别参数，弹性地基梁隧道模型包含 8 个单元，9 个节点，所有节点处的振型可以全面的包含结构的损伤信息；第二，计算分析单元②在几种典型损伤程度下损伤特征库值；第三，选取输入参数的隶属度函数，输入参数 $\Delta\phi_n$（$n = 1,2,3,\cdots,9$），取正态曲线为相应的隶属度函数。

节点振型变化量 $\Delta\phi_n$ 为本章 FNBDI 方法的损伤识别参数。考虑到 $\Delta\phi_n$ 易于获取，且随着结构损伤程度的增加有明显增大趋势。因此选取正态曲线为相应的隶属度函数，其定义见式(3-2)，示意图如图 3-1 所示。相应的函数控制 a_1、a_2 及 K 根据结构损伤识别的实际情况确定。

3.3.1.2 划分损伤程度等级及选取输出参数隶属度函数

将损伤结构程度划分为“无损伤”“轻微损伤”“中度损伤”“重度损伤”四类状态，见表 3-1，其隶属度函数通过式(3-19)定义，如表 3-2 及图 3-9 所示。

损伤程度划分 表 3-1

等级	无损伤	轻微损伤	中度损伤	重度损伤
刚度退降	0～5%	5%～15%	15%～30%	30%以上

模糊隶属函数参数表 表 3-2

损伤状态	参数 a	参数 b	参数 c
无损伤	3	2.5	0
轻微损伤	5	2.5	10

续表

损伤状态	参数 a	参数 b	参数 c
中度损伤	5	2.5	22.5
重度损伤	3	2.5	30

$$\mu(y)=\frac{1}{1+\left|\frac{y-c}{a}\right|^{2b}} \tag{3-19}$$

式中：a、b、c——隶属函数的形状控制参数。

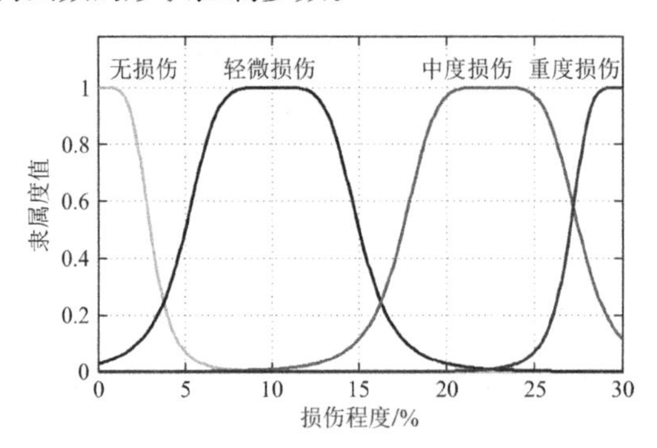

图 3-9 损伤程度隶属度函数示意图

3.3.1.3 建立模糊准则

本章模糊准则库是基于标准（Mamdani）模型的模糊逻辑系统，在标准模糊逻辑系统中，模糊准则的前件和后件均为模糊语言值，即具有如下形式：

IF x_1 is A_1 and(or) x_2 is A_2 $\cdots$ and(or) x_n is A_n THEN y is B

逻辑语句中 A_i（$i=1,2,\cdots,n$）是输入模糊语言值；B 是输出模糊语言值。基于标准模型的模糊逻辑系统原理图如图 3-10 所示，图中模糊准则库由若干“IF-THEN”规则构成。模糊推理将输入模糊集合按照模糊准则映射成输出模糊集合。它提供了一种量化专家语言信息和在模糊逻辑原则下系统地利用这类语言信息的一般模式。

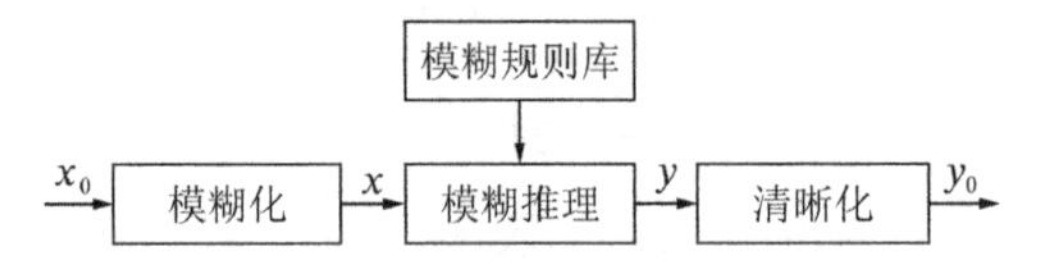

图 3-10 基于 Mamdani 模糊逻辑系统原理图

3.3.2 信息不完备条件下损伤程度判定

同样地以单元④刚度退降 2%、10%、22%的损伤样本为例进行分析，在第 2.4.1 节中应用模态应变能损伤指数（MSEDI）对损伤单元进行定位。

（1）建立损伤单元的 FNBDI 损伤特征库

选取隧道结构损伤前后模态振型变化值 $\Delta\phi_n$（$n=1,2,3,\cdots,9$）作为损伤识别参数，分别计算分析单元④在几种典型损伤程度下损伤特征库值，见表 3-3（表中数值单位为 m）。

单元④的 FNBDI 损伤特征库　表 3-3

典型损伤	$\Delta\phi_1/10^{-7}$	$\Delta\phi_2/10^{-7}$	$\Delta\phi_3/10^{-7}$	$\Delta\phi_4/10^{-7}$	$\Delta\phi_5/10^{-7}$	$\Delta\phi_6/10^{-7}$	$\Delta\phi_7/10^{-7}$	$\Delta\phi_8/10^{-7}$	$\Delta\phi_9/10^{-7}$
刚度退降 3%	0	2.08	5.14	6.74	2.99	4.72	9.37	6.97	0
刚度退降 12%	0	33.3	82.2	108	47.8	75.5	150	112	0
刚度退降 20%	0	92.5	228	300	133	210	416	310	0
刚度退降 35%	0	283	699	918	407	642	1275.01	949	0

然而，在实际工程中，受到传感器数量等条件的限制，采用全部节点数据有时是不现实的和不经济的，因此存在信息不完备状况，以上面分析的算例进行说明，八单元的弹性地基梁获得结构的完全数据就包括从节点 1 至节点 9 的所有的振型变化量数据，为了分析方法的有效性，将节点 1、节点 6、节点 7、节点 8、节点 9 为丢失的数据信息，选取节点 2、节点 3、节点 4、节点 5 的振型变化量数据作为 FNBDI 方法的特征向量，如式(3-20)所示。

$$u=\{\Delta\phi_2,\Delta\phi_3,\Delta\phi_4,\Delta\phi_5\} \tag{3-20}$$

（2）信息不完备条件下 FNBDI 方法损伤特征库构建

选取 K 次抛物线作为损伤识别参数的隶属度函数。取单元刚度降低“3%”“12%”“20%”和“35%”作为典型损伤程度，钟型函数为相应的隶属度函数根据损伤程度，上述损伤程度分别对应“无损伤”“轻微损伤”“中度损伤”和“重度损伤”。根据图 3-8 所示 FNBDI 方法技术路线，确定在信息不完备条件下单元④损伤特征库（表 3-5）。

将节点 2、节点 3、节点 4、节点 5 振型变化量值作为 FNBDI 识别的输入参数，损伤程度为输出参数，将数据信息进行模糊化来进行判据损伤程度，所建的识别模块见图 3-11。

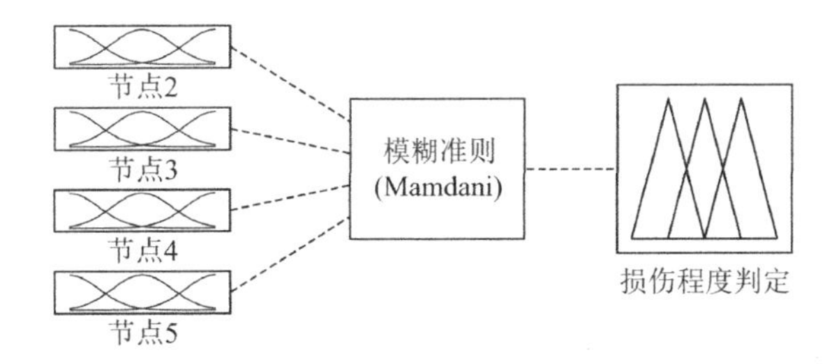

图 3-11　八单元弹性地基梁在信息不完备条件下模糊识别模块

将各输入节点值分级为 VL（非常低 Very Low）、L（低 Low）、M（中度 Middle）、H（高 High）四个等级。建立模糊准则，采用 Mamdani 模糊准则，见表 3-4。

八单元弹性地基梁模糊识别规则　表 3-4

输出	输入			
	节点 2	节点 3	节点 4	节点 5
无损伤	VL	VL	VL	VL
轻微损伤	L	L	L	L
中度损伤	M	M	M	M
重度损伤	H	H	H	H

信息不完备条件下单元④的 FNBDI 损伤特征库（统一数量级单位） 表 3-5

节点号	单元④			
	无损伤（3%）	轻微损伤（12%）	中度损伤（20%）	重度损伤（35%）
2	2.08	33.3	92.5	283
3	5.14	82.2	228	699
4	6.74	108	300	918
5	2.99	47.80	133	407

根据单元④的 FNDBI 损伤特征库值，将各输入节点值分级为 VL（非常低 Very Low）、L（低 Low）、M（中度 Middle）、H（高 High）四个等级，见图 3-12，各隶属度函数按高斯隶属函数分析，表达式见式(3-2)。

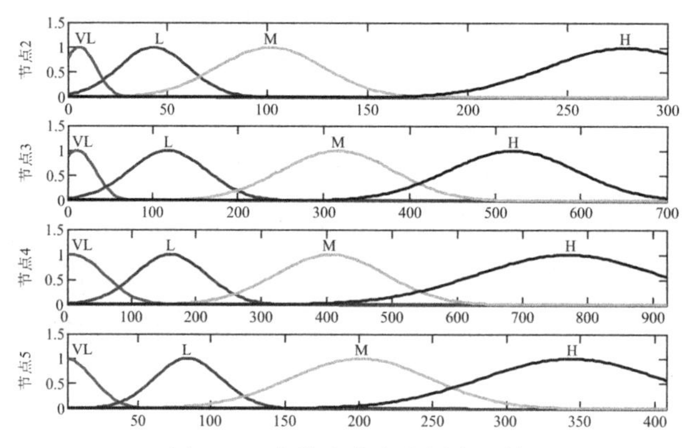

图 3-12 各信息节点隶属度函数

取单元④发生在刚度退降 2%下 4 个节点的数据信息，节点 2 的振型变化量为 0.96，节点 3 的振型变化量为 2.28，节点 4 的振型变化量为 2.99，节点 5 的振型变化量为 1.33。通过 4 个节点振型变化量信息来进行损伤程度判据。识别结果见图 3-13，损伤程度判定值为 2.01，识别结果属于未损伤的范畴。与实际损伤 2%情况相符。

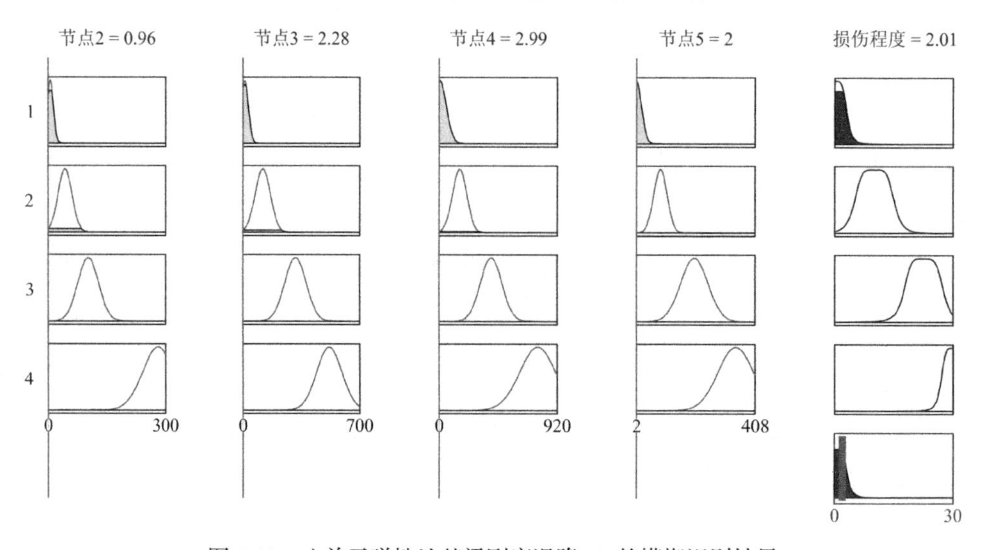

图 3-13 八单元弹性地基梁刚度退降 2%的模糊识别结果

取单元④发生在刚度退降10%下4个节点的数据信息，节点2的振型变化量为23.13，节点3的振型变化量为57.09，节点4的振型变化量为74.94，节点5的振型变化量为33.22。通过4个节点振型变化量信息来进行损伤程度判据。识别结果见图3-14，损伤程度判定值为10，识别结果属于轻微损伤的范畴。与实际损伤10%情况相符。

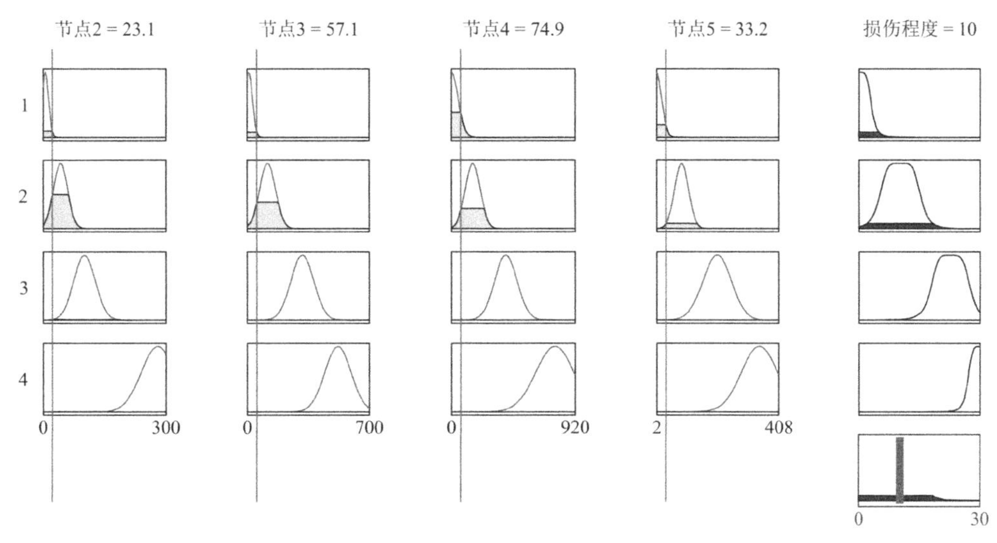

图3-14　八单元弹性地基梁刚度退降10%的模糊识别结果

取单元④发生在刚度退降22%下4个节点的数据信息，节点2的振型变化量为144.55，节点3的振型变化量为365.85，节点4的振型变化量为468.35，节点5的振型变化量为207.65。通过4个节点振型变化量信息来进行损伤程度判据。识别结果见图3-15，损伤程度判定值为22，识别结果属于轻微损伤的范畴。与实际损伤22%情况相符。

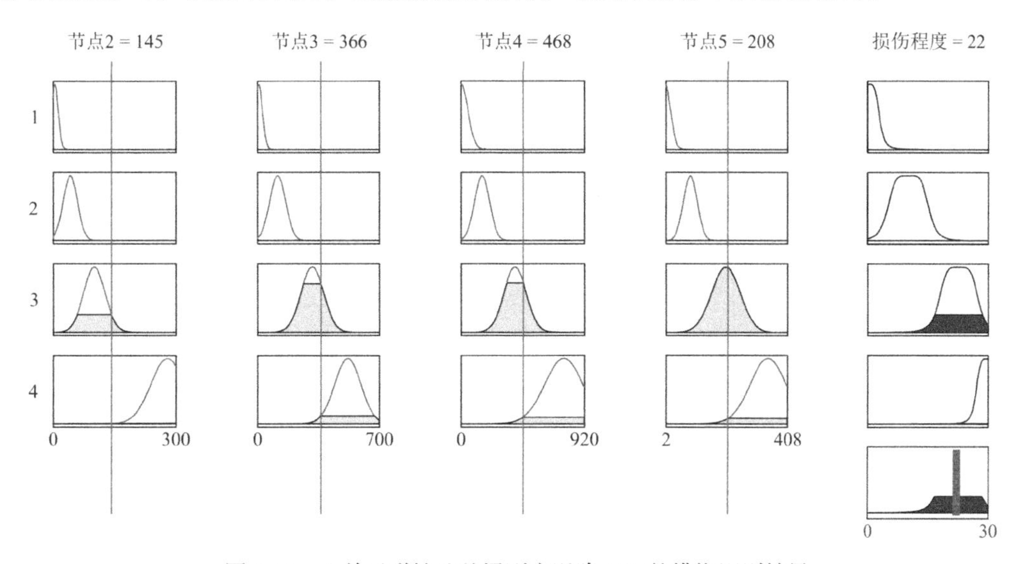

图3-15　八单元弹性地基梁刚度退降22%的模糊识别结果

由以上分析可知：

（1）信息不完备条件下，FNBDI能够准确地对单处损伤程度进行判定；

（2）损伤程度判定的准确性主要取决于输入、输出参数的隶属度函数，在本节分析中，输入的节点信息参数选取正态隶属度函数，输出隶属度函数选取的是钟型隶属度函数，结果表明，识别效果较好；

（3）FNBDI 损伤程度判定必须在第 2 章损伤定位的基础上才能进行后续的损伤库建立及 FNBDI 损伤程度的判定。

3.3.3 噪声导致参数误差下损伤程度判定

含噪声的损伤识别参数 r_{noise} 可以通过在 $r_{i,n}$ 中添加高斯白噪声进行模拟（Chandrashekhar M，Ranjan Ganguli，2009），其计算公式如下：

$$r_{\text{noise}} = r_{i,n}[1 + \lambda \text{normrnd}(0,1)] \tag{3-21}$$

式中： λ——噪声水平；

normrnd(0,1)——高斯分布随机数。

（1）单元④发生 2%损伤

选取噪声水平 λ 分别为 5%、10%、15%、20%等为 FNBDI 方法抗噪能力分析样本。不同噪声水平下 FNBDI 输入向量值见表 3-6，识别结果见图 3-16。

不同噪声水平下 FNBDI 输入向量值　　表 3-6

噪声水平	节点			
	节点 2	节点 3	节点 4	节点 5
无噪声	0.96	2.28	2.99	1.33
$\lambda = 5\%$	0.97	2.32	3.03	1.35
$\lambda = 10\%$	0.99	2.35	3.08	1.37
$\lambda = 15\%$	1.01	2.39	3.13	1.39
$\lambda = 20\%$	1.02	2.43	3.18	1.41

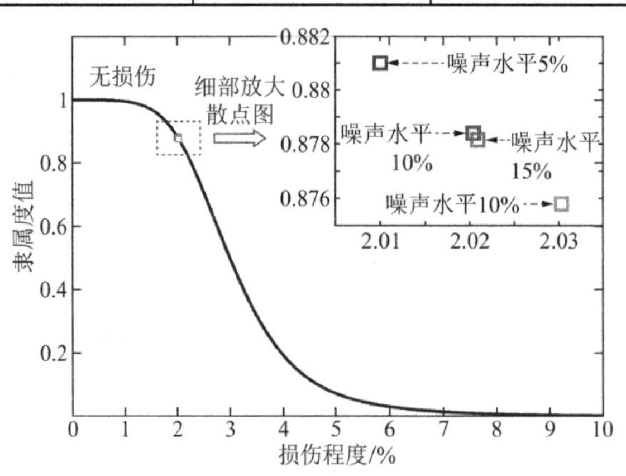

图 3-16 不同噪声水平下八单元弹性地基梁无损下模糊识别结果

从图中可以看出，在噪声水平工况 λ 分别为 5%、10%、15%、20%下，FNBDI 方法识别结果为 2.01%、2.02%、2.021%、2.03%，均为“无损伤”，与实际相符。这表明该方法可以识别结构有效识别噪声水平20%及以下的损伤状态，具备良好的抗噪性。

（2）单元④发生10%损伤

选取噪声水平λ分别为5%、10%、15%、20%等为FNBDI方法抗噪能力分析样本。不同噪声水平下FNBDI输入向量值见表3-7，识别结果如图3-17所示，可以看出，在各噪声水平工况下，FNBDI方法识别结果为10.2%、10.2%、10.3%、10.3%，均为“轻微损伤”，与实际损伤10%（轻微损伤）相符。这表明该方法可以识别结构有效识别噪声水平20%及以下的损伤状态，具备良好的抗噪性。

不同噪声水平下FNBDI输入向量值　　表3-7

噪声水平	节点			
	节点2	节点3	节点4	节点5
无噪声	23.13	57.09	74.94	33.22
$\lambda=5\%$	23.49	57.99	76.13	33.75
$\lambda=10\%$	23.87	58.91	77.33	34.28
$\lambda=15\%$	24.24	59.82	78.52	34.81
$\lambda=20\%$	24.61	60.73	79.72	35.34

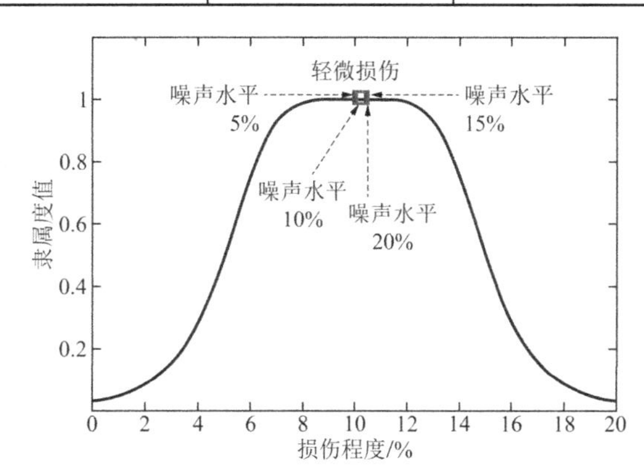

图3-17　不同噪声水平下八单元弹性地基梁轻微损伤下模糊识别结果

（3）单元④发生22%损伤

选取噪声水平λ分别为5%、10%、15%、20%等为FNBDI方法抗噪能力分析样本。不同噪声水平下FNBDI输入向量值如表3-8所示，识别结果如图3-18所示，可以看出，在各噪声水平工况下，FNBDI方法识别结果为21.9%、21.8%、21.7%、21.6%，均为“中度损伤”，与实际损伤22%（中度损伤）相符。这表明该方法可以识别结构有效识别噪声水平20%及以下的损伤状态，具备良好的抗噪性。

不同噪声水平下FNBDI输入向量值　　表3-8

噪声水平	节点			
	节点2	节点3	节点4	节点5
无噪声	144.55	365.85	468.35	207.65

续表

噪声水平	节点			
	节点 2	节点 3	节点 4	节点 5
$\lambda = 5\%$	146.85	371.67	475.77	210.95
$\lambda = 10\%$	149.16	377.52	483.29	214.27
$\lambda = 15\%$	151.46	383.34	490.74	217.57
$\lambda = 20\%$	153.77	389.19	498.23	220.89

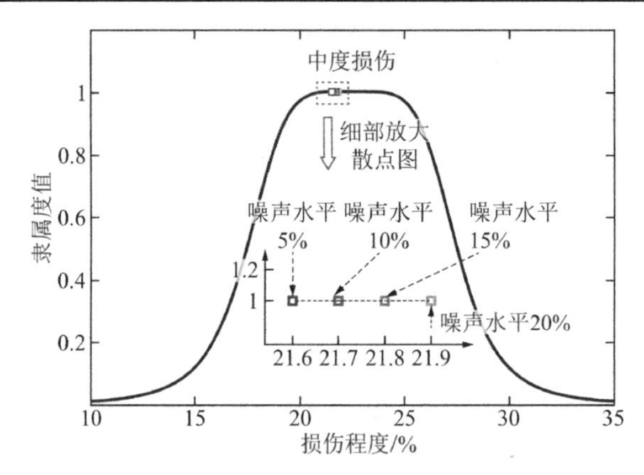

图 3-18 不同噪声水平下八单元弹性地基梁中度损伤下模糊识别结果

3.4 FNBDI 方法判定隧道结构多处损伤程度

3.4.1 信息不完备条件下损伤程度判定

多处损伤单元以单元②、④在不同刚度退降条件下为例进行分析，在第 2.4.2 节中应用模态应变能损伤指数（MSEDI）对损伤单元进行定位。

（1）建立多处损伤单元的 FNBDI 损伤特征库

同样选取隧道结构损伤前后模态振型变化值 $\Delta\phi_n$（$n = 1,2,3,\cdots,9$）作为损伤识别参数，分别计算分析单元②、④在几种典型损伤组合下损伤特征库值见表 3-9(表中数值单位为 m)。

单元②、④多处损伤组合的 FNBDI 损伤特征库 表 3-9

单元②刚度退降 3%									
单元④刚度退降	$\Delta\phi_1/10^{-6}$	$\Delta\phi_2/10^{-6}$	$\Delta\phi_3/10^{-6}$	$\Delta\phi_4/10^{-6}$	$\Delta\phi_5/10^{-6}$	$\Delta\phi_6/10^{-6}$	$\Delta\phi_7/10^{-6}$	$\Delta\phi_8/10^{-6}$	$\Delta\phi_9/10^{-6}$
3%	0	1.161	1.727	1.35	0.481	1.281	1.894	1.329	0
12%	0	4.283	9.434	11.476	4.961	8.359	15.957	11.831	0
20%	0	10.203	24.013	30.676	13.481	21.809	42.557	31.631	0
35%	0	29.253	71.114	92.476	40.881	65.009	128.458	95.532	0

续表

单元②刚度退降 12%									
单元④刚度退降	$\Delta\phi_1/10^{-6}$	$\Delta\phi_2/10^{-6}$	$\Delta\phi_3/10^{-6}$	$\Delta\phi_4/10^{-6}$	$\Delta\phi_5/10^{-6}$	$\Delta\phi_6/10^{-6}$	$\Delta\phi_7/10^{-6}$	$\Delta\phi_8/10^{-6}$	$\Delta\phi_9/10^{-6}$
3%	0	15.458	19.936	11.491	3.204	13.417	16.25	10.809	0
12%	0	18.579	27.642	21.617	7.685	20.495	30.313	21.312	0
20%	0	24.499	42.222	40.817	16.205	33.945	56.913	41.112	0
35%	0	43.549	89.322	102.617	43.605	77.145	142.814	105.012	0
单元②刚度退降 20%									
3%	0	42.568	54.464	30.721	8.369	36.43	43.474	28.786	0
12%	0	45.689	62.171	40.847	12.851	43.508	57.537	39.289	0
20%	0	51.609	76.751	60.047	21.371	56.958	84.137	59.089	0
35%	0	70.659	123.851	121.847	48.771	100.158	170.038	122.989	0
单元②刚度退降 35%									
3%	0	129.935	165.738	92.693	25.016	110.594	131.206	86.719	0
12%	0	133.057	173.444	102.819	29.497	117.672	145.269	97.222	0
20%	0	138.977	188.024	122.019	38.016	131.122	171.869	117.022	0
35%	0	158.027	235.124	183.819	65.4167	174.322	257.77	180.922	0

然而，在实际工程中，受到传感器数量等条件的限制，采用全部节点数据是不现实的和不经济的，因此存在信息不完备状况，以上面分析的算例进行说明，八单元的弹性地基梁要获得结构的完全数据就包括从节点 1 至节点 9 的所有的振型变化量数据，为了分析方法的有效性，将节点 1、节点 6、节点 7、节点 8、节点 9 为丢失的数据信息，选取节点 2、节点 3、节点 4、节点 5 的振型变化量数据作为 FNBDI 方法的特征向量，如式(3-20)所示。

（2）信息不完备条件下 FNBDI 方法损伤特征库构建

选取钟型线作为损伤识别参数的隶属度函数。去单元刚度降低“3%”、“12%”、“20%”和“35%”作为典型损伤程度，钟型函数为相应的隶属度函数，根据损伤程度，上述损伤程度分别对应“无损伤”、“轻微损伤”、“中度损伤”和“重度损伤”。根据 FNBDI 方法技术路线，确定表 3-10 所示在信息不完备条件下单元②、④组合损伤特征库。

信息不完备条件下单元②、④组合损伤的 FNBDI 损伤特征库
（统一数量级单位）　　表 3-10

损伤单元④节点号	单元②无损伤（3%）			
	无损伤（3%）	轻微损伤（12%）	中度损伤（20%）	重度损伤（35%）
2	1.161	4.283	10.203	29.253
3	1.727	9.434	24.013	71.114
4	1.35	11.476	30.676	92.476
5	0.481	4.961	13.481	40.881

续表

损伤单元④节点号	单元②轻微损伤（12%）			
	无损伤（3%）	轻微损伤（12%）	中度损伤（20%）	重度损伤（35%）
2	15.458	18.579	24.499	43.549
3	19.936	27.642	42.222	89.322
4	11.491	21.617	40.817	102.617
5	3.204	7.685	16.205	43.605
单元②中度损伤（20%）				
2	42.568	45.689	51.609	70.659
3	54.464	62.171	76.751	123.851
4	30.721	40.847	60.047	121.847
5	8.369	12.851	21.371	48.771
单元②重度损伤（35%）				
2	129.935	133.057	138.977	158.027
3	165.738	173.444	188.024	235.124
4	92.693	102.819	122.019	183.819
5	25.016	29.497	38.016	65.4167

将节点 2、节点 3、节点 4、节点 5 振型变化量值作为 FNBDI 识别的输入参数，损伤程度为输出参数，将数据信息进行模糊化来进行判据损伤程度，所建的识别模块见图 3-19。

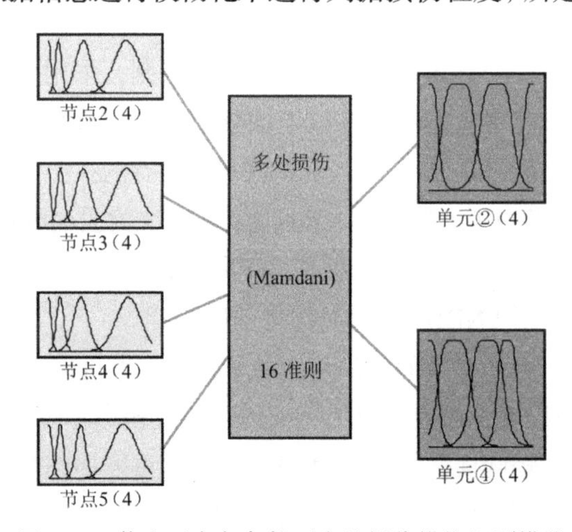

图 3-19　信息不完备条件下多处损伤模糊识别模块

将各输入节点值分级为 VL（非常低 Very Low）、L（低 Low）、M（中度 Middle）、H（高 High）四个等级。建立模糊准则，采用 Mamdani 模糊准则，见表 3-11。

多处损伤模糊准则　　表 3-11

输入				输出	
节点 2	节点 3	节点 4	节点 5	单元②	单元④
VL	VL	VL	VL	无损伤	无损伤
VL	VL	L	VL	无损伤	轻微损伤

续表

输入				输出	
节点 2	节点 3	节点 4	节点 5	单元②	单元④
VL	VL	L	L	无损伤	中度损伤
L	L	L	L	无损伤	重度损伤
L	L	VL	VL	轻微损伤	无损伤
L	L	L	L	轻微损伤	轻微损伤
L	L	L	M	轻微损伤	中度损伤
L	M	M	M	轻微损伤	重度损伤
M	L	L	L	中度损伤	无损伤
M	M	L	L	中度损伤	轻微损伤
M	M	M	M	中度损伤	中度损伤
M	M	M	H	中度损伤	重度损伤
H	M	M	M	重度损伤	无损伤
H	H	M	M	重度损伤	轻微损伤
H	H	H	M	重度损伤	中度损伤
H	H	H	H	重度损伤	重度损伤

各信息节点采用高斯正态隶属度函数，见图 3-20。

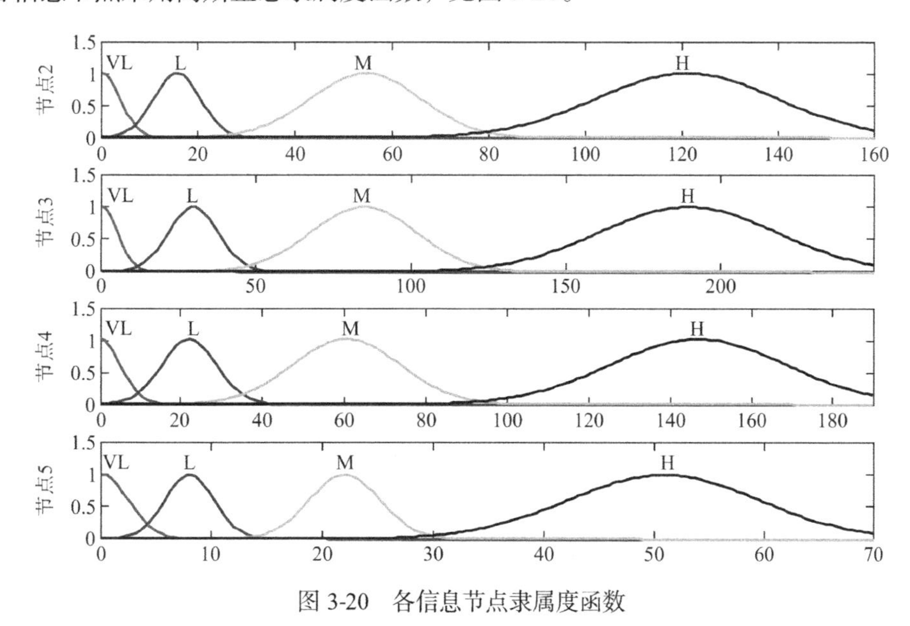

图 3-20　各信息节点隶属度函数

取单元②、④在 Case1 损伤工况下 4 个节点的数据信息，节点 2 的振型变化量为 12.90，节点 3 的振型变化量为 19.19，节点 4 的振型变化量为 15.01，节点 5 的振型变化量为 5.34。通过 4 个节点振型变化量信息来判断损伤程度。模糊识别结果见图 3-21，可以看出，损伤程度判定值为单元②损伤 10%(轻微损伤), 单元④损伤 10%(轻微损伤), 与实际损伤 Case1 单元②损伤 10%、单元④损伤 10%情况相符。

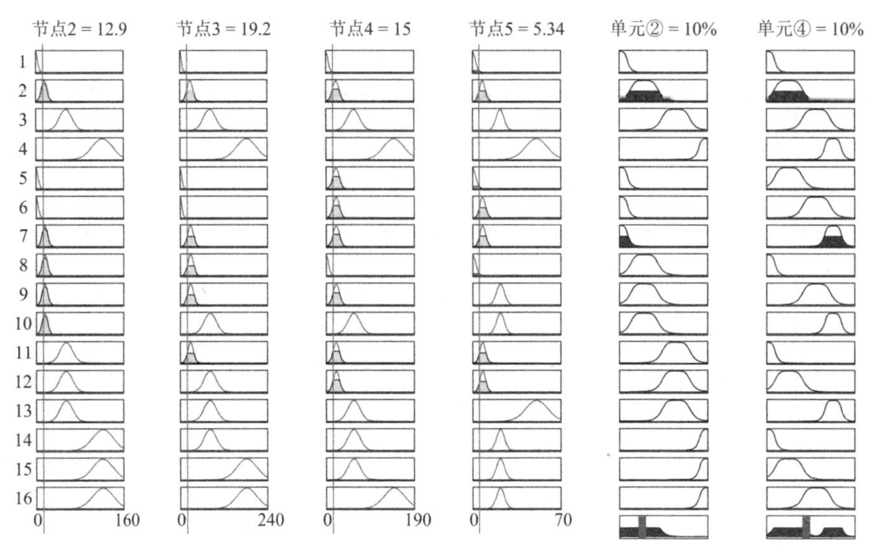

图 3-21 Case1 损伤工况下的模糊识别结果

取单元②、④在 Case2 损伤工况下 4 个节点的数据信息，节点 2 的振型变化量为 19.84，节点 3 的振型变化量为 36.33，节点 4 的振型变化量为 37.49，节点 5 的振型变化量为 15.31。通过 4 个节点振型变化量信息来判断损伤程度。模糊识别结果见图 3-22，可以看出，损伤程度判定值为单元②损伤 10%（轻微损伤），单元④损伤 20%（中度损伤），与实际损伤 Case2 单元②损伤 10%、单元④损伤 20%情况相符。

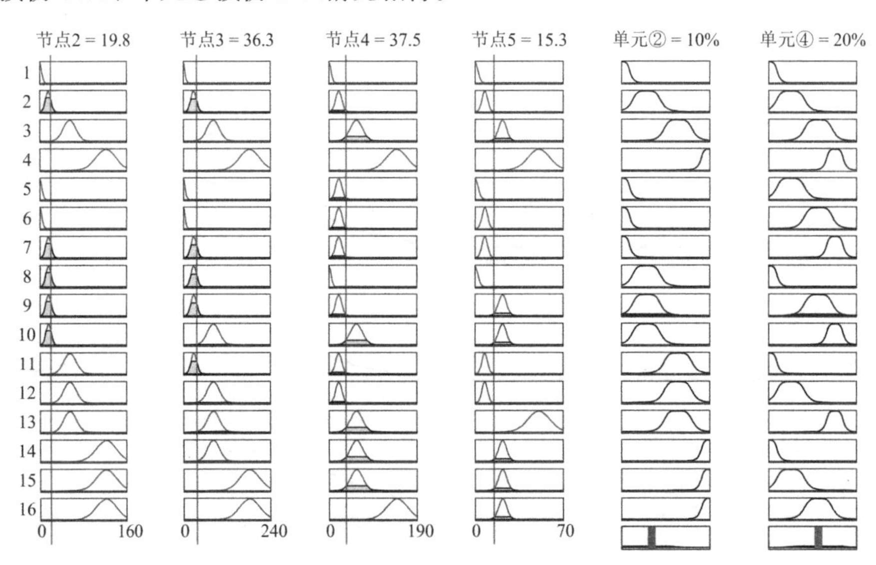

图 3-22 Case2 损伤工况下的模糊识别结果

取单元②、④在 Case3 损伤工况下 4 个节点的数据信息，节点 2 的振型变化量为 51.61，节点 3 的振型变化量为 76.79，节点 4 的振型变化量为 60.02，节点 5 的振型变化量为 21.36。通过 4 个节点振型变化量信息来判断损伤程度。模糊识别结果见图 3-23，可以看出，损伤程度判定值为单元②损伤 20%（中度损伤），单元④损伤 20%（中度损伤），与实际损伤 Case3 单元②损伤 20%、单元④损伤 20%情况相符。

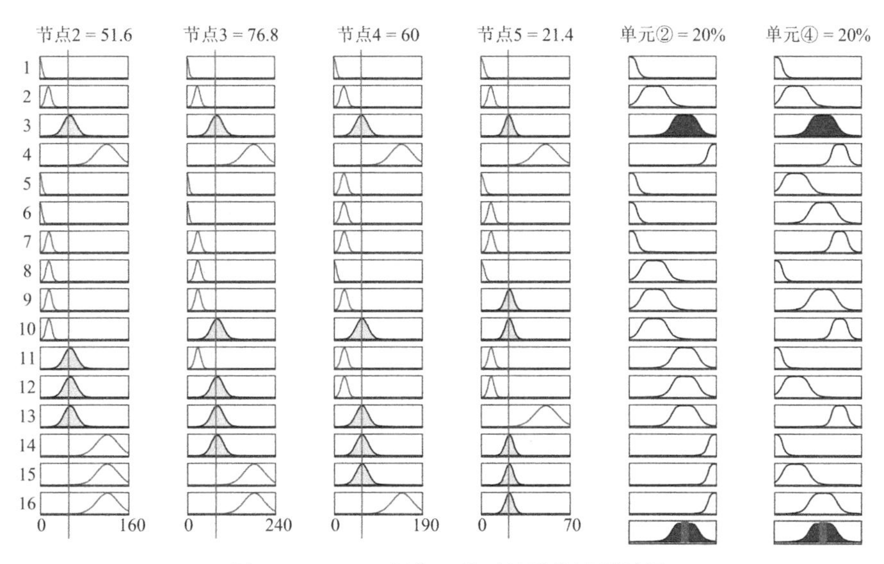

图 3-23　Case3 损伤工况下的模糊识别结果

取单元②、④在 Case4 损伤工况下 4 个节点的数据信息，节点 2 的振型变化量为 63.17，节点 3 的振型变化量为 105.34，节点 4 的振型变化量为 97.49，节点 5 的振型变化量为 37.97。通过 4 个节点振型变化量信息来判断损伤程度。模糊识别结果见图 3-24，可以看出，损伤程度判定值为单元②损伤 20%（中度损伤），单元④损伤 30%（重度损伤），与实际损伤 Case4 单元②损伤 20%、单元④损伤 30%情况相符。

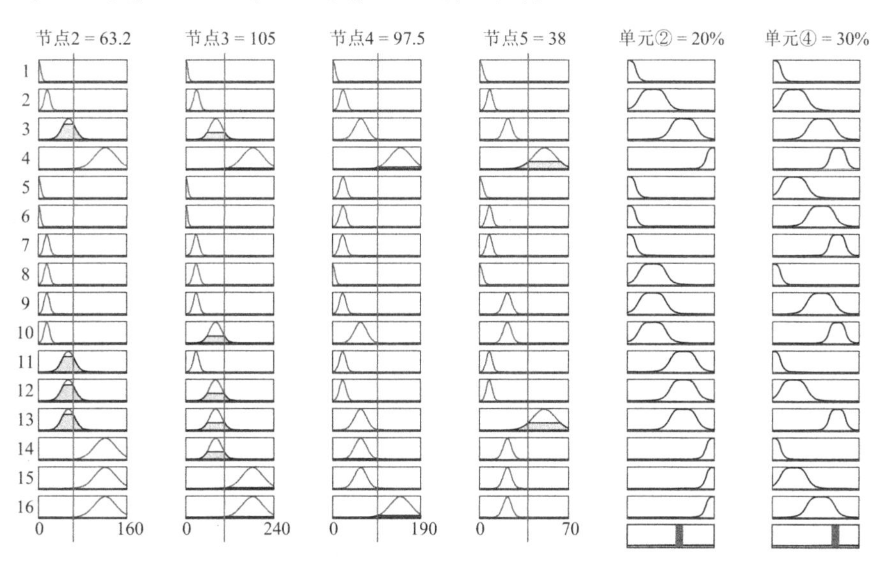

图 3-24　Case4 损伤工况下的模糊识别结果

取单元②、④在 Case5 损伤工况下 4 个节点的数据信息，节点 2 的振型变化量为 63.17，节点 3 的振型变化量为 105.34，节点 4 的振型变化量为 97.49，节点 5 的振型变化量为 37.97。通过 4 个节点振型变化量信息来判断损伤程度。模糊识别结果见图 3-25，可以看出，损伤程度判定值为单元②损伤 30%（重度损伤），单元④损伤 30%（重度损伤），与实际损伤 Case5 单元②损伤 30%、单元④损伤 30%情况相符。

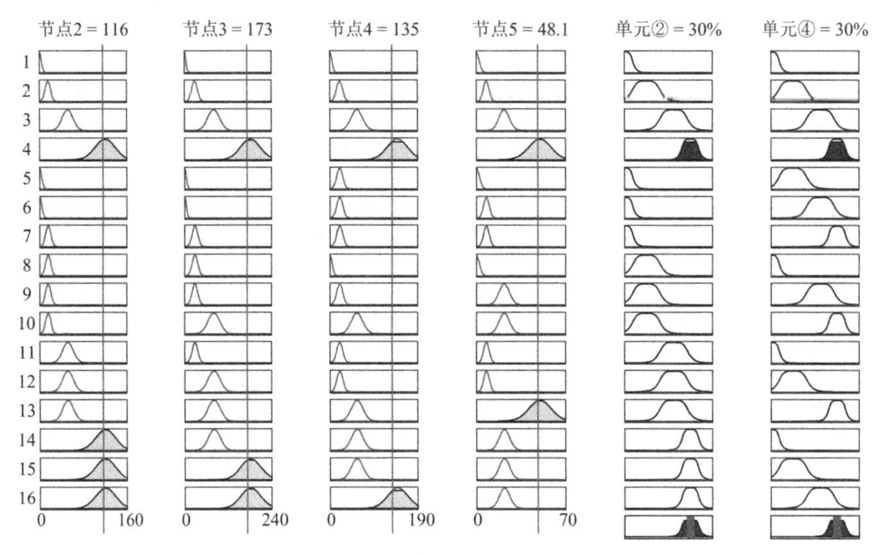

图 3-25 Case5 损伤工况下的模糊识别结果

由以上分析可知：

（1）信息不完备条件下，FNBDI 能够准确地对多处损伤程度进行判定；

（2）损伤程度判定的准确性主要取决于输入、输出参数的隶属度函数，在本节分析中，输入的节点信息参数选取正态隶属度函数，输出隶属度函数选取的是钟型隶属度函数，结果表明识别效果较好；

（3）FNBDI 损伤程度判定必须在第 2 章损伤定位的基础上才能进行后续的损伤库建立及 FNBDI 损伤程度的判定。

3.4.2 噪声导致参数误差下损伤程度判定

以单元②、④多处损伤工况 Case1～Case5 下损伤为例，选取噪声水平 λ 分别为 5%、10%、15%、20%等进行 FNBDI 方法抗噪能力分析。

根据式(3-21)计算多处损伤工况 Case1 在不同噪声水平下 FNBDI 输入向量值见表 3-12，其损伤程度模糊识别结果见图 3-26，可以看出，多处损伤工况 Case1 在不同噪声水平下识别的程度判定值与实际损伤 Case1 单元②损伤 10%、单元④损伤 10%虽然存在一定误差，但识别结果均是单元②轻微损伤、单元④轻微损伤相吻合，噪声水平越高，识别精度越低。

多处损伤工况 Case1 在不同噪声水平下 FNBDI 输入向量值　　表 3-12

噪声水平	节点			
	节点 2	节点 3	节点 4	节点 5
无噪声	12.90	19.19	15.01	5.34
$\lambda = 5\%$	13.11	19.50	15.24	5.43
$\lambda = 10\%$	13.31	19.81	15.48	5.51
$\lambda = 15\%$	13.52	20.11	15.72	5.59
$\lambda = 20\%$	13.73	20.42	15.96	5.68

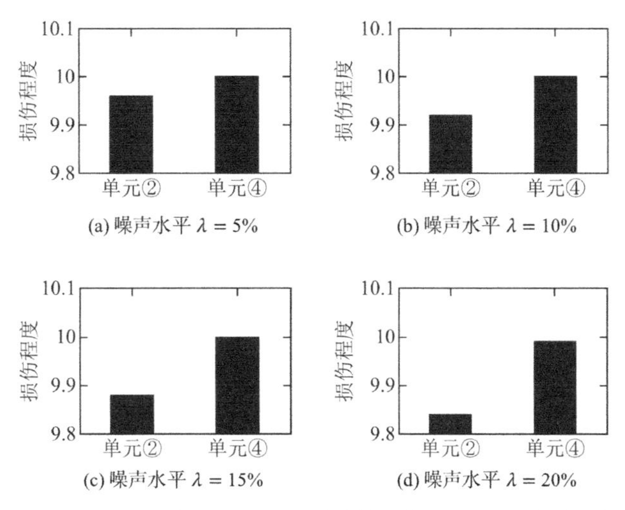

图 3-26　多处损伤工况 Case1 不同噪声水平下的模糊识别结果

根据式(3-21)计算多处损伤工况Case2在不同噪声水平下FNBDI输入向量值见表3-13，其损伤程度模糊识别结果见图3-27，可以看出，多处损伤工况Case2在不同噪声水平下识别的程度判定值与实际损伤Case2单元②损伤10%、单元④损伤20%虽然存在一定误差，但识别结果均是单元②轻微损伤、单元④中度损伤相吻合，噪声水平越高，识别精度越低。

多处损伤工况 Case2 在不同噪声水平下 FNBDI 输入向量值　　表 3-13

噪声水平	节点			
	节点 2	节点 3	节点 4	节点 5
无噪声	19.84	36.33	37.49	15.31
$\lambda = 5\%$	20.16	36.90	38.08	15.55
$\lambda = 10\%$	20.47	37.48	38.68	15.79
$\lambda = 15\%$	20.79	38.06	39.28	16.04
$\lambda = 20\%$	21.12	38.64	39.88	16.28

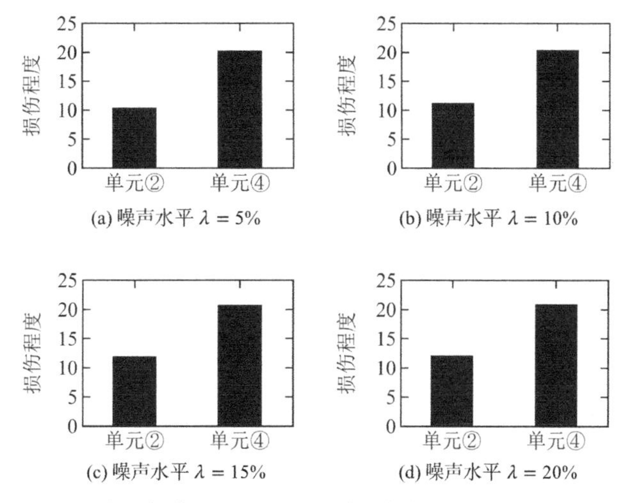

图 3-27　多处损伤工况 Case2 不同噪声水平下的模糊识别结果

根据式(3-21)计算多处损伤工况Case3在不同噪声水平下FNBDI输入向量值见表3-14，其损伤程度模糊识别结果见图3-28，可以看出，多处损伤工况Case3在不同噪声水平下识别的程度判定值与实际损伤Case3单元②损伤20%、单元④损伤20%虽然存在一定误差，但识别结果均是单元②中度损伤、单元④中度损伤相吻合，噪声水平越高，识别精度越低。

多处损伤工况Case3在不同噪声水平下FNBDI输入向量值　　表3-14

噪声水平	节点			
	节点2	节点3	节点4	节点5
无噪声	51.61	76.79	60.02	21.36
$\lambda = 5\%$	52.43	78.01	60.98	21.70
$\lambda = 10\%$	53.26	79.24	61.94	22.04
$\lambda = 15\%$	54.08	80.46	62.89	22.38
$\lambda = 20\%$	54.90	81.69	63.85	22.72

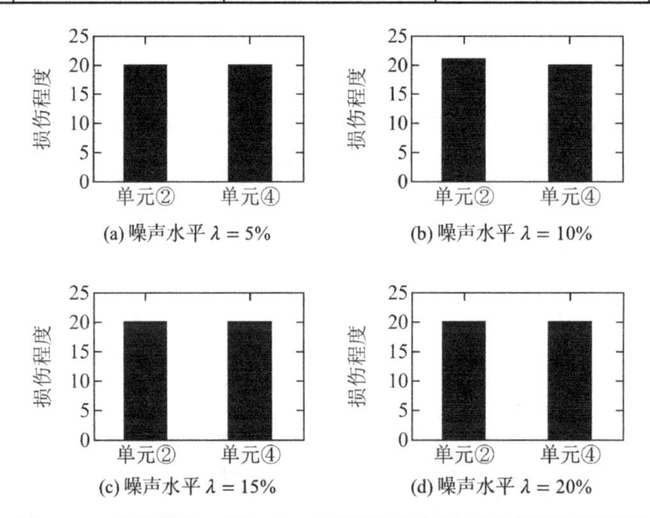

图3-28　多处损伤工况Case3不同噪声水平下的模糊识别结果

根据式(3-21)计算多处损伤工况Case4在不同噪声水平下FNBDI输入向量值见表3-15，其损伤程度模糊识别结果见图3-29，可以看出，多处损伤工况Case4在不同噪声水平下识别的程度判定值与实际损伤Case4单元②损伤20%、单元④损伤30%虽然存在一定误差，但识别结果均是单元②中度损伤、单元④重度损伤相吻合，噪声水平越高，识别精度越低。

多处损伤工况Case4在不同噪声水平下FNBDI输入向量值　　表3-15

噪声水平	节点			
	节点2	节点3	节点4	节点5
无噪声	63.17	105.34	97.49	37.97
$\lambda = 5\%$	64.18	107.01	99.04	38.58
$\lambda = 10\%$	65.19	108.69	100.59	39.18
$\lambda = 15\%$	66.19	110.37	102.15	39.79
$\lambda = 20\%$	67.20	112.06	103.71	40.39

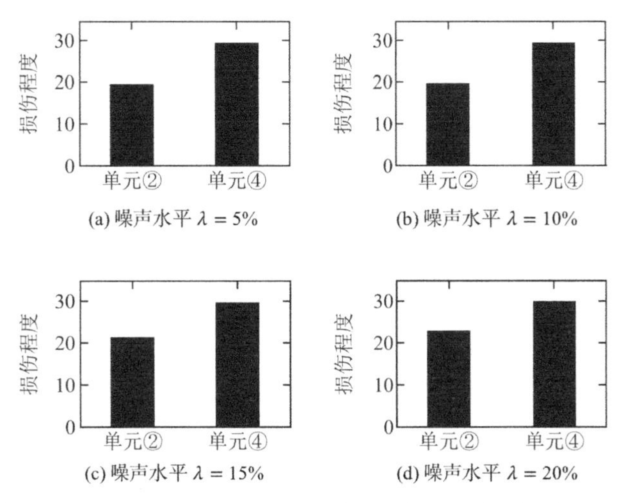

图 3-29　多处损伤工况 Case4 不同噪声水平下的模糊识别结果

根据式(3-21)计算多处损伤工况Case5在不同噪声水平下FNBDI输入向量值见表3-16，其损伤程度模糊识别结果见图3-30，可以看出，多处损伤工况 Case5 在不同噪声水平下识别的程度判定值与实际损伤 Case5 单元②损伤 30%、单元④损伤 30%虽然存在一定误差，但识别结果均是单元②重度损伤、单元④重度损伤相吻合，噪声水平越高，识别精度越低。

多处损伤工况 Case5 在不同噪声水平下 FNBDI 输入向量值　　表 3-16

噪声水平	节点			
	节点 2	节点 3	节点 4	节点 5
无噪声	116.12	172.77	135.05	48.06
$\lambda = 5\%$	117.97	175.52	137.19	48.83
$\lambda = 10\%$	119.83	178.28	139.36	49.59
$\lambda = 15\%$	121.67	181.03	141.50	50.36
$\lambda = 20\%$	123.53	183.79	143.67	51.13

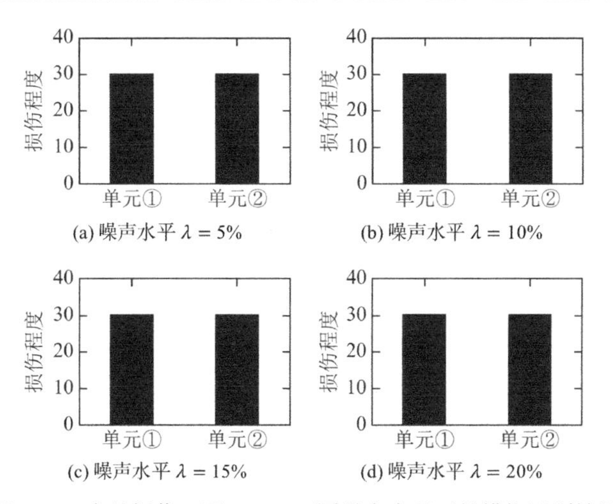

图 3-30　多处损伤工况 Case5 不同噪声水平下的模糊识别结果

由以上分析可知：

（1）信息不完备条件下，FNDBI 能够有效地识别单处损伤、多处损伤及各噪声水平下的损伤程度；

（2）噪声水平越高，对损伤程度判定带来的误差越大；

（3）FNDBI 的抗噪水平高，鲁棒性好且识别精度高。

3.5 本章小结

本章在第 2 章的单处损伤、多处损伤定位的研究基础上进一步采用模糊贴近度识别算法（FNBDI）对隧道损伤程度进行判定。

FNBDI 算法首先选取合适的输入、输出隶属度函数，在本章分析中，输入隶属度函数选取高斯正态隶属度函数，输出选取钟型隶属度函数，建立模糊准则形成模糊识别模块。考虑信息不完备条件下及在不同噪声水平引入误差条件对损伤进行判定，结果表明：无论是单处损伤，还是多处损伤，FNBDI 能够有效地对损伤程度进行判定，FNBDI 算法具有抗噪水平高，鲁棒性好的特点。

第 4 章

基于振动响应信号的隧道结构损伤程度判定研究

4.1 引　言

前两章对隧道结构损伤条件下的模态特征进行分析，并通过模态繁衍指数对损伤进行定位，FNBDI 算法对损伤程度进行判定分析。在实际工程中，模态参数不能直接获得，但是结构振动响应信号时容易测试获得的信息，因此在本章中将通过数值分析隧道结构在不同损伤工况下的隧道结构的瞬态响应，通过隧道结构响应进行隧道结构损伤识别研究，包括不同单处损伤及多处损伤分析。

4.2 损伤条件下隧道结构动力响应分析

根据结构模态分析理论，结构固有频率与模态振型受结构刚度和质量的影响较大。

在受力激振下的 n 自由度系统特征方程可以表述为：

$$M\ddot{x}(t)+C\dot{x}(t)+Kx(t)=f(t) \tag{4-1}$$

激振力与测试响应点的传递函数可以表述为：

$$T_i(\omega)=\frac{x_i(\omega)}{f(\omega)} \tag{4-2}$$

式中：$x_i(\omega)$——测点响应频域变换数据；

$f(\omega)$——激振频域变化数据。

单元传递函数可以表述为：

$$\mathrm{TI}_i=|T_{i+1}(\omega)-T_i(\omega)| \tag{4-3}$$

传递函数损伤指数为：

$$\mathrm{TDI}_i=\delta\omega\int_{\omega_1}^{\omega_2}\frac{\left|\lg|\mathrm{TI}_i^{\mathrm{D}}|-\lg|\mathrm{TI}_i^{\mathrm{U}}|\right|}{\lg|\mathrm{TI}_i^{\mathrm{U}}|}\mathrm{d}\omega \tag{4-4}$$

式中：ω_1——分析频段的下限频率；

ω_2——分析频段的上限频率。

为了损伤识别方法的有效性，将弹性地基梁隧道结构进行有限元分析，采用大型通用有限元软件 ANSYS 分析，建立地铁隧道结构的三维有限元模型，分析隧道结构为十单元弹性地基梁结构，隧道纵向长度为 120m（100 环管片单元），激振及测点布置示意图见图 4-1。隧道结构数值模拟参数见表 4-1。

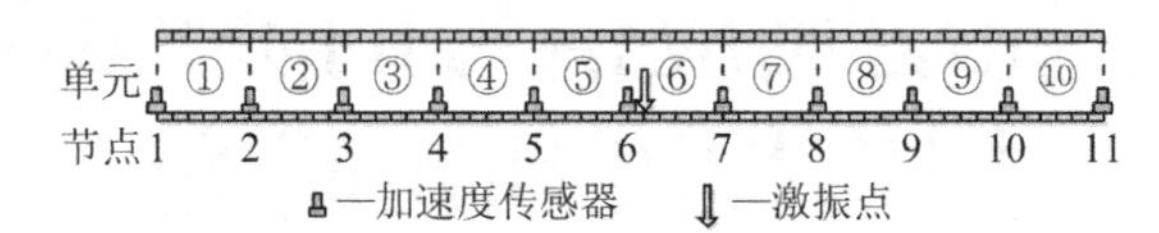

图 4-1 隧道结构激振及测点布置示意图

以上海地铁盾构隧道尺寸进行分析，地铁隧道管片为 C50 钢筋混凝土，埋深为 28.2m，外径为 3.1m，内径为 2.75m，管片厚度为 0.35m。ANSYS 中采用 SHELL163 单元，土体土层及地基抗力系数取值见第 2.4 节表 2-2，ANSYS 中采用 COMBI165 全周弹簧模型，隧道结构计算参数见表 4-1。

隧道结构参数表 **表 4-1**

单元	材料	弹性模量 E/MPa	泊松比	密度/（kg/m³）	弹性系数/（kN/m³）
管片	SHELL163	3.45×10^4	0.2	2450	—
		外径，3.1m；内径，2.75m			
土体	COMBI165	5.0	0.3	1836	—
		—	—	—	5556.3

隧道结构激振采用脉冲激励，激振点如图 4-1 所示，激振点邻近节点 6，激励时程曲线如图 4-2 所示，脉冲持续时间为 1.5ms。数值分析了不同损伤工况下各节点处振动响应。并通过振动响应信号进行结构模态参数辨识与损伤识别。

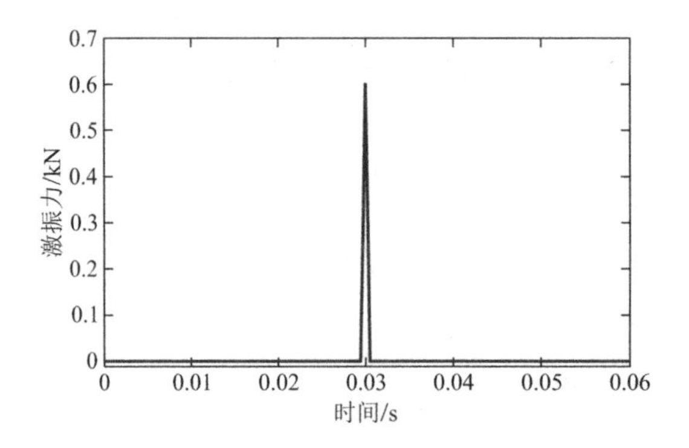

图 4-2 脉冲激振图

4.2.1 单处损伤条件下隧道结构动力响应分析

单处损伤条件下分别分析了单元③在不同损伤程度下（刚度退降 3%、10%、20%、30%）的隧道结构响应，并通过结构响应中判定损伤单元及损伤程度。ANSYS 计算模型见图 4-3。

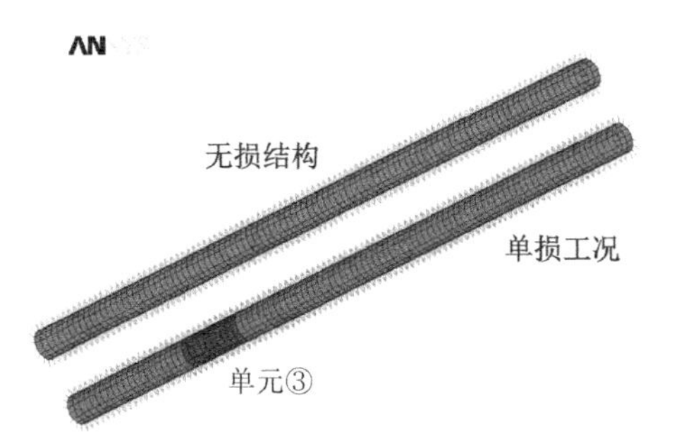

图 4-3　单处损伤工况计算模型图

无损条件下 11 个节点在脉冲激振下的时程相应曲线见图 4-4。

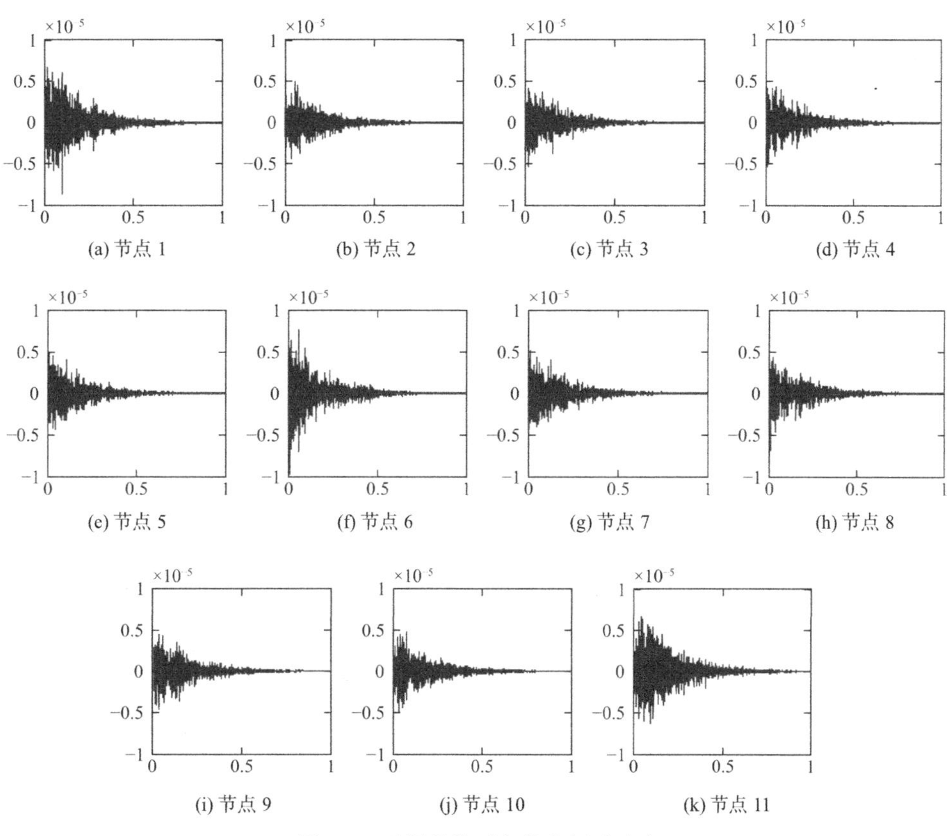

图 4-4　无损条件下各节点振动响应

横坐标—时间/s；纵坐标—加速度/g

单元③在损伤程度为 3%条件下 11 个节点在脉冲激振下的时程相应曲线见图 4-5。

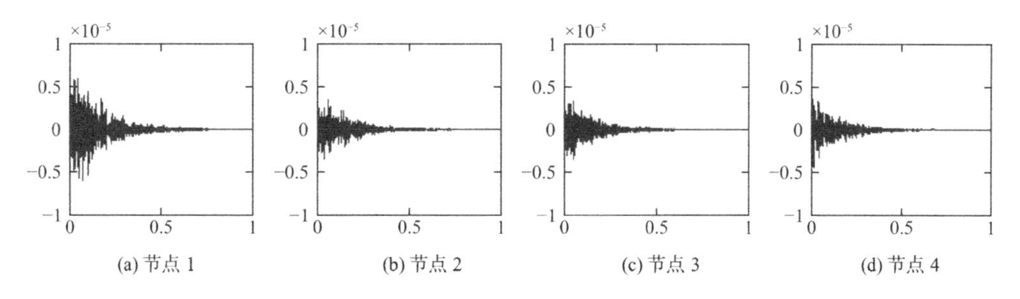

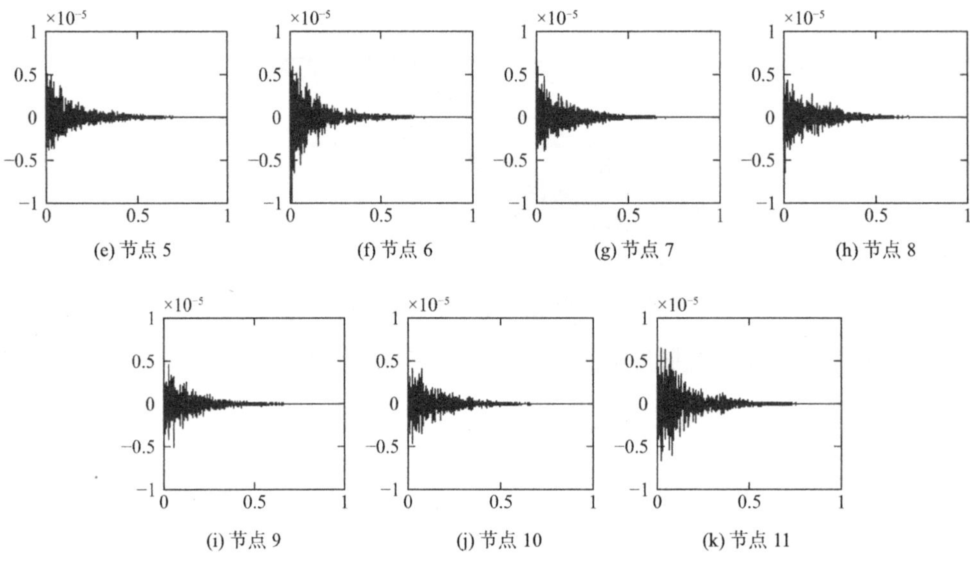

(e) 节点 5　(f) 节点 6　(g) 节点 7　(h) 节点 8

(i) 节点 9　(j) 节点 10　(k) 节点 11

图 4-5　单元③刚度退降 3%条件下各节点振动响应

横坐标—时间/s；纵坐标—加速度/g

单元③在损伤程度为 10%条件下 11 个节点在脉冲激振下的时程相应曲线见图 4-6。

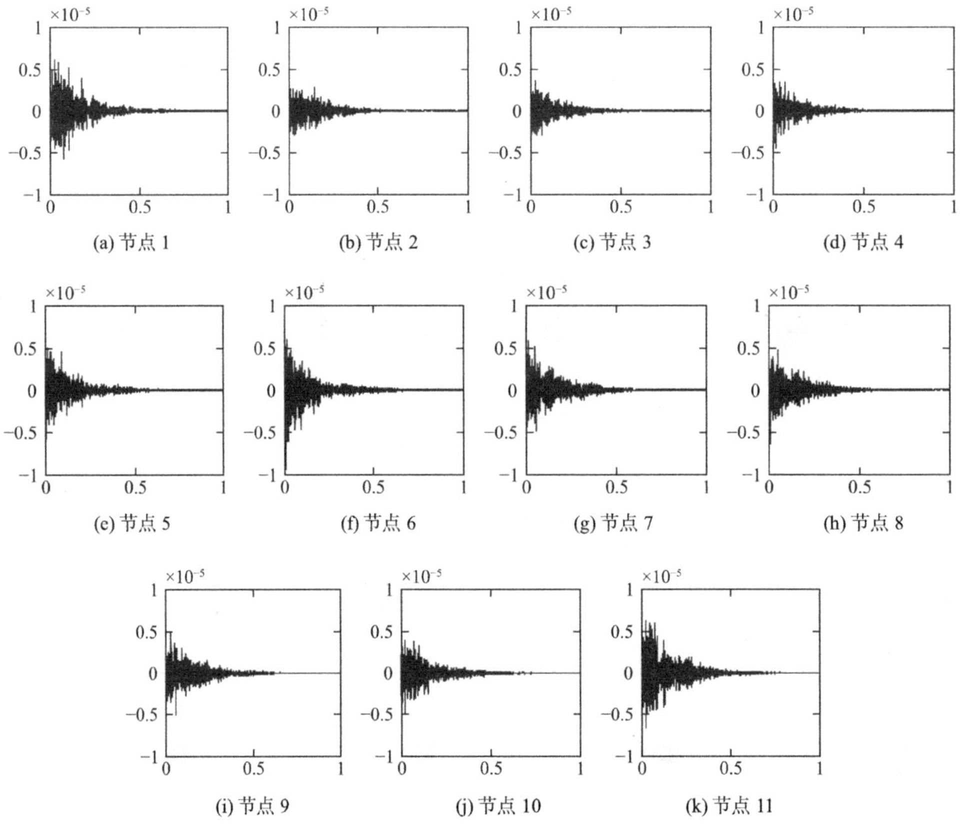

(a) 节点 1　(b) 节点 2　(c) 节点 3　(d) 节点 4

(e) 节点 5　(f) 节点 6　(g) 节点 7　(h) 节点 8

(i) 节点 9　(j) 节点 10　(k) 节点 11

图 4-6　单元③刚度退降 10%条件下各节点振动响应

横坐标—时间/s；纵坐标—加速度/g

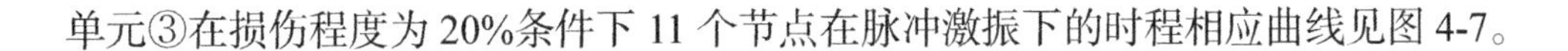

单元③在损伤程度为 20%条件下 11 个节点在脉冲激振下的时程相应曲线见图 4-7。

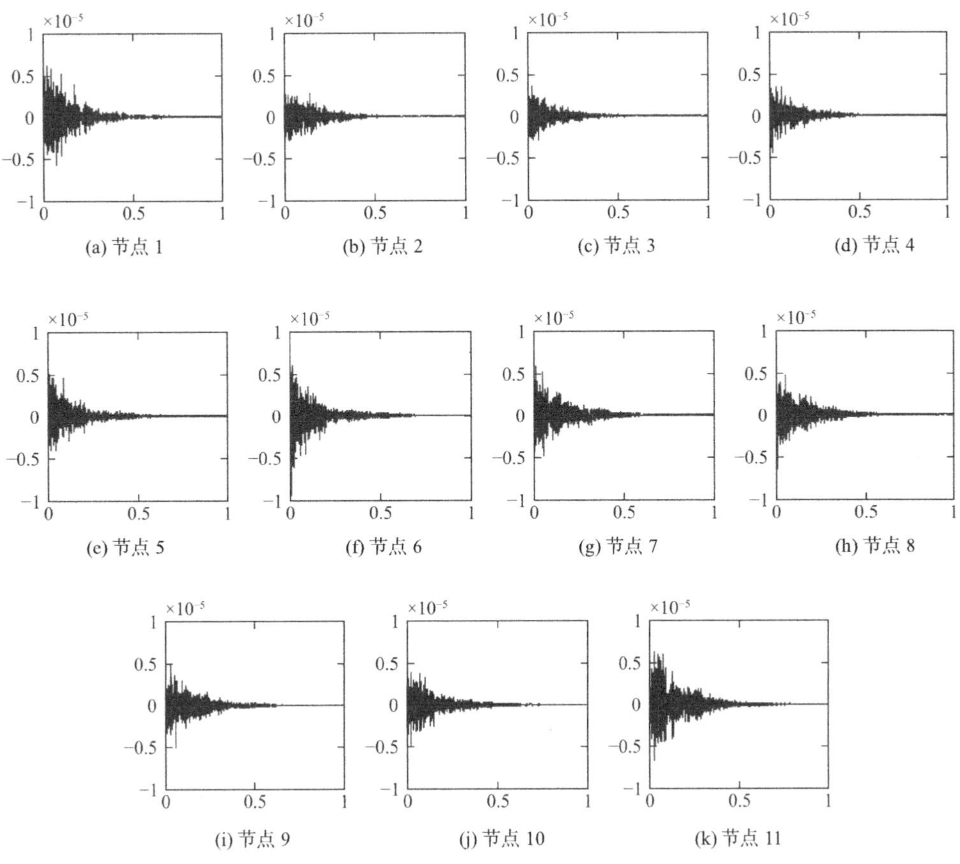

(a) 节点 1　(b) 节点 2　(c) 节点 3　(d) 节点 4

(e) 节点 5　(f) 节点 6　(g) 节点 7　(h) 节点 8

(i) 节点 9　(j) 节点 10　(k) 节点 11

图 4-7　单元③刚度退降 20%条件下各节点振动响应

横坐标—时间/s；纵坐标—加速度/g

单元③在损伤程度为 30%条件下 11 个节点在脉冲激振下的时程相应曲线见图 4-8。

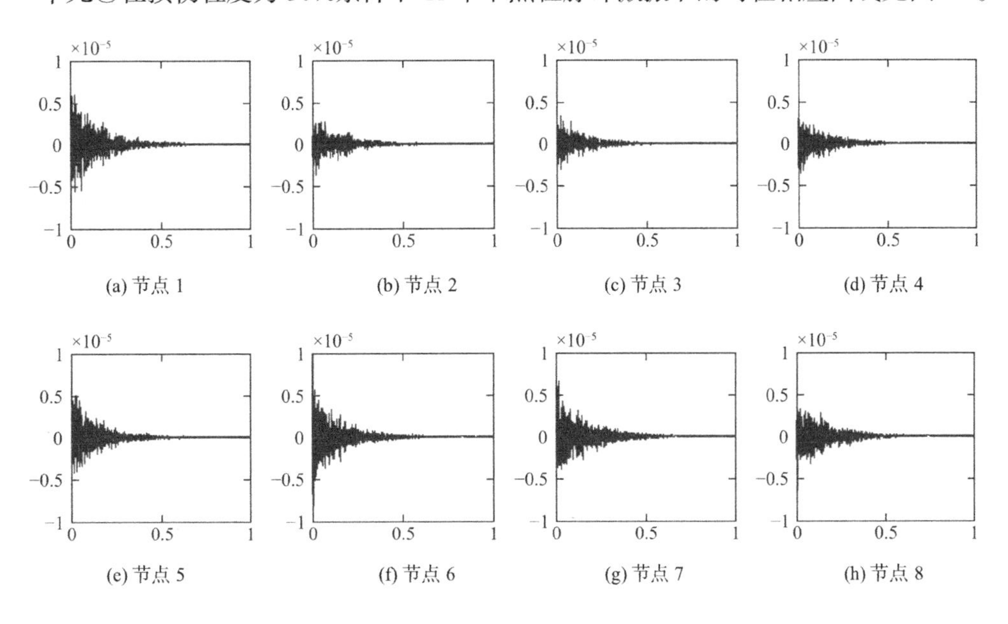

(a) 节点 1　(b) 节点 2　(c) 节点 3　(d) 节点 4

(e) 节点 5　(f) 节点 6　(g) 节点 7　(h) 节点 8

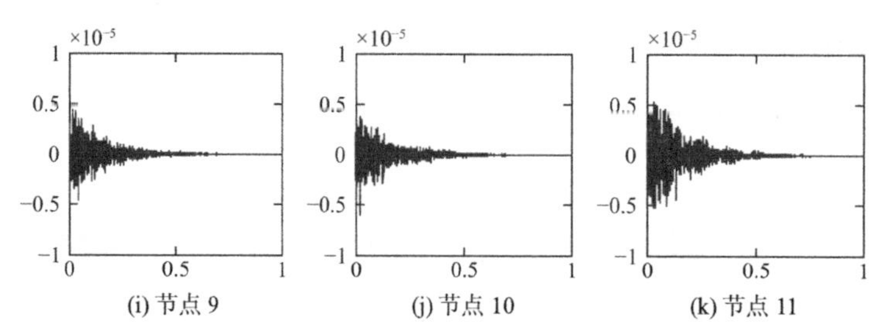

(i) 节点 9　(j) 节点 10　(k) 节点 11

图 4-8　单元③刚度退降 30%条件下各节点振动响应

横坐标—时间/s；纵坐标—加速度/g

4.2.2　多处损伤条件下隧道结构动力响应分析

多处损伤条件下分别分析了单元③与单元⑦在不同刚度退降组合下的隧道结构响应，多处损伤工况见表 4-2。ANSYS 计算模型见图 4-9，并通过结构响应中判定损伤单元及损伤程度。

多处损伤工况　表 4-2

多处损伤工况	损伤单元	
	单元③	单元⑦
Case1	3%	10%
Case2	20%	20%
Case3	20%	30%

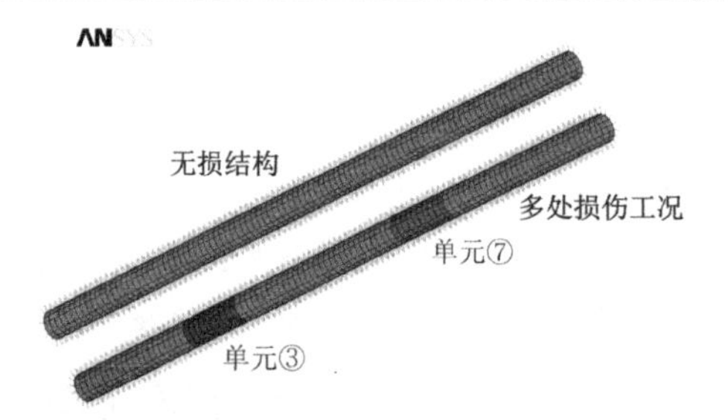

图 4-9　多处损伤工况计算模型图

多处损伤条件下 11 个节点在脉冲激振下的时程相应曲线见图 4-10～图 4-12。

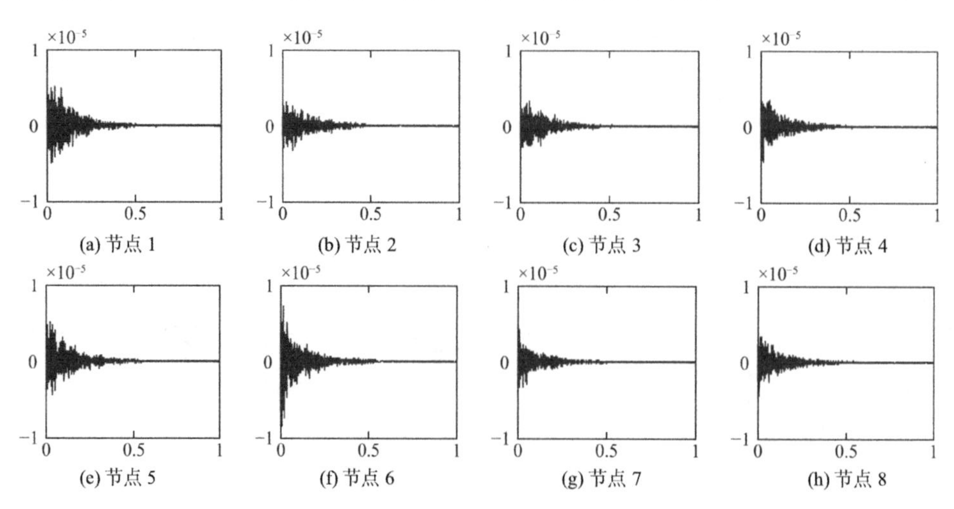

(a) 节点 1　(b) 节点 2　(c) 节点 3　(d) 节点 4

(e) 节点 5　(f) 节点 6　(g) 节点 7　(h) 节点 8

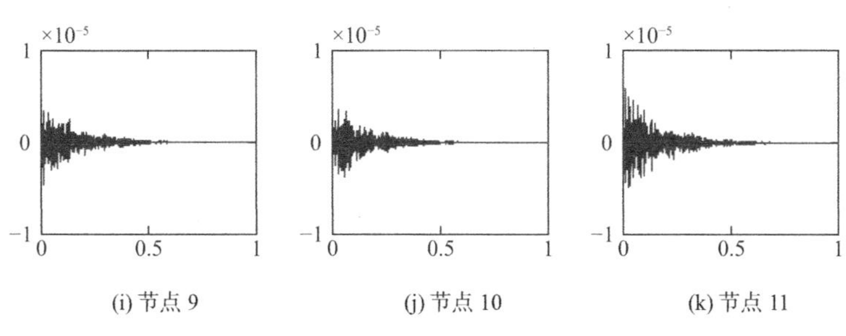

(i) 节点 9　(j) 节点 10　(k) 节点 11

图 4-10　多处损伤工况 Case1 下各节点振动响应

横坐标—时间/s；纵坐标—加速度/g

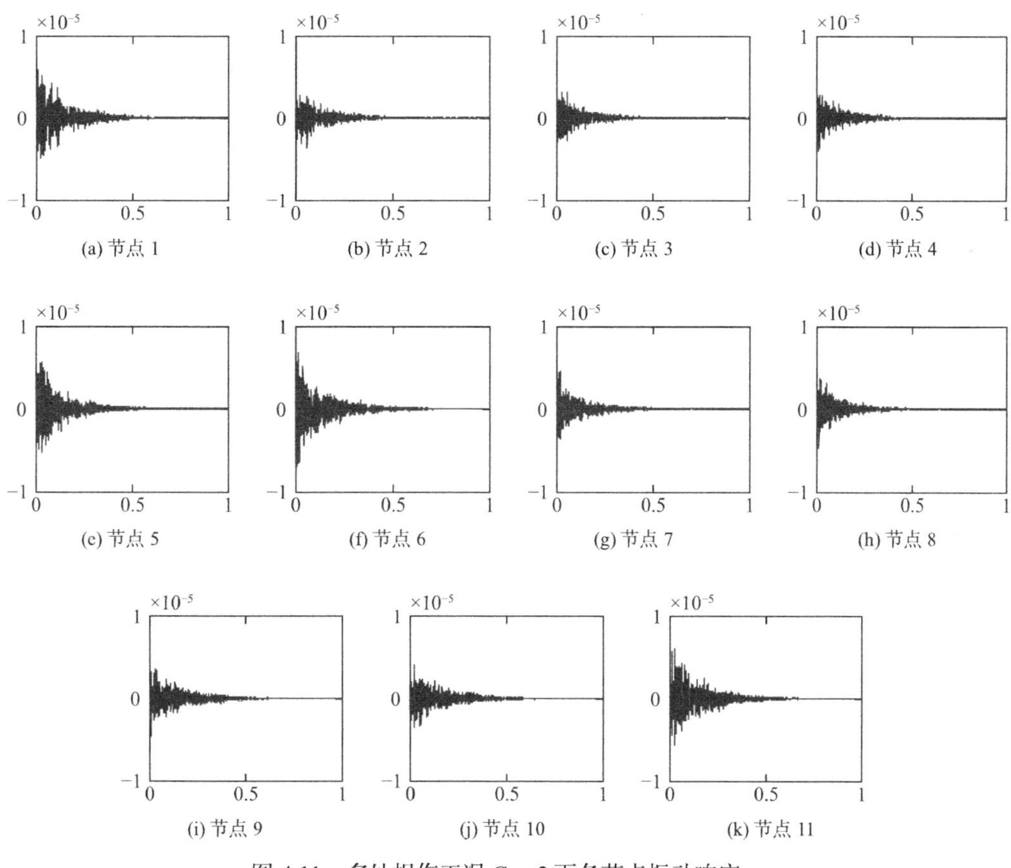

(a) 节点 1　(b) 节点 2　(c) 节点 3　(d) 节点 4

(e) 节点 5　(f) 节点 6　(g) 节点 7　(h) 节点 8

(i) 节点 9　(j) 节点 10　(k) 节点 11

图 4-11　多处损伤工况 Case2 下各节点振动响应

横坐标—时间/s；纵坐标—加速度/g

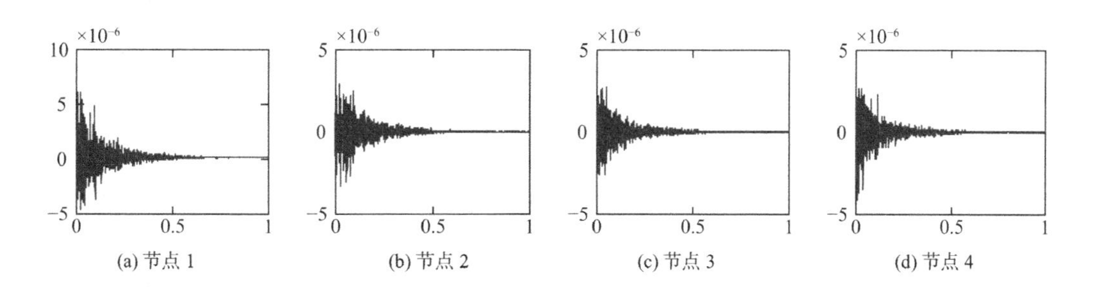

(a) 节点 1　(b) 节点 2　(c) 节点 3　(d) 节点 4

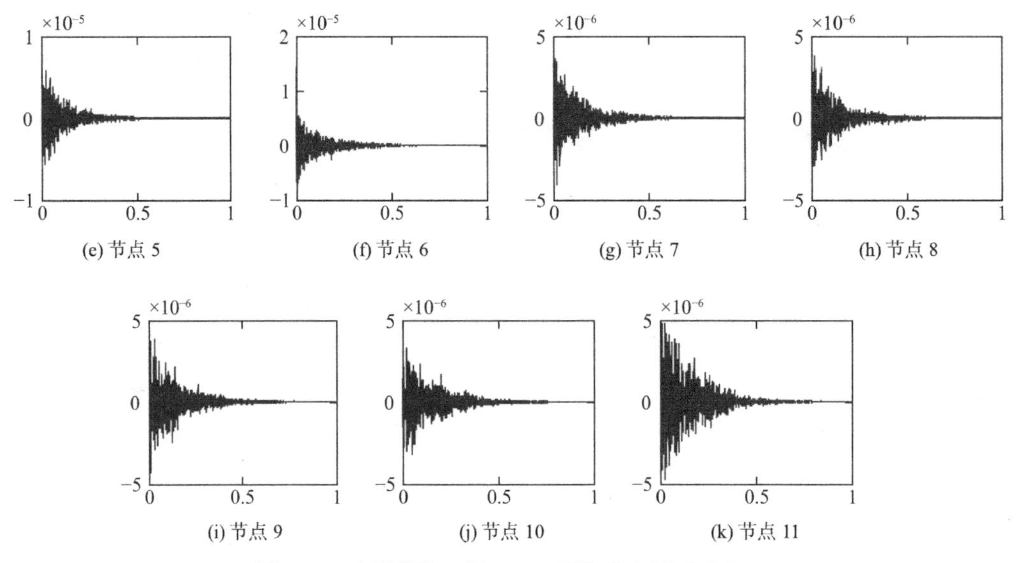

图 4-12 多处损伤工况 Case3 下各节点振动响应

横坐标—时间/s；纵坐标—加速度/g

4.3 隧道损伤定位方法

在第 2 章的分析可知隧道结构呈现低频特征，为了过滤高频成分，设计了一个契比雪夫Ⅱ型低通滤波器，通带频率是 180Hz，阻带频率是 200Hz，采样频率为 2000Hz，通带衰减系数为 3dB，阻带衰减系数为 50dB，滤波器幅频特性曲线见图 4-13。

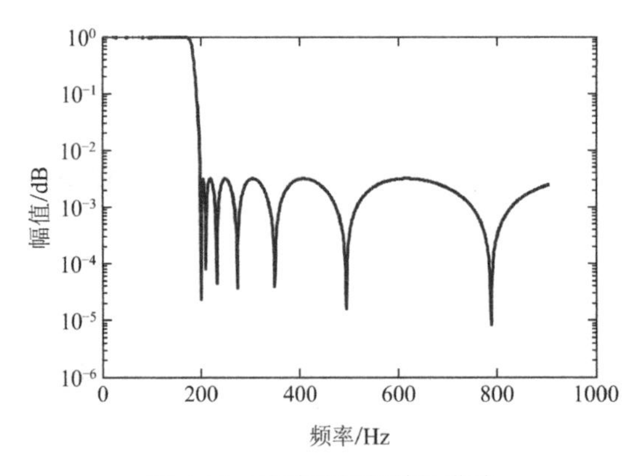

图 4-13 滤波器幅频特性曲线

将各节点时程信号通过契比雪夫Ⅱ型低通滤波器进行滤波，将高频成分进行滤除进行后续的分析。

4.3.1 单处损伤条件下隧道结构损伤单元判定

将滤波后的测点响应信号，再分别与激振力信号进行传递函数分析，在无损及单元③刚度退降 3%条件下各单元的传递函数曲线见图 4-14，图中虚框部分为放大的分析频段，为 130～160Hz。

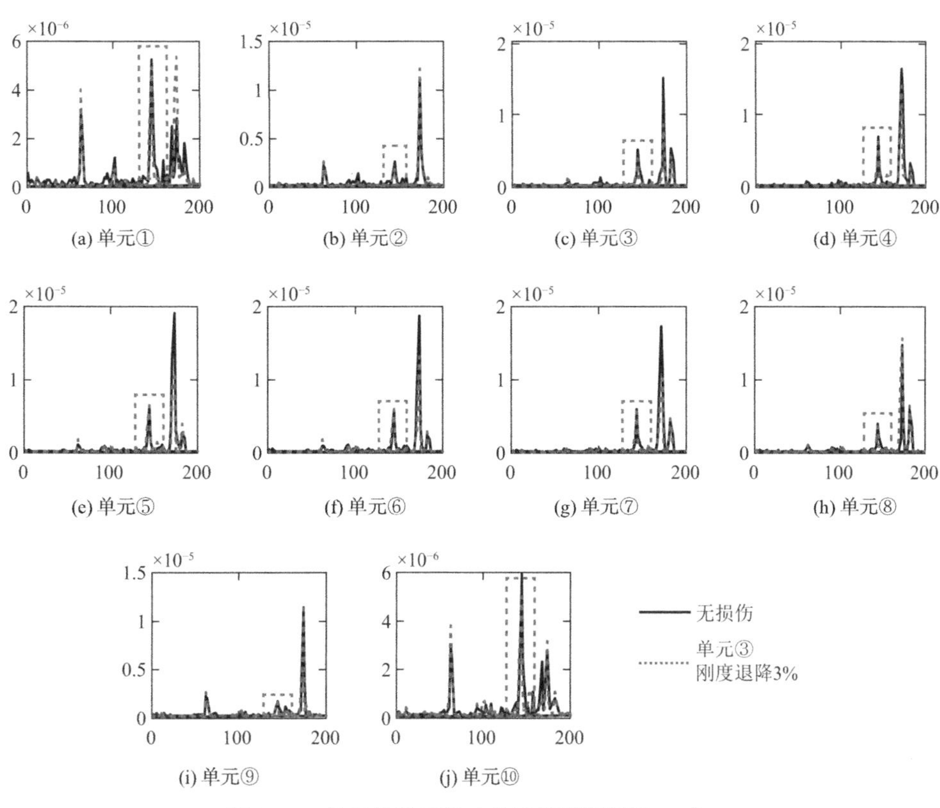

图 4-14　单元传递函数（单元③刚度退降 3%）

横坐标—频率/Hz；纵坐标—幅值/g

将传递函数进行 Loren 多峰拟合分析，并将传递函数在分析频段进行放大、平滑后见图 4-15。

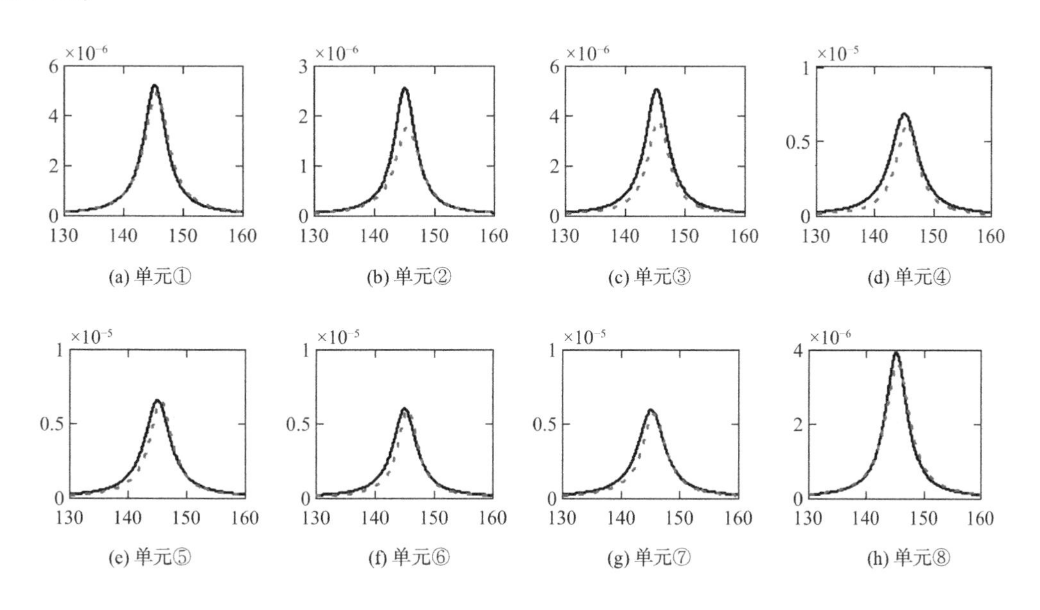

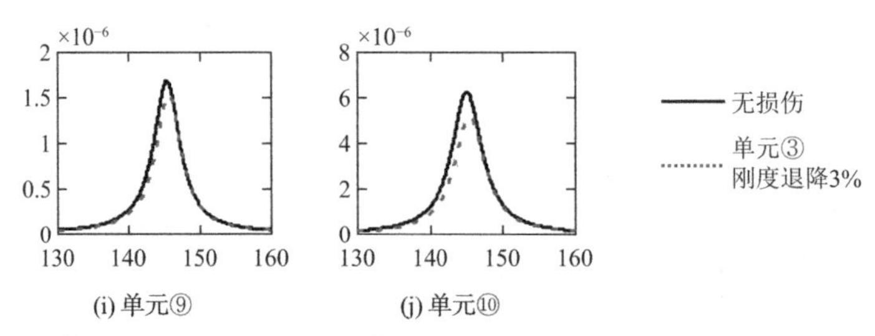

图 4-15　单元在分析频段内的传递函数（单元③刚度退降 3%）

横坐标—频率/Hz；纵坐标—幅值/g

在分析频段内根据式(4-4)得到各单元传递函数损伤指数，见图 4-16，在单元③处有个明显突变值，由此传递函数损伤指数（TDI）能够有效地对损伤单元进行定位。

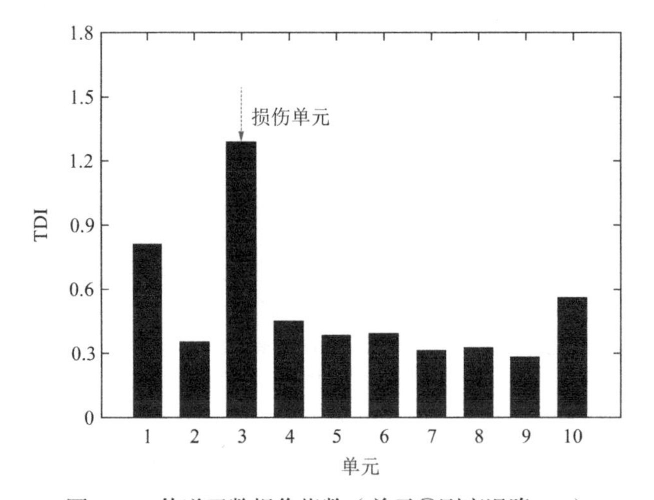

图 4-16　传递函数损伤指数（单元③刚度退降 3%）

在无损及单元③刚度退降 10%条件下各单元的传递函数曲线见图 4-17，图中虚框部分为放大的分析频段，为 130～160Hz。

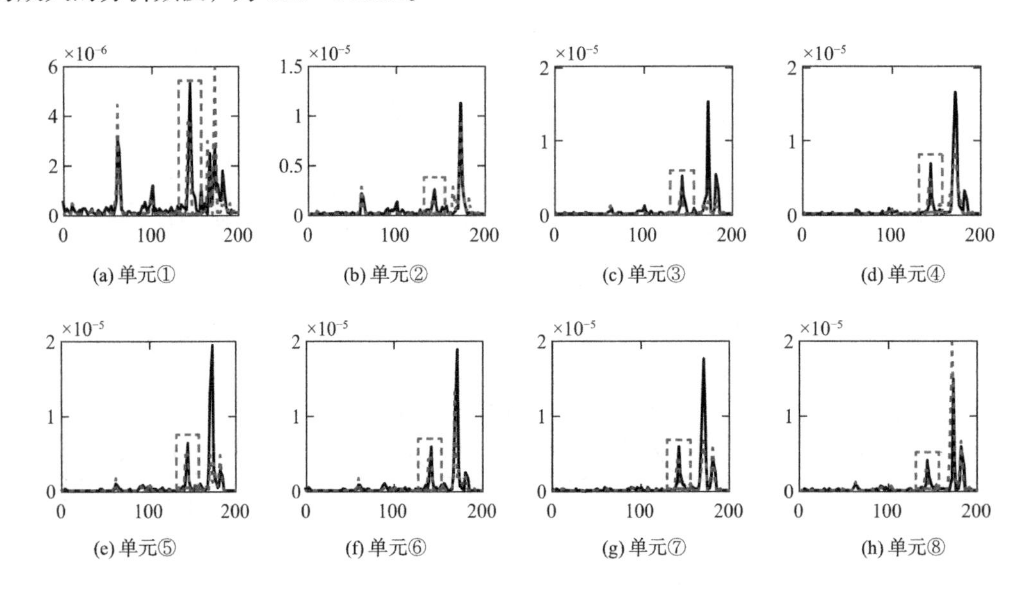

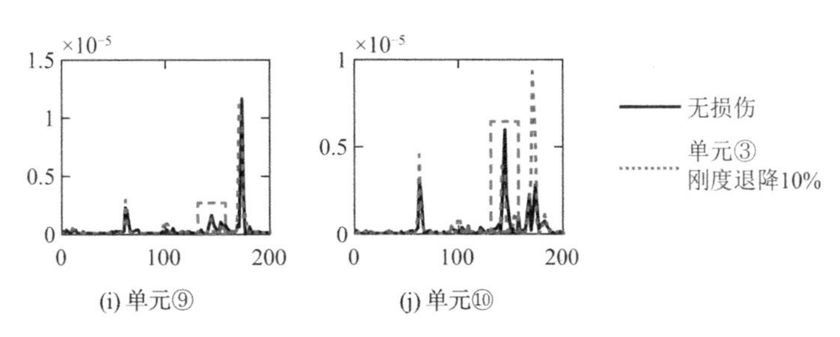

(i) 单元⑨　(j) 单元⑩

图 4-17　单元传递函数（单元③刚度退降 10%）

横坐标—频率/Hz；纵坐标—幅值/g

将传递函数进行 Loren 多峰拟合分析，并将传递函数在分析频段进行放大、平滑后见图 4-18。

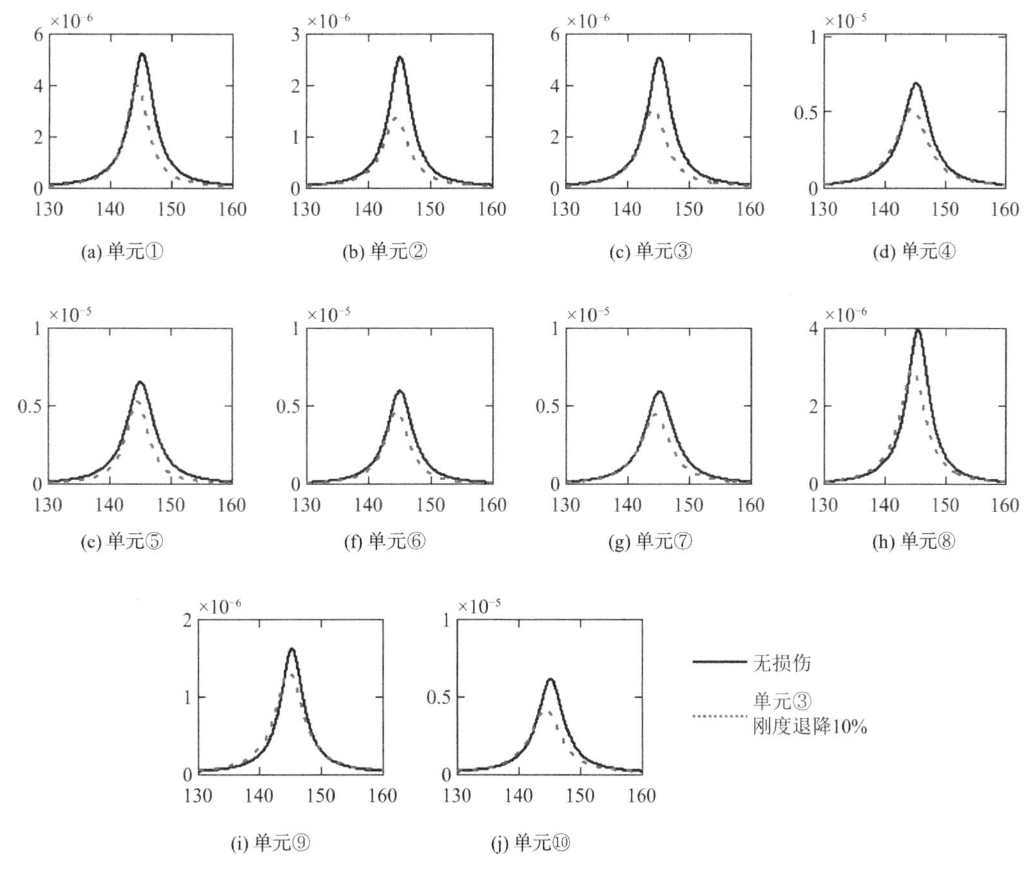

(a) 单元①　(b) 单元②　(c) 单元③　(d) 单元④

(e) 单元⑤　(f) 单元⑥　(g) 单元⑦　(h) 单元⑧

(i) 单元⑨　(j) 单元⑩

图 4-18　单元在分析频段内的传递函数（单元③刚度退降 10%）

横坐标—频率/Hz；纵坐标—幅值/g

在分析频段内根据式(4-4)得到各单元传递函数损伤指数，见图 4-19，在单元③处有个明显突变值，由此传递函数损伤指数（TDI）能够有效地对损伤单元进行定位。

在无损及单元③刚度退降 20%条件下各单元的传递函数曲线见图 4-20，图中虚框部分为放大的分析频段，为 130～160Hz。

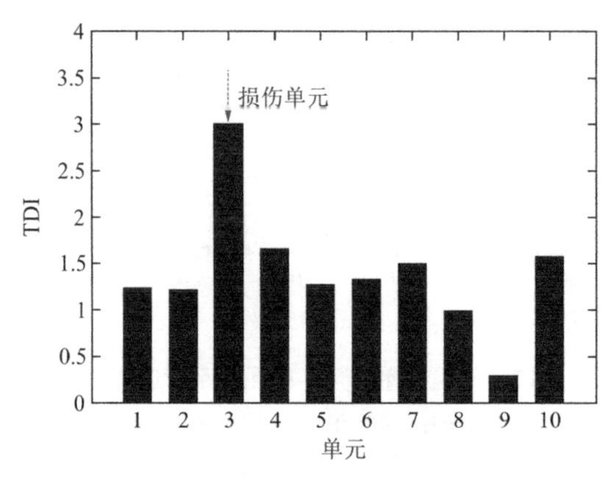

图 4-19 传递函数损伤指数（单元③刚度退降 10%）

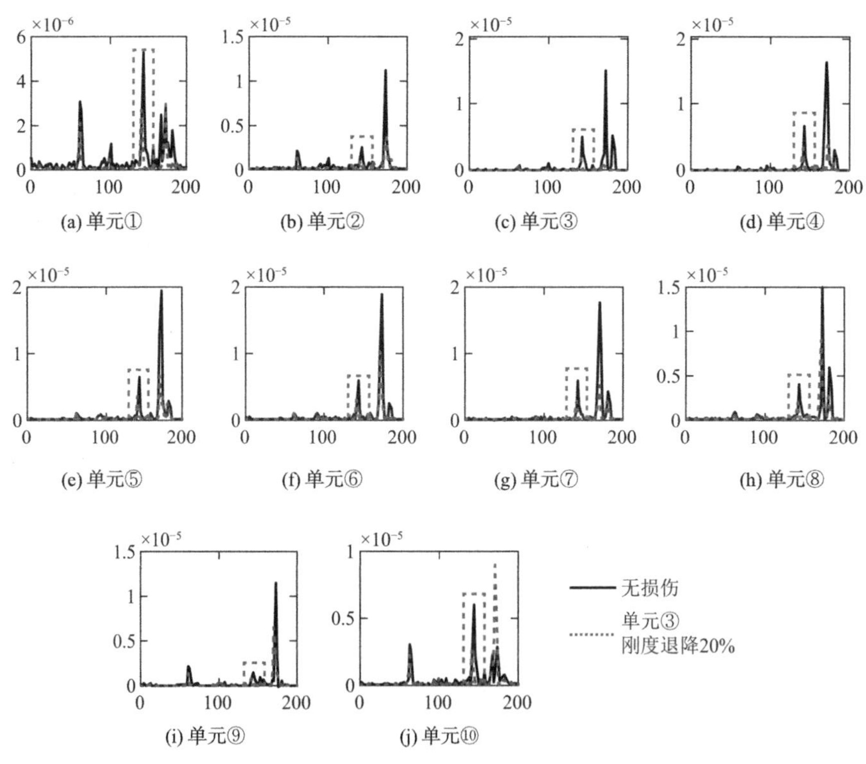

图 4-20 单元传递函数（单元③刚度退降 20%）

横坐标—频率/Hz；纵坐标—幅值/g

将传递函数进行 Loren 多峰拟合分析，并将传递函数在分析频段进行放大、平滑后见图 4-21。

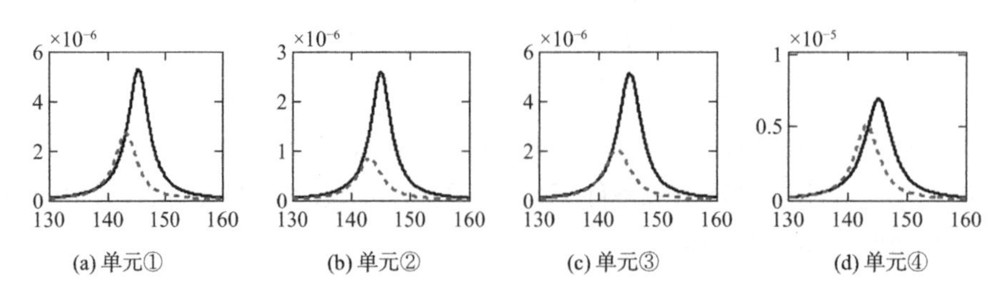

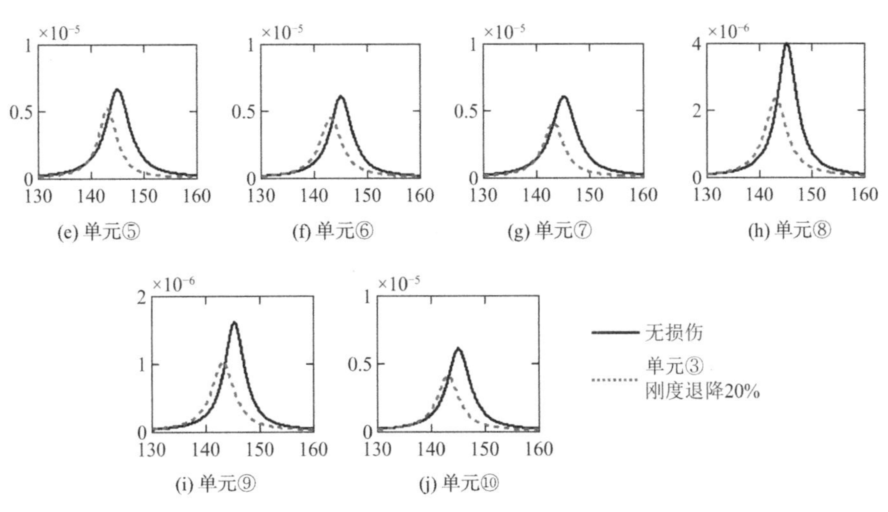

图 4-21　单元在分析频段内的传递函数（单元③刚度退降 20%）

横坐标—频率/Hz；纵坐标—幅值/g

在分析频段内根据式(4-4)得到各单元传递函数损伤指数，见图 4-22，在单元③处有个明显突变值，由此传递函数损伤指数（TDI）能够有效地对损伤单元进行定位。

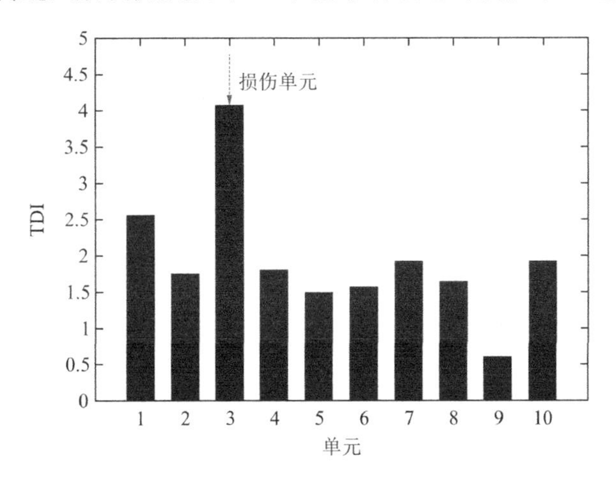

图 4-22　传递函数损伤指数（单元③刚度退降 20%）

在无损及单元③刚度退降 30%条件下各单元的传递函数曲线见图 4-23，图中虚框部分为放大的分析频段，为 130～160Hz。

将传递函数进行 Loren 多峰拟合分析，并将传递函数在分析频段进行放大、平滑后见图 4-24。

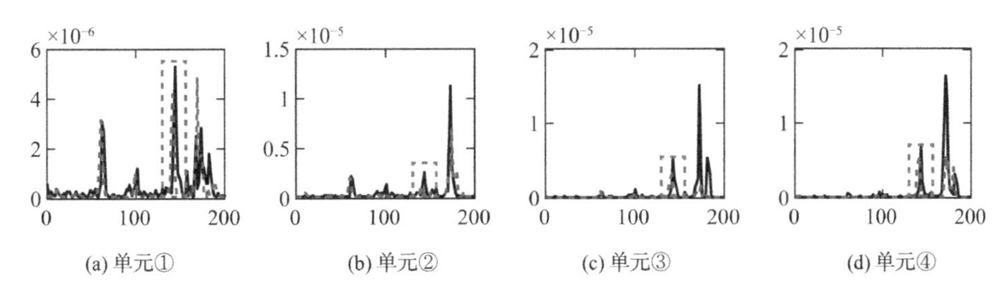

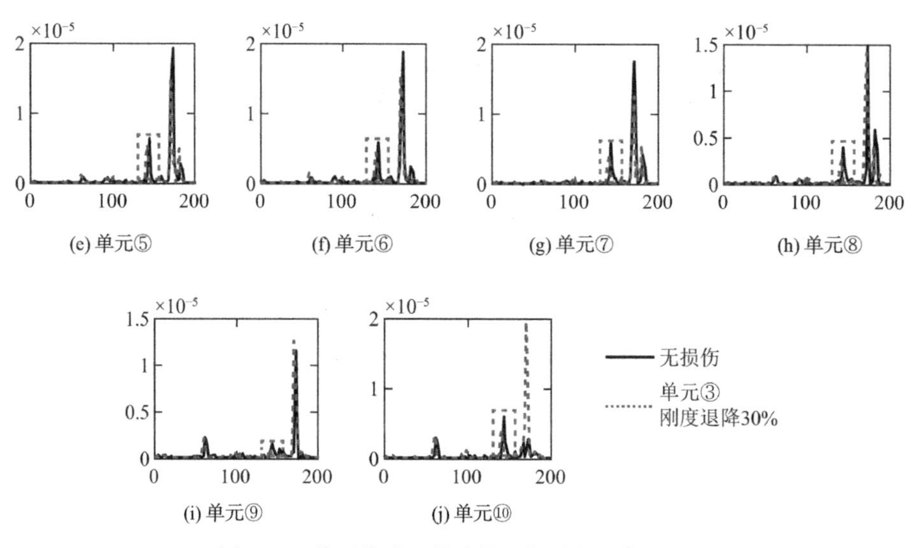

图 4-23 单元传递函数（单元③刚度退降 30%）

横坐标—频率/Hz；纵坐标—幅值/g

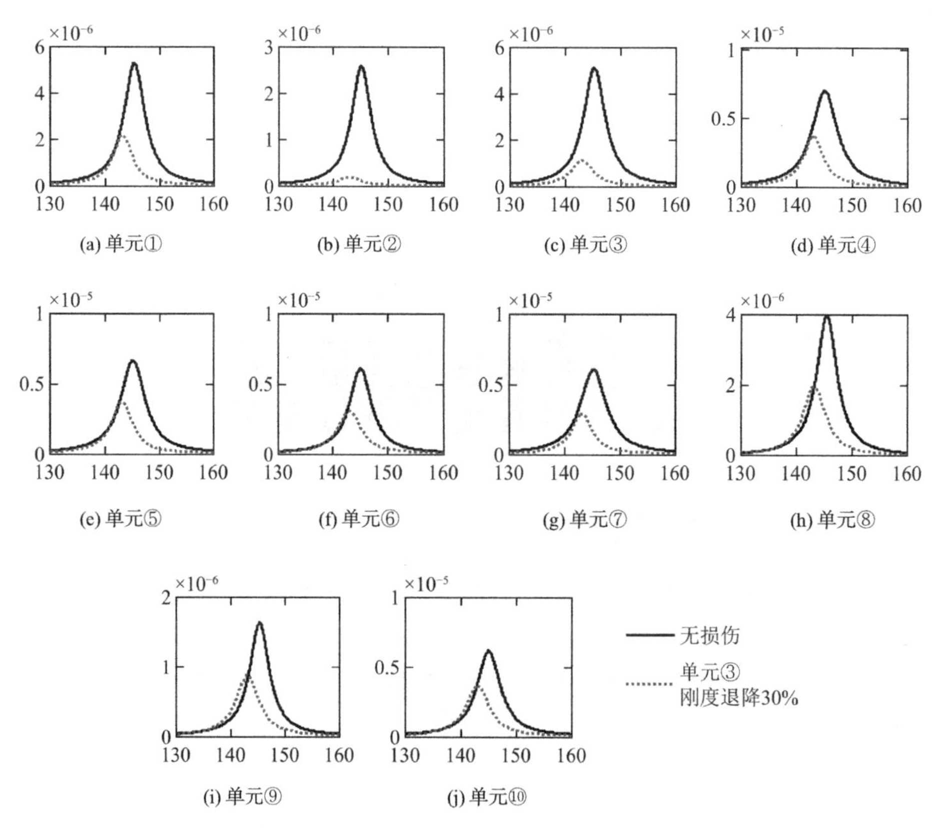

图 4-24 单元在分析频段内的传递函数（单元③刚度退降 30%）

横坐标—频率/Hz；纵坐标—幅值/g

在分析频段内根据式(4-4)得到各单元传递函数损伤指数，见图 4-25，在单元③处有个明显突变值，由此传递函数损伤指数（TDI）能够有效地对损伤单元进行定位。

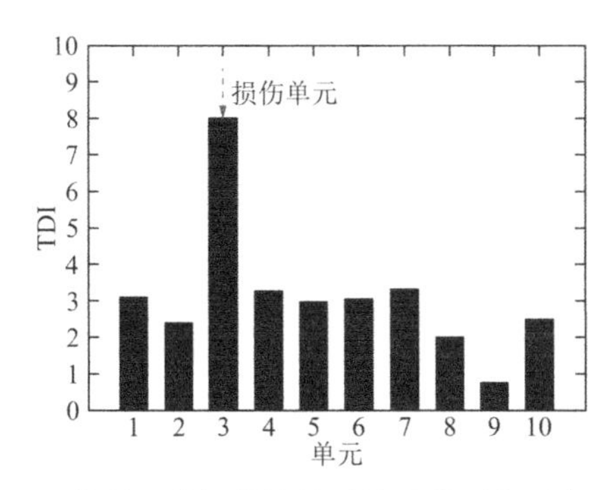

图 4-25　传递函数损伤指数（单元③刚度退降 30%）

综合以上分析，传递函数损伤指数 TDI 能够有效地对不同损伤程度的单处损伤单元进行定位。

4.3.2　多处损伤条件下隧道结构损伤单元判定

将滤波后的测点响应信号，再分别与激振力信号进行传递函数分析，在无损伤及多处损伤组合条件下各单元的传递函数曲线见图 4-26，图中虚框部分为放大的分析频段，为 130～160Hz。

将传递函数进行 Loren 多峰拟合分析，并将传递函数在分析频段进行放大、平滑后见图 4-27。

在分析频段内根据式(4-4)得到各单元传递函数损伤指数，见图 4-28，在单元③及单元⑦处有个明显突变值，由此传递函数损伤指数（TDI）能够有效地对损伤单元进行定位。

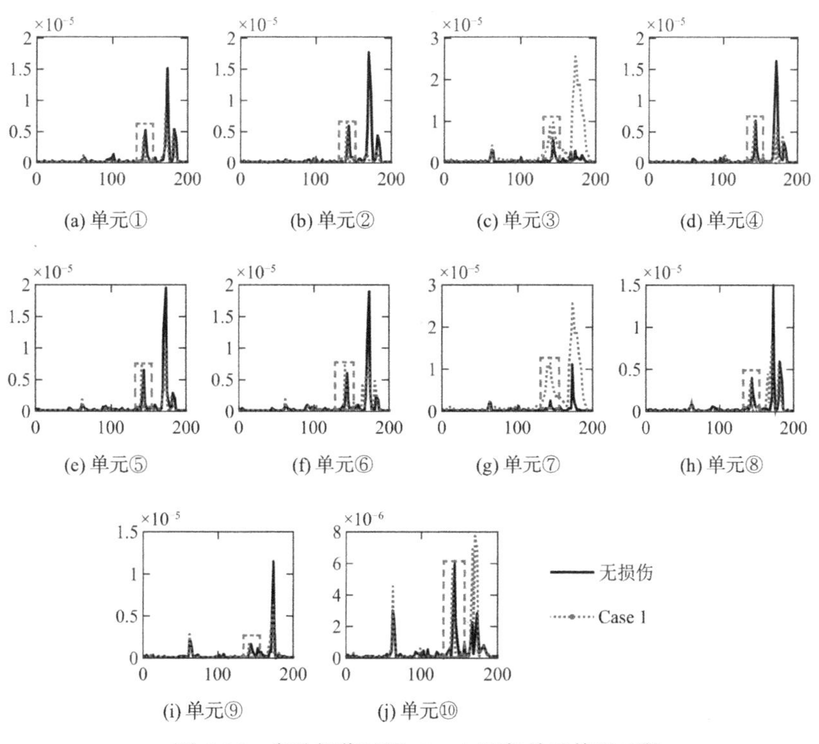

图 4-26　多处损伤工况 Case1 下各单元传递函数

横坐标—频率/Hz；纵坐标—幅值/g

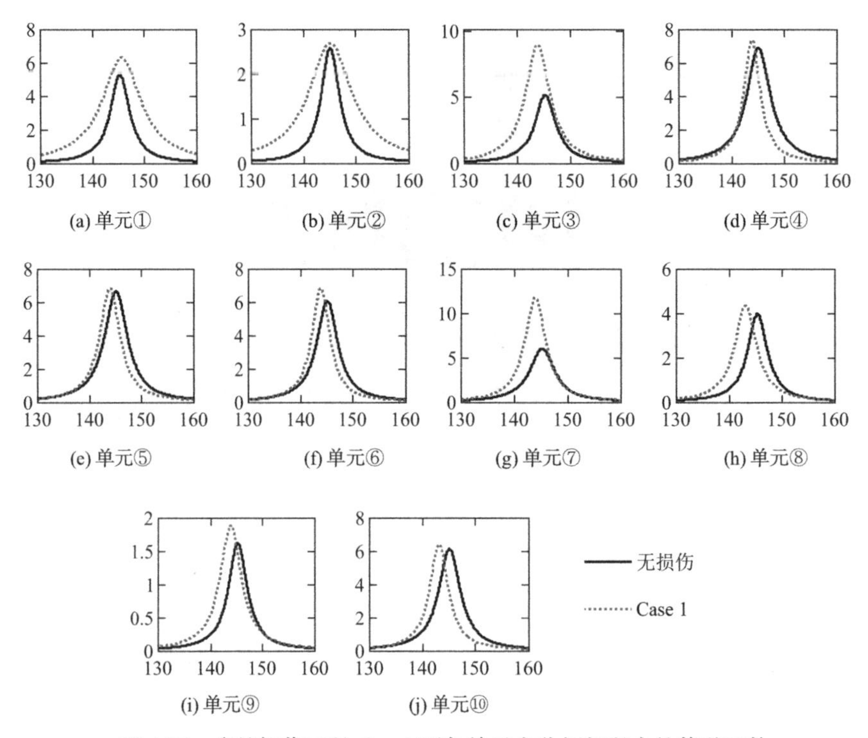

图 4-27　多处损伤工况 Case1 下各单元在分析频段内的传递函数

横坐标—频率/Hz；纵坐标—幅值/g

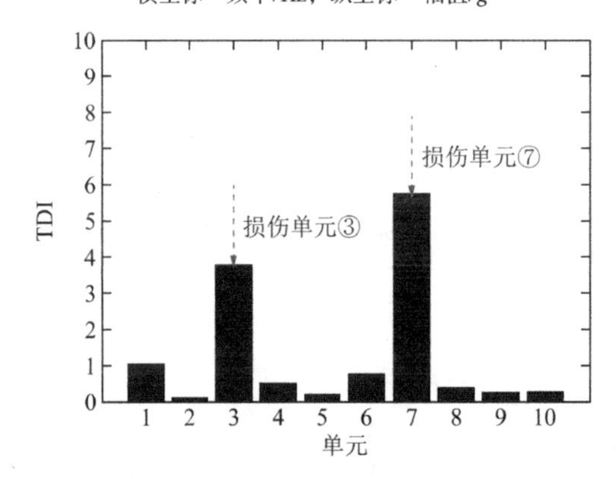

图 4-28　传递函数损伤指数（Case1）

将滤波后的测点响应信号，再分别与激振力信号进行传递函数分析，在无损伤及各多处损伤组合条件下各单元的传递函数曲线见图 4-29，图中虚框部分为放大的分析频段，为 130～160Hz。

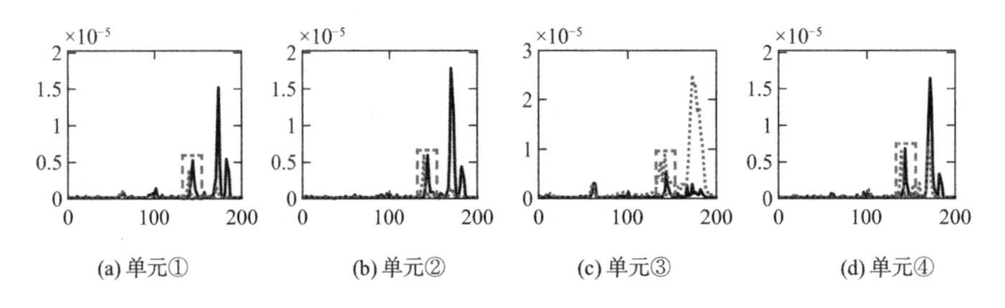

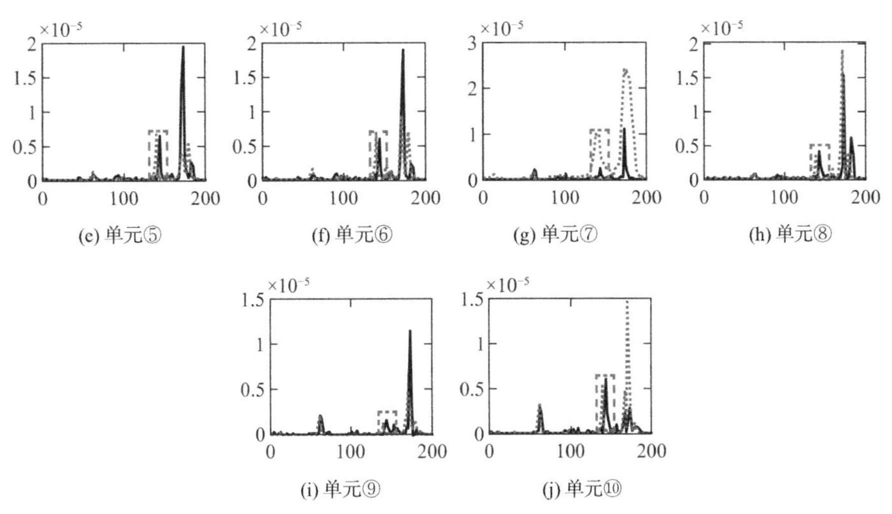

图 4-29　多处损伤工况 Case2 下各单元传递函数

横坐标—频率/Hz；纵坐标—幅值/g

将传递函数进行 Loren 多峰拟合分析，并将传递函数在分析频段进行放大、平滑后见图 4-30。

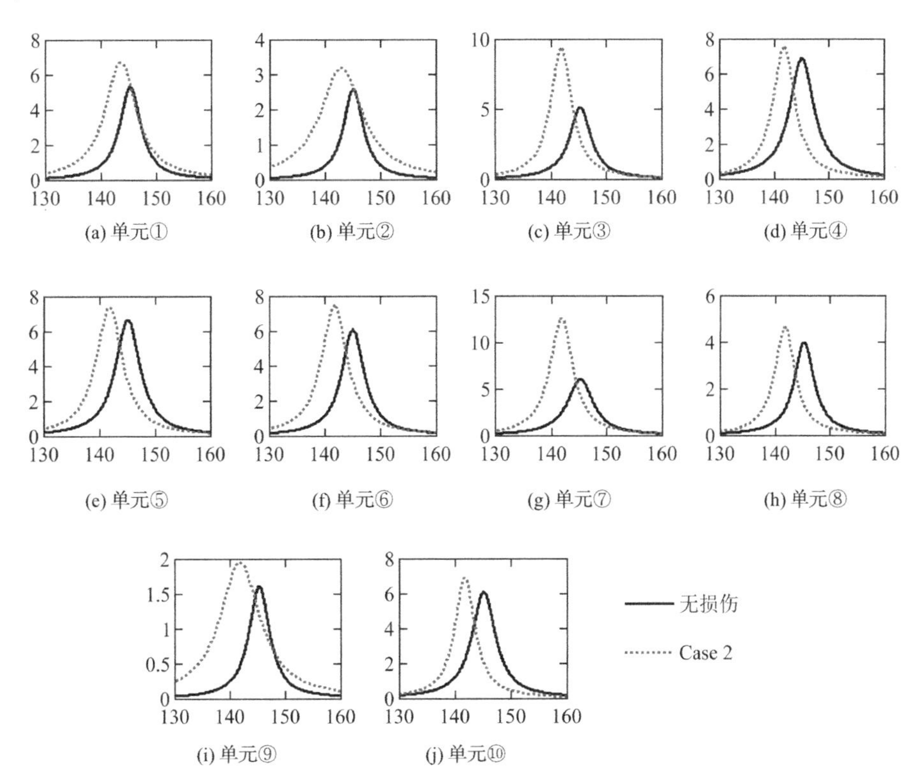

图 4-30　多处损伤工况 Case2 下各单元在分析频段内的传递函数

横坐标—频率/Hz；纵坐标—幅值/g

在分析频段内根据式(4-4)得到各单元传递函数损伤指数，见图 4-31，在单元③及单元⑦处有个明显突变值，由此传递函数损伤指数（TDI）能够有效地对损伤单元进行定位。

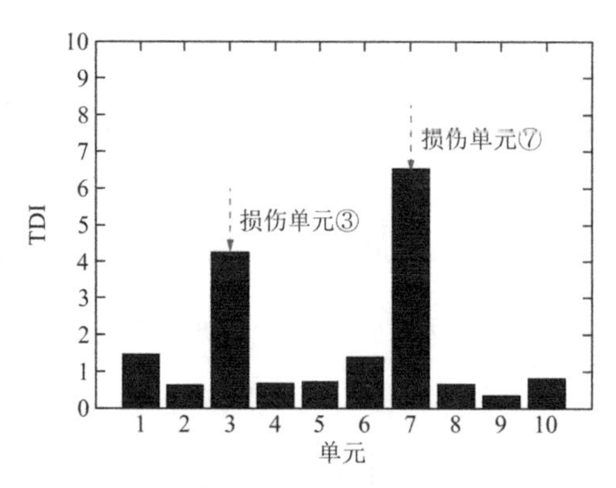

图 4-31 传递函数损伤指数（Case2）

将滤波后的测点响应信号，再分别与激振力信号进行传递函数分析，在无损伤及各多处损伤组合条件下各单元的传递函数曲线见图 4-32，图中虚框部分为放大的分析频段，为 130～160Hz。

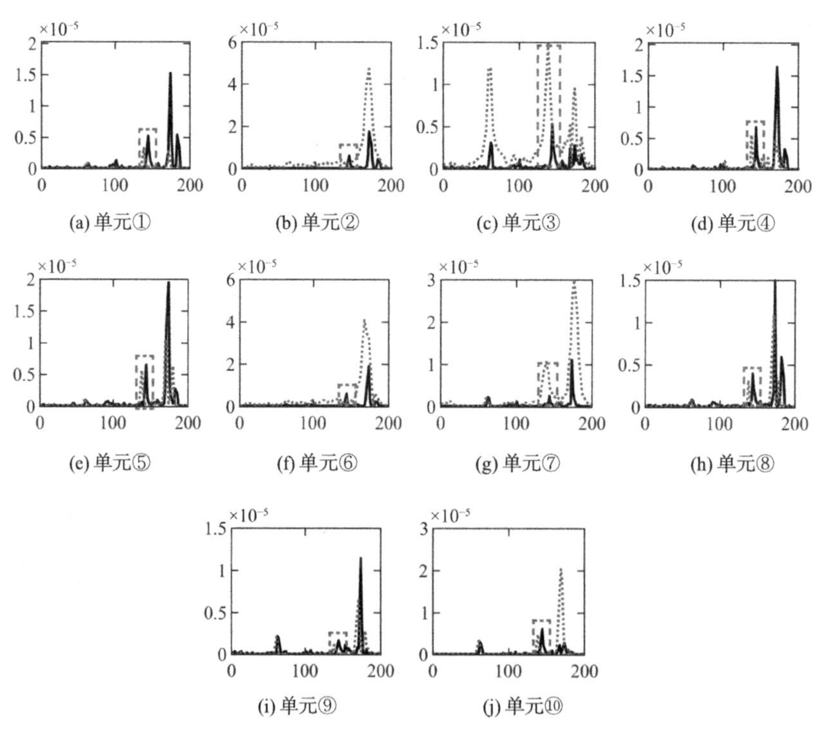

图 4-32 多处损伤工况 Case3 下各单元传递函数

横坐标—频率/Hz；纵坐标—幅值/g

将传递函数进行Loren多峰拟合分析，并将传递函数在分析频段进行放大、平滑后见图 4-33。

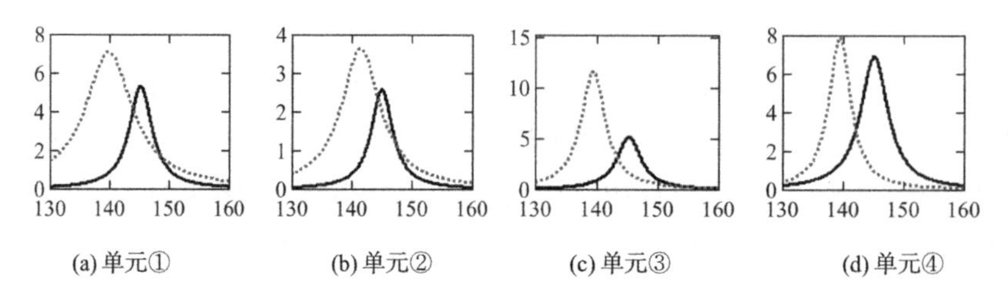

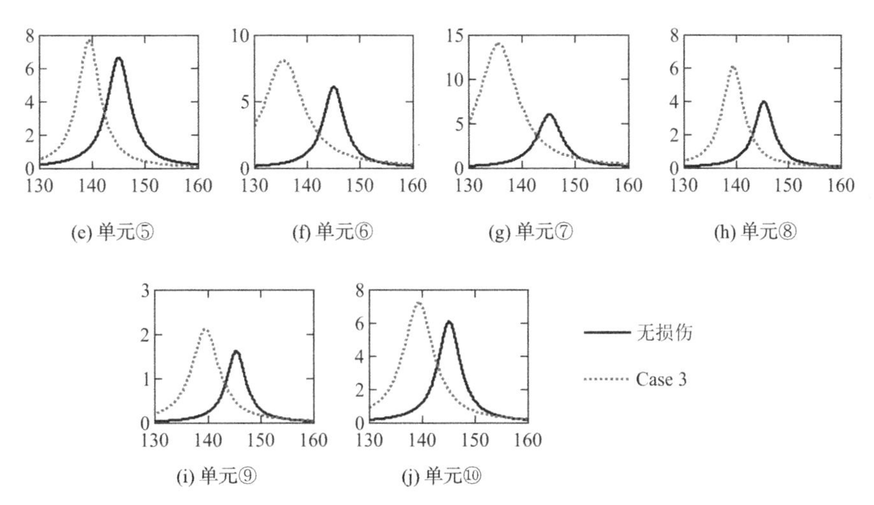

图 4-33　多处损伤工况 Case3 下各单元在分析频段内的传递函数

横坐标—频率/Hz；纵坐标—幅值/g

在分析频段内根据式(4-4)得到各单元传递函数损伤指数，见图 4-34，在单元③及单元⑦处有个明显突变值，由此传递函数损伤指数（TDI）能够有效地对损伤单元进行定位。

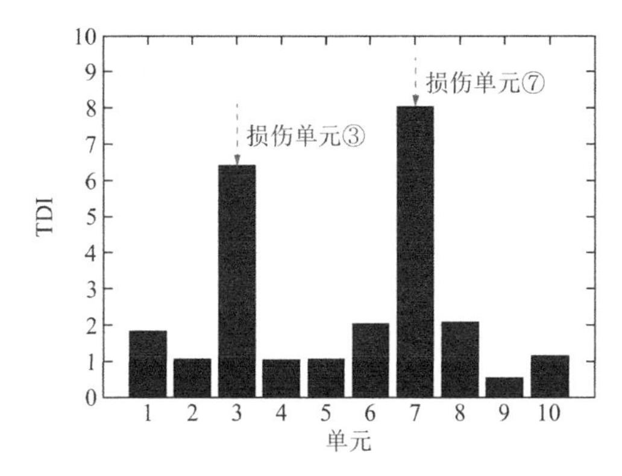

图 4-34　传递函数损伤指数（Case3）

综合以上分析，传递函数损伤指数 TDI 能够有效地对不同多处损伤组合工况的损伤单元进行定位。

4.4 隧道损伤程度判定

4.4.1　单处损伤条件下隧道结构损伤单元损伤程度判定

以第 4.2.1 节中的单元③刚度退降 3%、10%、20%、30%进行分析。

选取隧道结构损伤前后单元传递函数指数 TDI_n（$n = 1,2,3,\cdots,10$）作为损伤识别参数，分别计算分析单元③在典型损伤程度下损伤特征库值，见表 4-3。

单处损伤条件下的 FNBDI 损伤特征库　　表 4-3

典型损伤	TDI_1	TDI_2	TDI_3	TDI_4	TDI_5	TDI_6	TDI_7	TDI_8	TDI_9	TDI_{10}
刚度退降 3%	0.81	0.35	1.29	0.45	0.38	0.39	0.31	0.32	0.28	0.56
刚度退降 10%	1.24	1.21	3.01	1.664	1.27	1.32	1.49	0.98	0.29	1.56
刚度退降 20%	2.55	1.74	4.08	1.794	1.49	1.56	1.92	1.64	0.59	1.91
刚度退降 30%	3.09	2.39	8.02	3.266	2.97	3.04	3.31	1.99	0.74	2.47

输出损伤程度选取钟型函数为相应的隶属度函数（图 3-9），根据图 3-8 所示 FNBDI 方法技术路线进行单元的损伤程度判定。

将各输入节点值分级为 VL（非常低 Very Low）、L（低 Low）、M（中度 Middle）、H（高 High）四个等级，各隶属度函数按高斯隶属度函数分析，表达式见式(3-2)，建立模糊准则，采用 Mamdani 模糊准则，见表 4-4。

单处损伤条件下模糊识别规则　　表 4-4

输出	输入									
	TDI_1	TDI_2	TDI_3	TDI_4	TDI_5	TDI_6	TDI_7	TDI_8	TDI_9	TDI_{10}
无损伤	VL	VL	VL	VL	VL	VL	VL	VL	VL	VL
轻微损伤	L	L	L	L	L	L	L	L	L	L
中度损伤	M	M	M	M	M	M	M	M	M	M
重度损伤	H	H	H	H	H	H	H	H	H	H

单处损伤条件下的模糊识别模块如图 4-35 所示。

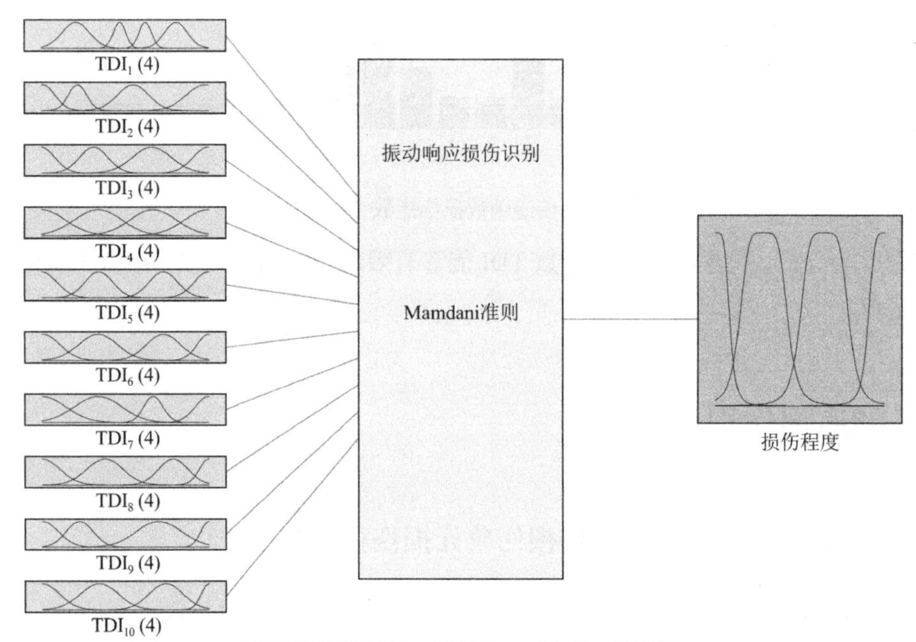

图 4-35　单处损伤条件下模糊识别模块

取单元③发生在不同刚度退降下单元传递函数的数据信息来进行损伤程度判据。识别结果如图 4-36～图 4-39 所示。

从图 4-36 的识别结果可以看出，损伤程度判定值为 3，识别结果属于未损伤的范畴。与实际损伤 3%情况相符。

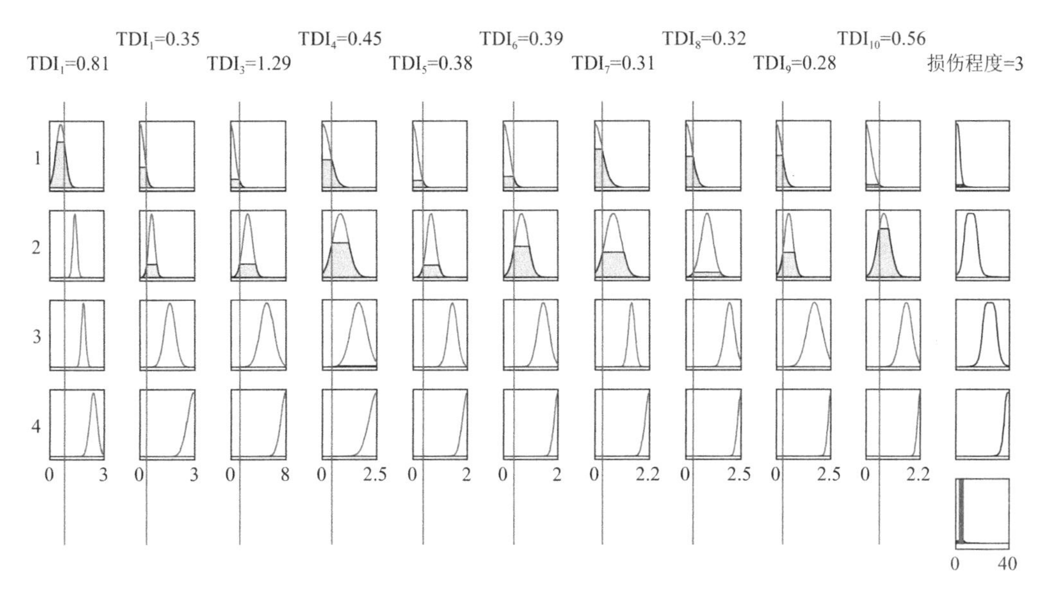

图 4-36　刚度退降 3%的模糊识别结果

从图 4-37 的识别结果可以看出，损伤程度判定值为 10，识别结果属于轻微损伤的范畴。与实际损伤 10%情况相符。

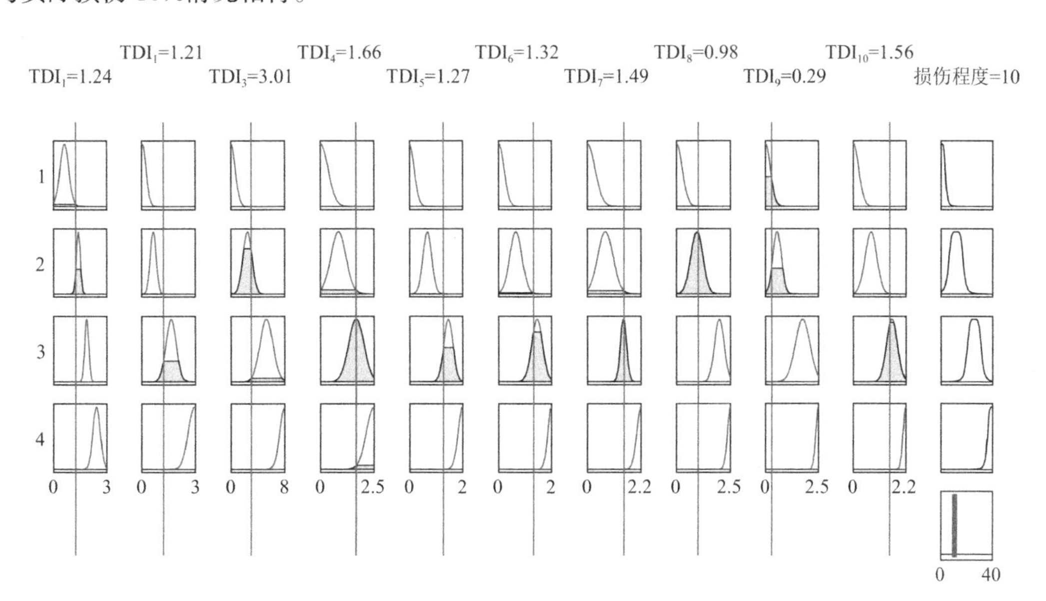

图 4-37　刚度退降 10%的模糊识别结果

从图 4-38 的识别结果可以看出，损伤程度判定值为 20，识别结果属于中度损伤的范畴。与实际损伤 20%情况相符。

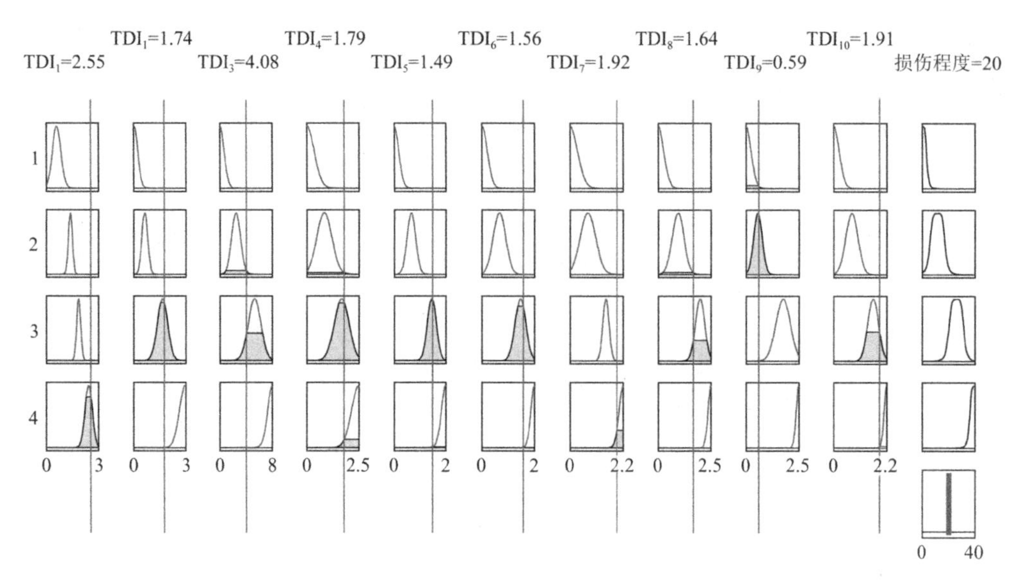

图 4-38 刚度退降 20%的模糊识别结果

从图 4-39 的识别结果可以看出，损伤程度判定值为 30，识别结果属于重度损伤的范畴。与实际损伤 30%情况相符。

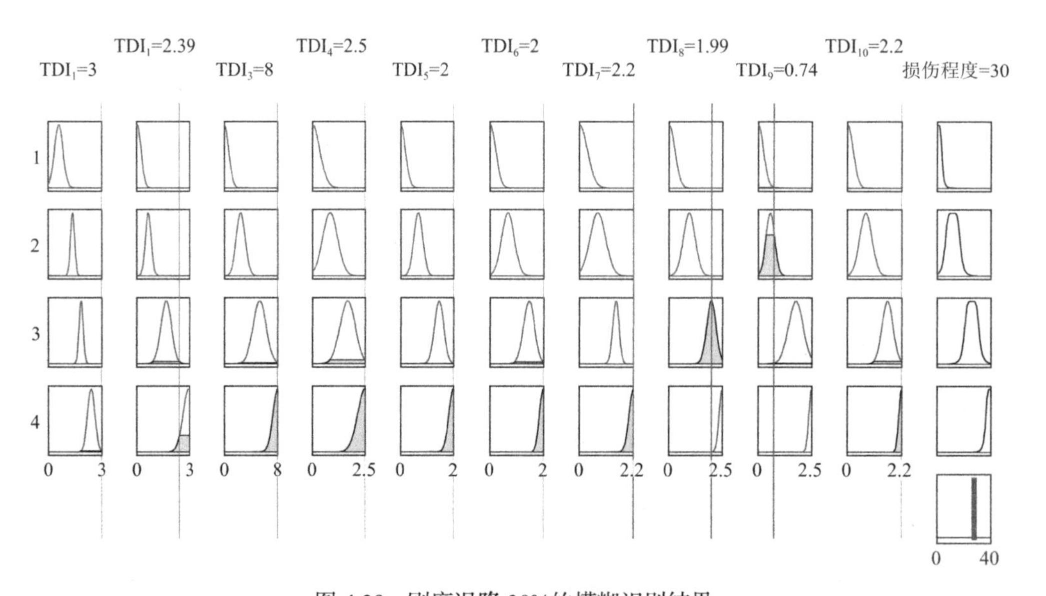

图 4-39 刚度退降 30%的模糊识别结果

由以上识别结果可以看出，FNBDI 能够有效地识别隧道结构在单处损伤条件下的单元损伤程度。

4.4.2 多处损伤条件下隧道结构损伤单元损伤程度判定

以第 4.3.2 节中的单元③与单元⑦在不同刚度退降组合下进行分析。

选取隧道结构损伤前后单元传递函数指数 TDI_n（$n=1,2,3,\cdots,10$）作为损伤识别参数，分别计算分析单元③在几种典型损伤程度下损伤特征库值，见表 4-5。多处损伤条件下模糊识别规则见表 4-6。

多处损伤工况下的 FNBDI 损伤特征库　表 4-5

损伤工况	TDI_1	TDI_2	TDI_3	TDI_4	TDI_5	TDI_6	TDI_7	TDI_8	TDI_9	TDI_{10}
Case1	1.03	0.11	3.79	0.50	0.19	0.76	5.75	0.38	0.25	0.28
Case2	1.45	0.61	4.25	0.66	0.72	1.38	6.52	0.64	0.35	0.79
Case3	1.81	1.06	6.39	1.04	1.06	2.02	8.02	2.06	0.51	1.15

多处损伤条件下模糊识别规则　表 4-6

输出单元		输入									
③	⑦	TDI_1	TDI_2	TDI_3	TDI_4	TDI_5	TDI_6	TDI_7	TDI_8	TDI_9	TDI_{10}
无	无	VL	VL	VL	VL	VL	VL	VL	VL	VL	VL
轻	轻	L	L	L	L	L	L	L	L	L	L
中	中	M	M	M	M	M	M	M	M	M	M
重	重	H	H	H	H	H	H	H	H	H	H

多处损伤条件下的模糊识别模块见图 4-40。

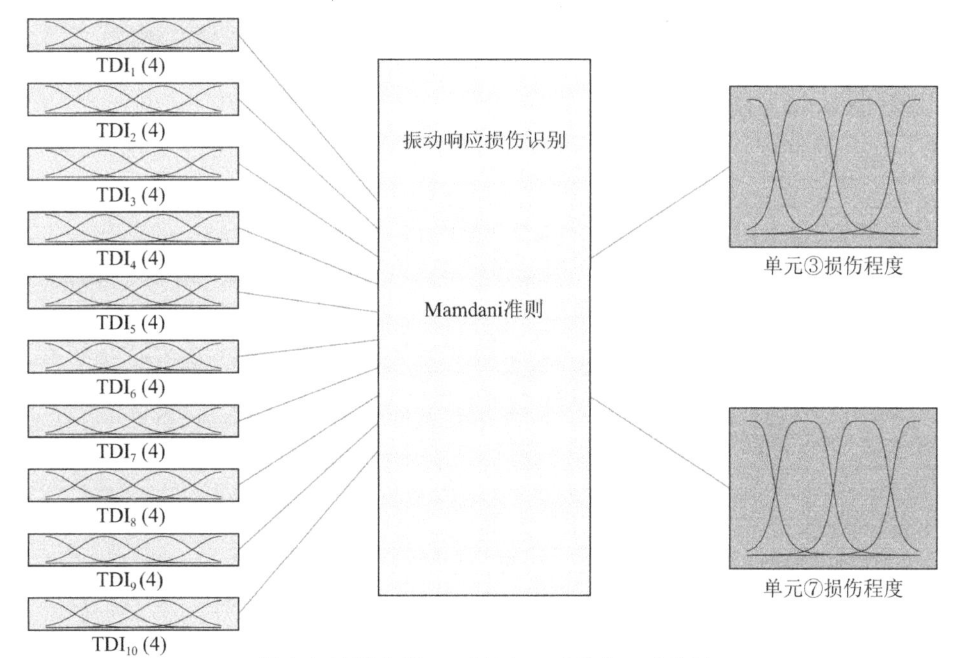

图 4-40　多处损伤工况条件下模糊识别模块

取多处损伤工况 Case1 单元下传递函数的数据信息来进行损伤程度判据。识别结果见图 4-41，可以看出，单元③损伤程度判定值为 3，识别结果属于无损伤，单元⑦损伤定值为 10，识别结果属于轻微损伤的范畴。与实际多处损伤工况 Case1 情况相符。

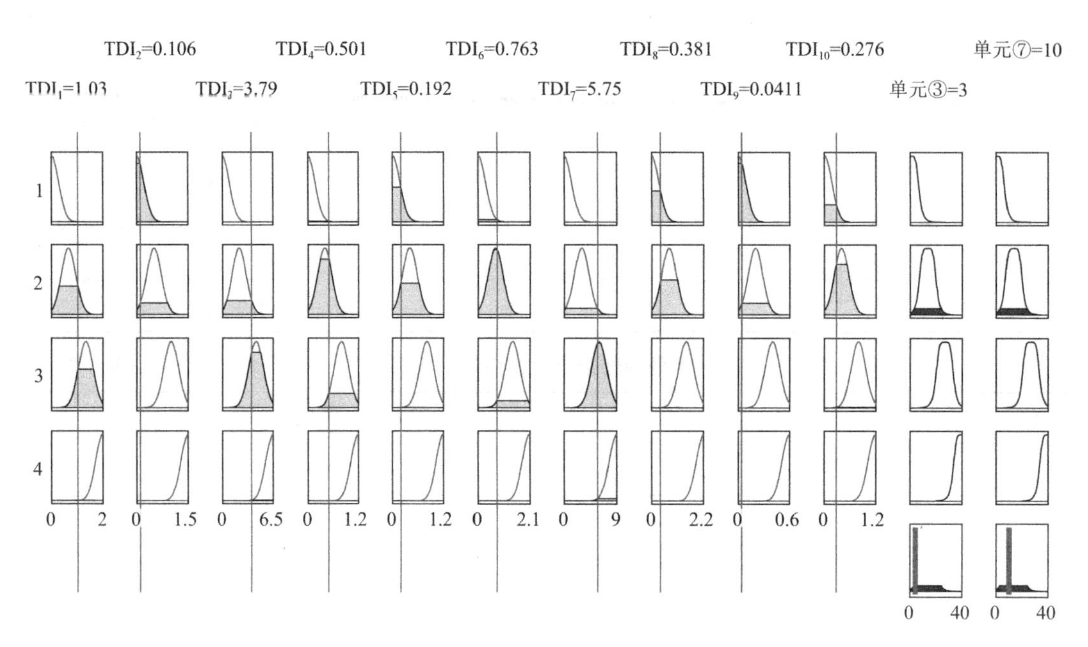

图 4-41 多处损伤工况 Case1 条件下模糊识别结果

取多处损伤工况 Case2 单元下传递函数的数据信息来进行损伤程度判据。识别结果见图 4-42，可以看出，单元③损伤程度判定值为 20，识别结果属于无损伤，单元⑦损伤定值为 20，识别结果属于轻微损伤的范畴。与实际多处损伤工况 Case2 情况相符。

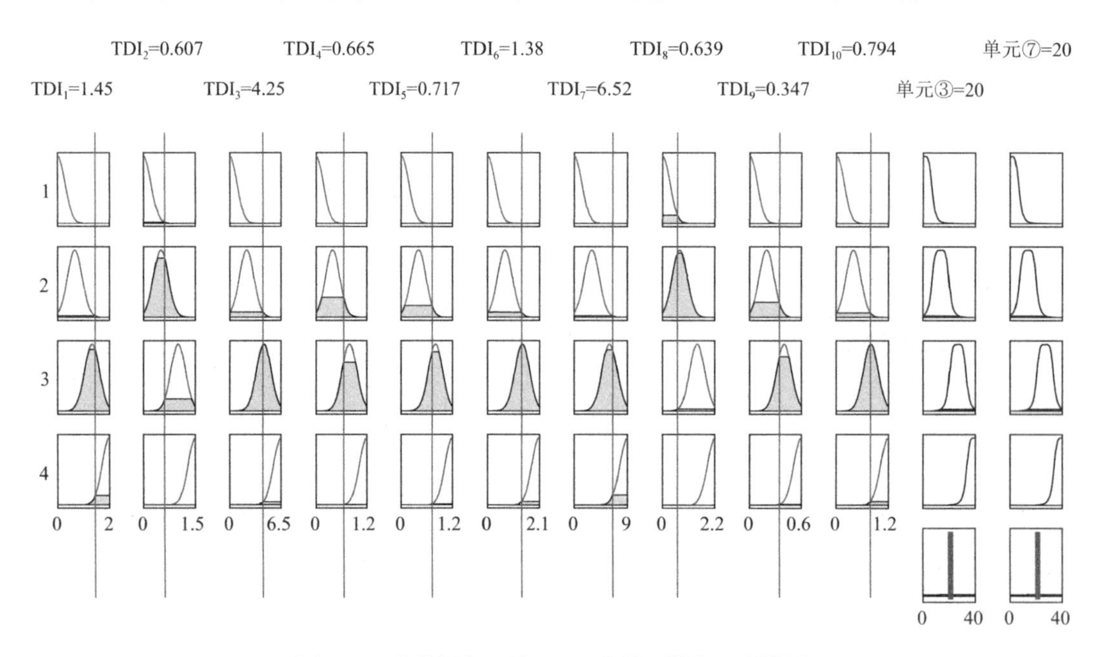

图 4-42 多处损伤工况 Case2 条件下模糊识别结果

取多处损伤工况 Case3 单元下传递函数的数据信息来进行损伤程度判据。识别结果见图 4-43，可以看出，单元③损伤程度判定值为 30，识别结果属于无损伤，单元⑦损伤定值为 30，识别结果属于轻微损伤的范畴。与实际多处损伤工况 Case3 情况相符。

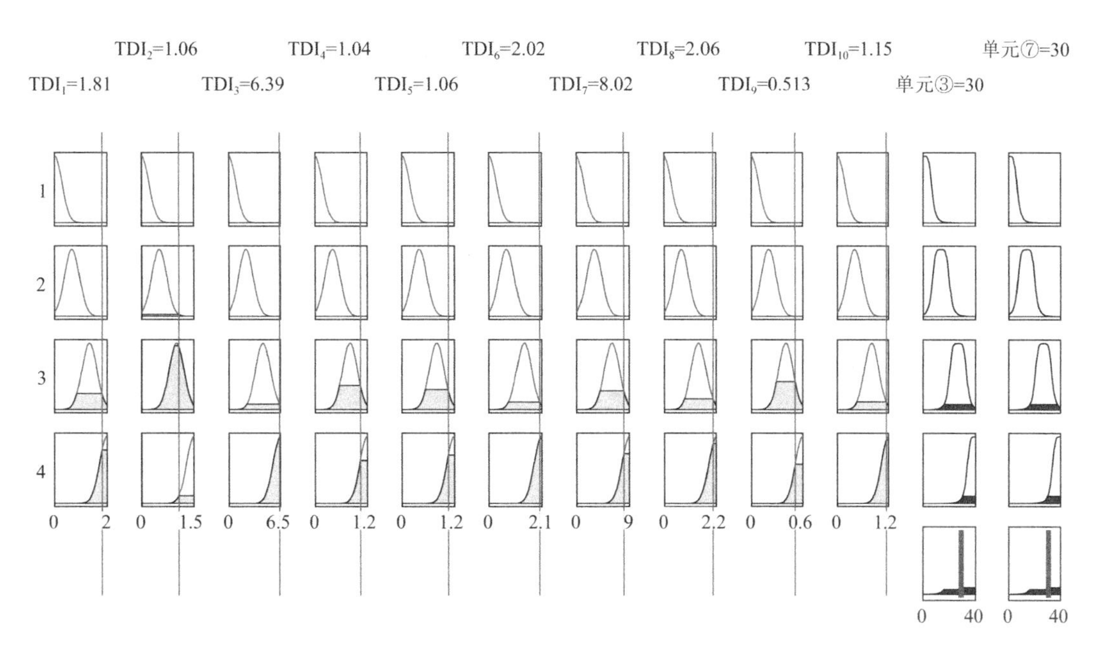

图 4-43　多处损伤工况 Case3 条件下模糊识别结果

综合以上识别结果可以看出，FNBDI 能够有效地识别隧道结构在多处损伤条件下的多个单元损伤程度。

4.5 本章小结

本章在前两章的分析研究先验基础上，进一步地从结构振动响应信号中对结构损伤单元进行定位及程度判定。首先，采用 ANSYS 建立三维隧道模型，考虑土体接触效应，分析不同单处损伤条件及多处损伤条件下的隧道结构的瞬态响应分析；其次，通过节点之间的响应信号处理分析提取传递函数损伤指数对损伤单位进行有效定位；最后，采用 FNBDI 进行损伤程度判定。

FNBDI 能够有效地识别隧道结构在单处损伤的损伤程度，多处损伤的多单元损伤程度。

第 5 章

隧道结构损伤识别相似模型试验

5.1 引 言

前期工作针对隧道结构进行了损伤摄动理论分析，提出模态应变能损伤指数对隧道结构损伤单位进行损伤定位，并结合模糊贴近度法（FNBDI）在存在参数误差和信息不完备条件下进行隧道结构损伤程度判定。隧道振动响应中提出传递函数损伤指数对隧道结构损伤单元进行损伤定位，并结合模糊贴近度（FNDBI）进行隧道结构损伤程度判定。

由于理论分析和数值分析都是视为弹性地基梁理想结构，约束条件和边界条件可控，损伤定位及损伤程度判定结果效果非常好。但是实际隧道结构与周边环境相互作用影响，极其复杂，隧道结构振动响应受土体介质影响衰减，同样地，周边环境对结构也会造成一定的干扰影响，真实环境的隧道结构存在很多不确定性，为了进一步测试前面研究的损伤识别方法在实体隧道结构中是否同样有效，本章进行了隧道结构损伤识别的模型试验。

利用模型来进行试验研究的优点：（1）可以运用尺寸较小的模型来试验研究原型的特性，为原型设计、监测等提供依据；（2）模型试验通常可以在实验室进行。这样可以根据需要人为可控或改变某些条件或参数，进行规律性的研究（李德葆，2004）。

本章设计制作了隧道结构模型，并在隧道模型上预设人为的损伤改变结构属性来模拟隧道结构损伤。采用传递函数损伤指数、FNDBI 对隧道结构损伤进行定位识别、损伤程度判定的试验验证。

5.2 模型试验设计

两个力学系统的相似性，不仅要求是几何相似，还要求运动学量和动力学量相似。

5.2.1　几何相似比和物质相似比

本模型试验采用有机玻璃材料来模拟隧道衬砌，地基土采用砂土，模型箱边界尺寸为 1.5m（长）× 1.3m（宽）× 1.3m（高）。试验模型如图 5-1 所示。盾构隧道原型与模型尺寸及弹性模量如表 5-1 所示。

图 5-1　试验模型图

隧道模型及相似比　表 5-1

类型	外径/mm	壁厚/mm	密度/（kg/m³）	弹性模量/GPa
隧道原型	6200	350	2500	35.5
隧道模型	240	12	1180	6.35

几何相似比：

$$\lambda_l = \frac{D_\mathrm{p}}{D_\mathrm{m}} = 25.833 \tag{5-1}$$

物质相似比：

$$\lambda_\mathrm{m} = \frac{m_\mathrm{p}}{m_\mathrm{m}} = \frac{\rho_\mathrm{p} A_\mathrm{p} l}{\rho_\mathrm{m} A_\mathrm{m} l} = \frac{\rho_\mathrm{p} D_\mathrm{p}^2}{\rho_\mathrm{m} D_\mathrm{m}^2} = \frac{\rho_\mathrm{p}}{\rho_\mathrm{m}} \lambda_l^2 = 2.12\lambda_l^2 \tag{5-2}$$

5.2.2　运动学相似比

两个几何相似的系统可以对同一坐标做完全不同的运动。相应点在运动时可以具有不同的速度和加速度，画出不同的轨迹。仅仅具有几何相似不够，为了做到运动学相似，先确定一个时间比例：

$$\lambda_\mathrm{t} = \frac{t_\mathrm{p}}{t_\mathrm{m}} \tag{5-3}$$

涉及运动学问题的变量是加速度 a，长度 l 及时间 t，其运动方程为：

$$f(a, x, t) = 0 \tag{5-4}$$

由此可组成一个 π 项：

$$\pi_1 = \frac{at^2}{x} \tag{5-5}$$

运动学相似要求：

$$\left(\frac{at^2}{x}\right)_{\mathrm{p}} = \left(\frac{at^2}{x}\right)_{\mathrm{m}} \tag{5-6}$$

由上式得到：

$$a_{\mathrm{p}} = \lambda_l \lambda_{\mathrm{t}}^{-2} a_{\mathrm{m}} \tag{5-7}$$

因此，响应点的加速度之比为 $\lambda_l \lambda_{\mathrm{t}}^{-2}$。

5.2.3 动力相似比

两个系统既有运动学相似，又有物质相似，则这两个系统也是动力学相似的：

$$F_{\mathrm{p}} = m_{\mathrm{p}} a_{\mathrm{p}} = \lambda_l \lambda_{\mathrm{t}}^{-2} \lambda_{\mathrm{m}} a_{\mathrm{m}} m_{\mathrm{m}} \tag{5-8}$$

可得动力相似比为：

$$\lambda_{\mathrm{F}} = \frac{F_{\mathrm{p}}}{F_{\mathrm{m}}} = \frac{\lambda_l \lambda_{\mathrm{m}}}{\lambda_{\mathrm{t}}^2} \tag{5-9}$$

5.2.4 模型试验边界效应

隧道结构是地下线状结构，其受土体约束影响较大，为了真实地模拟隧道结构边界特性，试验中设计制作了相应的模型箱，在模型箱的各约束边界都采用吸收柔性边界，减少边界效应导致的振动测试误差，如图 5-2 所示。

图 5-2 模型边界

5.3 模型箱及加载采集装置

模型箱尺寸及相似比如第 5.2 节中所述。加载装置主要是由信号发生器和模态激振器及传力装置组成（表 5-2），通过波形发生器产生振动信号，经功率放大器传递至模态激振器，模态激振器经过传力装置加载至隧道模型上。

为了测试隧道模型的振动响应，选用高精度加速度传感器进行测试，通过传感器拾取振动加速度信号后再经 A/D 信号调理模块进行数字转换，最终高精度动态采集仪进行振动时程数据采集。

试验仪器型号参数　　表 5-2

仪器	型号
信号发生器	Agilent 33500B
模态激振器	KSI-785 PA800
动态采集调理器	CM4016
高精度动态采集仪	C_BOOK2001E

本模型试验中设计的传力装置为一等臂杠杆机械装置，传力杠固定在一滑轴板上，滑轴板可竖向移动，便于根据隧道模型和模态激振器的位置竖向调整，当确定杠杆转轴所需的位置后，拧紧锁扣，滑轴板固定。该传力装置能够有效地将激振力传至隧道模型中。传力装置见图 5-3、图 5-4。

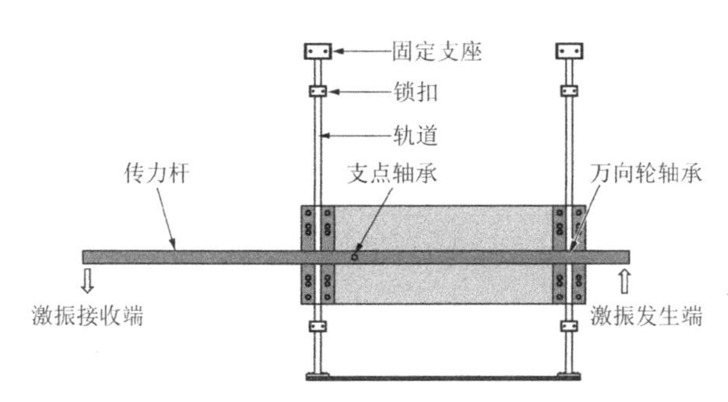

图 5-3　传力装置示意图

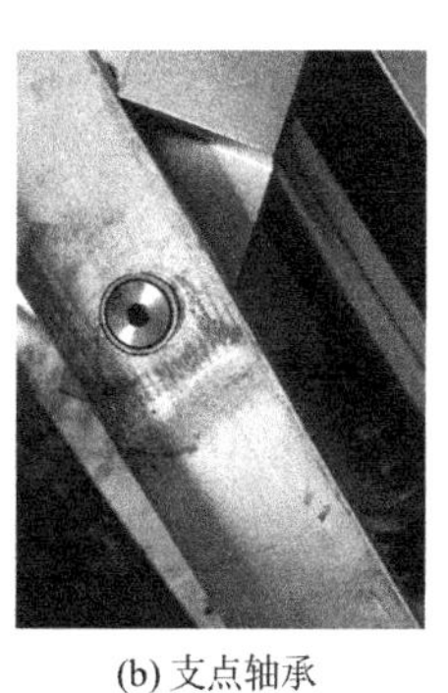

(a) 万向轮轴承　(b) 支点轴承

图 5-4　传力杆轴承

模型箱与加载装置如图 5-5 所示。

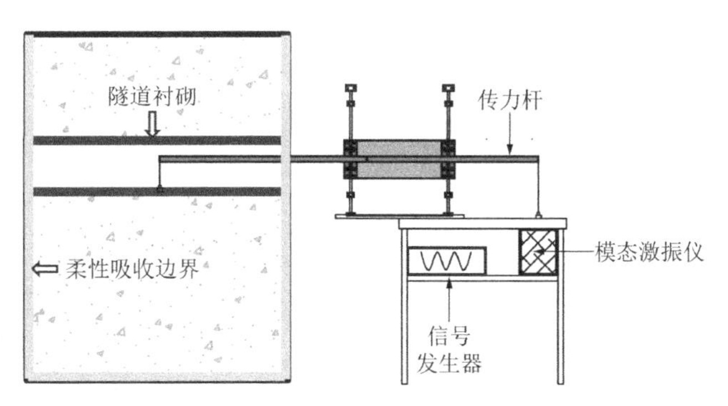

图 5-5　模型箱与加载装置

5.4 隧道衬砌损伤模型试验

5.4.1　试验工况

隧道衬砌损伤用裂缝带来进行模拟隧道衬砌损伤，裂缝带尺寸为 7cm × 4cm，不同损伤程度用不同裂缝深度来模拟，如图 5-6 所示。

图 5-6 隧道衬砌损伤

隧道模型沿纵向布置 4 个传感器，试验模型见图 5-7。传感器型号及参数见表 5-3。

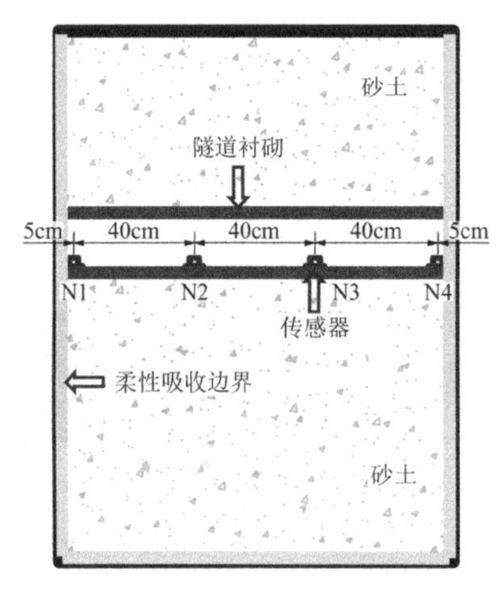

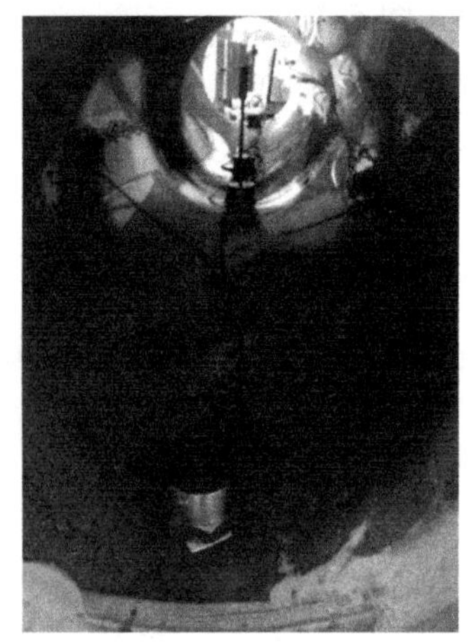

图 5-7 传感器布置图

传感器型号及参数 表 5-3

测点	性能参数				
	型号	灵敏度/（V/g）	量程/g	分辨率/g	频率范围/Hz
N1	LC116 snt100	9.955	0.5	0.000002	0.05～300
N2	LC116 snt657	9.932	0.5	0.000002	0.05～300
N3	LC116 snt098	9.938	0.5	0.000002	0.05～300
N4	LC116 snt097	9.938	0.5	0.000002	0.05～300

5.4.2 试验数据分析

共试验了 6 种工况，其中 3 种工况是单处损伤工况，损伤位置在测点 N3～N4 之间，其中 3 种工况是多处损伤工况，多处损伤位置在测点 N3～N4、N1～N2 之间，损伤工况见表 5-4。

试验损伤工况 表 5-4

损伤类型	工况编号	损伤位置	损伤程度：裂缝带尺寸/mm		
			长	宽	深
单处损伤	SD1	N3～N4	7	4	2

续表

损伤类型	工况编号	损伤位置	损伤程度：裂缝带尺寸/mm		
			长	宽	深
单处损伤	SD2	N3～N4	7	4	3.5
	SD3	N3～N4	7	4	5
多处损伤	MD1	N3～N4	7	4	5
		N1～N2	7	4	2
	MD2	N3～N4	7	4	5
		N1～N2	7	4	3.5
	MD3	N3～N4	7	4	5
		N1～N2	7	4	5

单处损伤程度 SD1 < SD2 < SD3，多处损伤程度 MD1 < MD2 < MD3。激振采用衰减阻尼激振。

5.4.2.1　单处损伤试验分析

（1）单处损伤工况 SD1 下，衰减阻尼激振下各测点时程曲线图见图 5-8。

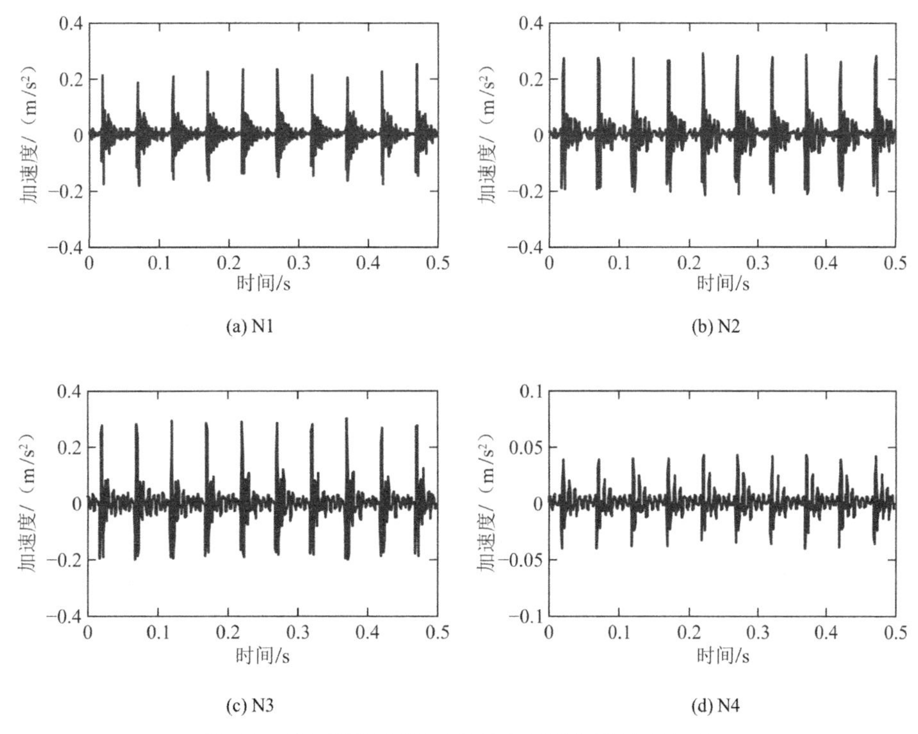

图 5-8　衰减阻尼激振下各测点时程曲线图（SD1）

取一个激振周期数据进行分析，并在一个激振周期下进行自由衰减拟合和包络拟合分析（图 5-9）。其中实线表示原数据，虚线是自由衰减拟合曲线，点线是振荡上下包络线。

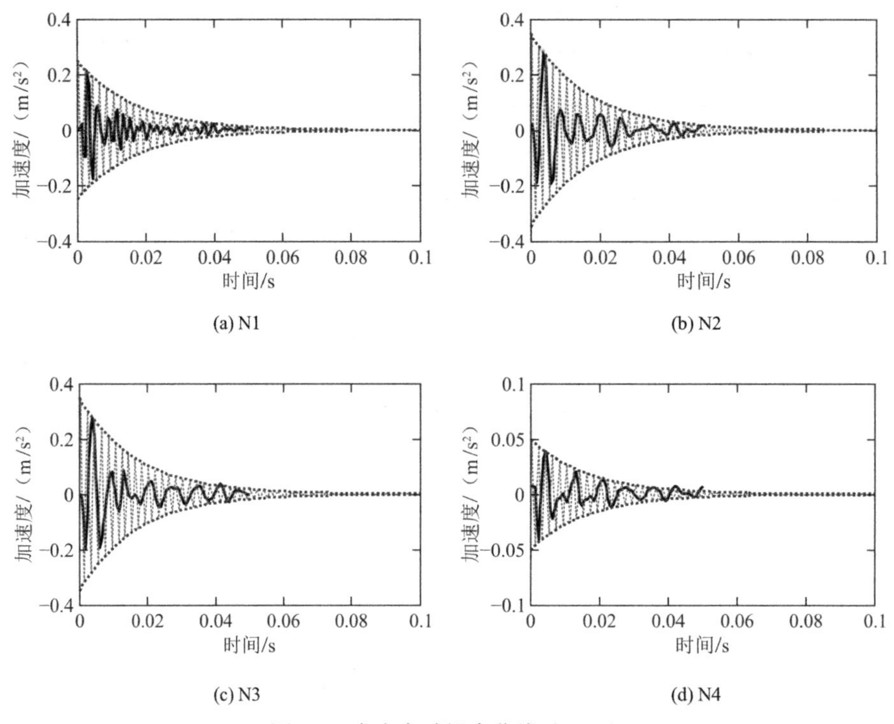

图 5-9 自由衰减拟合曲线（SD1）

由于测点 N3、N4 近激振点，振幅较大，N1 次之，N4 振幅值最小，从时域数据可以看出，N3～N4 传递中激振能量耗散远大于 N2～N1 传递中的能量耗散，从中可以判定在 N3～N4 可能存在损伤情况。由上图可知一个衰减周期数据点数较少，为了在频域内有较好的频率分辨率，采用 spline 进行插值增加点数，并进行自功率谱分析，见图 5-10。

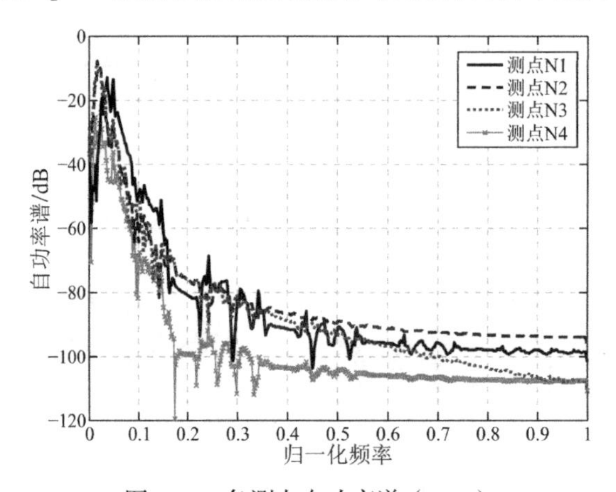

图 5-10 各测点自功率谱（SD1）

在自功率谱分析的基础上，提出损伤指数 DI 进行损伤单元定位。其表达式见下式：

$$\mathrm{DI}_{\mathrm{N}i-\mathrm{N}j}=\left|\left|\int_0^1 \lg P_{\mathrm{N}i}\,\mathrm{d}\omega\right|-\left|\int_0^1 \lg P_{\mathrm{N}j}\,\mathrm{d}\omega\right|\right| \tag{5-10}$$

单处损伤工况 SD1 下，各测点损伤识别指数见图 5-11。

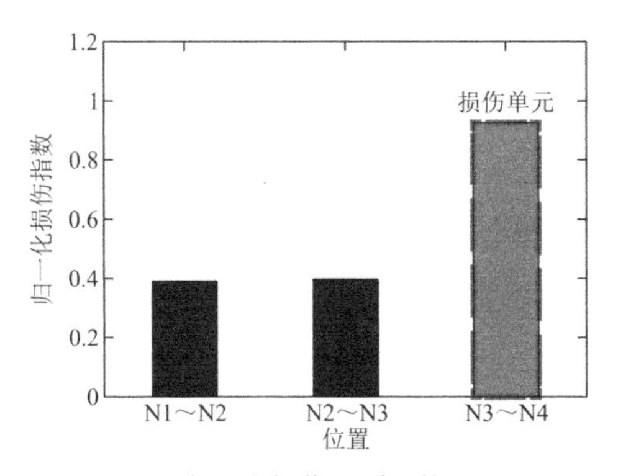

图 5-11　各测点损伤识别指数（SD1）

由以上识别结果可知，在测点 N3～N4 之间的损伤指数明显大于其他位置处损伤指数，由此判断测点 N3～N4 之间存在损伤。

（2）单处损伤工况 SD2 下，衰减阻尼激振下各测点时程曲线图见图 5-12。

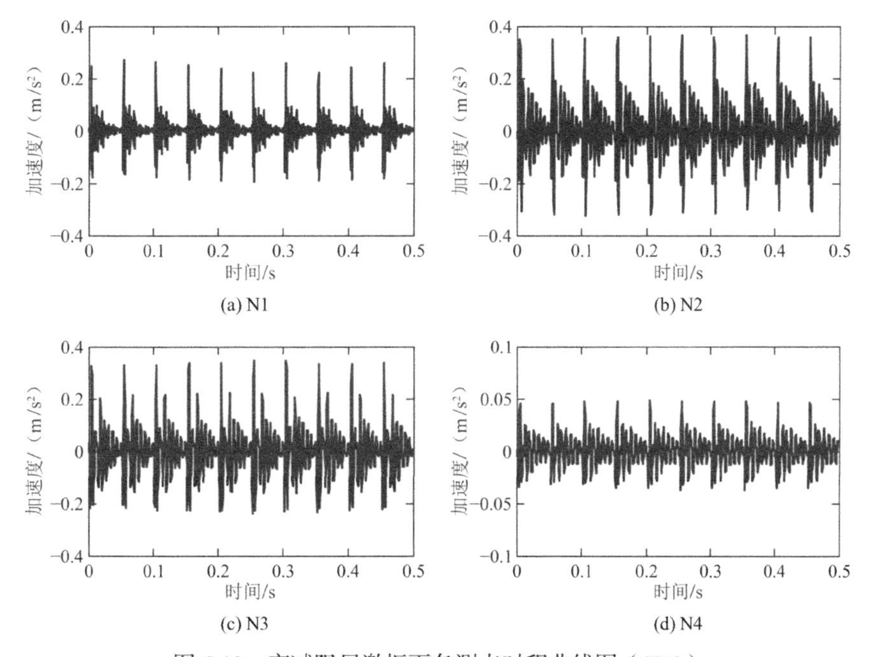

图 5-12　衰减阻尼激振下各测点时程曲线图（SD2）

取一个激振周期数据进行分析，并在一个激振周期下进行自由衰减拟合和包络拟合分析见图 5-13。其中实线表示原数据，虚线是自由衰减拟合曲线，点线是振荡上下包络线。

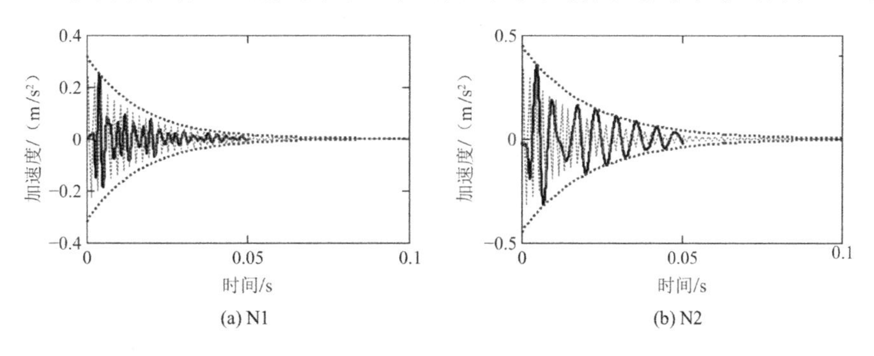

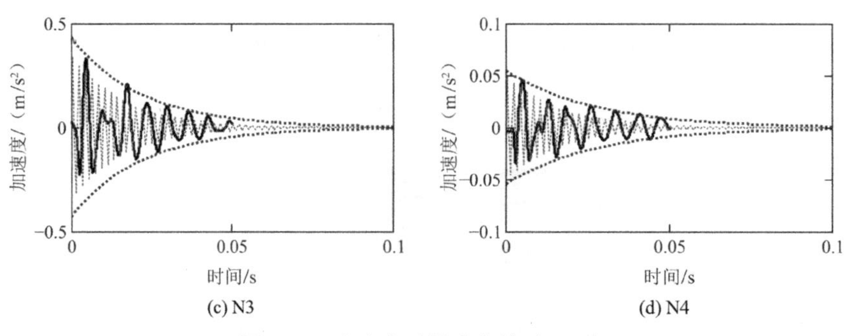

(c) N3　　(d) N4

图 5-13　自由衰减拟合曲线（SD2）

由于测点 N3、N4 近激振点，振幅较大，N1 次之，N4 振幅值最小，从时域数据可以看出，N3～N4 传递中激振能量耗散远大于 N2～N1 传递中的能量耗散，从中可以判定在 N3～N4 可能存在损伤情况。由图 5-13 可知一个衰减周期数据点数较少，为了在频域内有较好的频率分辨率，采用 spline 进行插值增加点数，并进行自功率谱分析，见图 5-14。

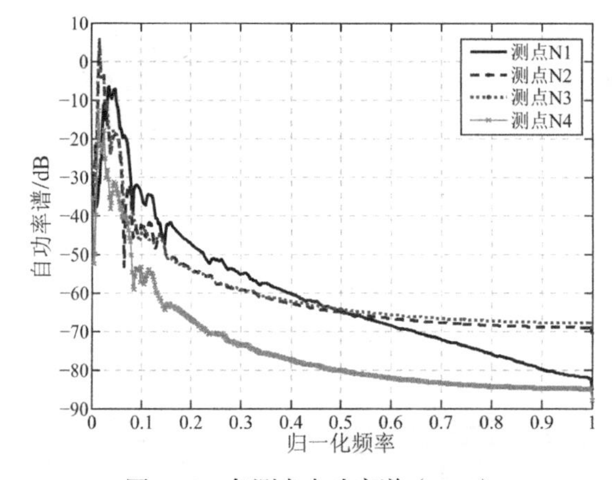

图 5-14　各测点自功率谱（SD2）

单处损伤工况 SD2 下，各测点损伤识别指数见图 5-15。

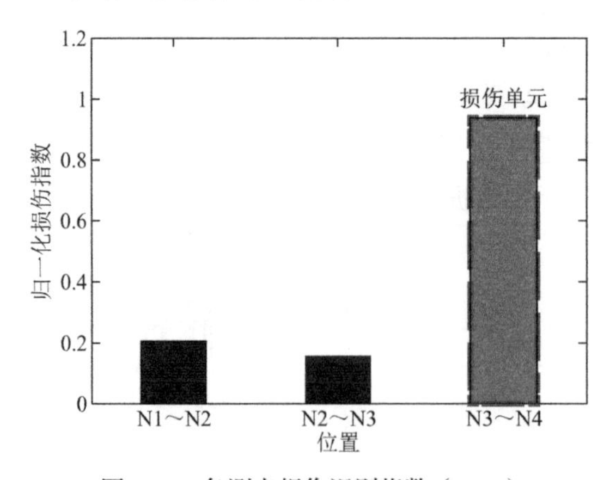

图 5-15　各测点损伤识别指数（SD2）

由以上识别结果可知，在测点 N3～N4 之间的损伤指数明显大于其他位置处损伤指数，由此判断测点 N3～N4 之间存在损伤。

（3）单处损伤工况 SD3 下，衰减阻尼激振下各测点时程曲线图见图 5-16。

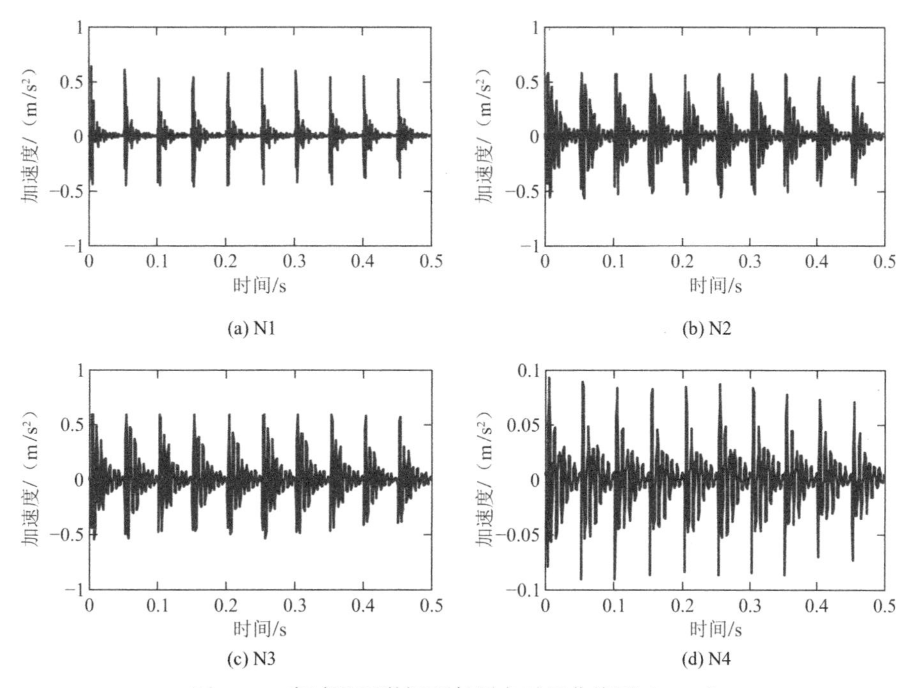

图 5-16　衰减阻尼激振下各测点时程曲线图（SD3）

取一个激振周期数据进行分析，并在一个激振周期下进行自由衰减拟合和包络拟合分析，见图 5-17。其中实线表示原数据，虚线是自由衰减拟合曲线，点线是振荡上下包络线。

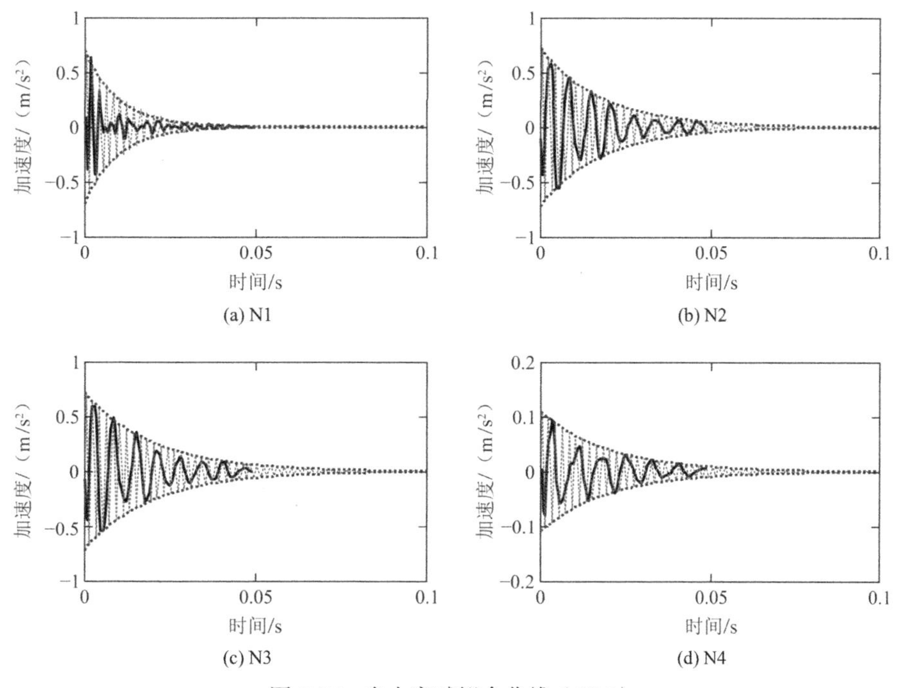

图 5-17　自由衰减拟合曲线（SD3）

由于测点 N3、N4 近激振点，振幅较大，N1 次之，N4 振幅值最小，从时域数据可以看出，N3～N4 传递中激振能量耗散远大于 N2～N1 传递中的能量耗散，从中可以判定在 N3～N4 可能存在损伤情况。由图 5-17 可知一个衰减周期数据点数较少，为了在频域内有较好的频率分辨率，采用 spline 进行插值增加点数，并进行自功率谱分析，见图 5-18。

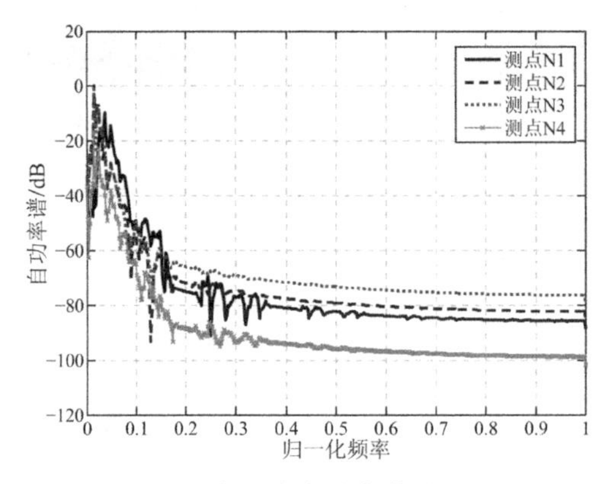

图 5-18　各测点自功率谱（SD3）

单处损伤工况 SD3 下，各测点损伤识别指数见图 5-19。

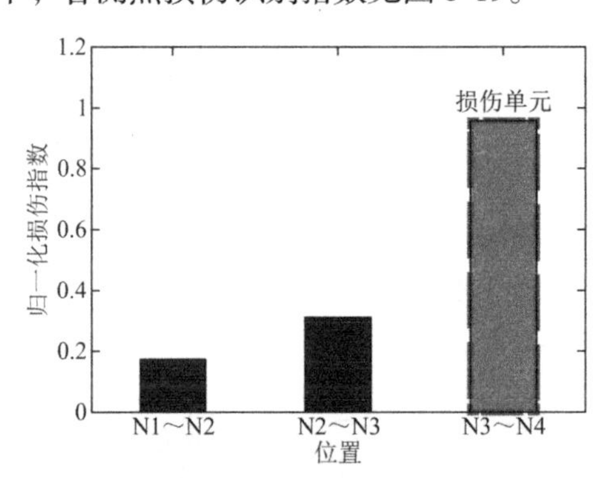

图 5-19　各测点损伤识别指数（SD3）

由以上识别结果可知，在测点 N3～N4 之间的损伤指数明显大于其他位置处损伤指数，由此判断测点 N3～N4 之间存在损伤。

5.4.2.2　多处损伤试验分析

（1）多处损伤工况 MD1 下，衰减阻尼激振下各测点时程曲线图见图 5-20。

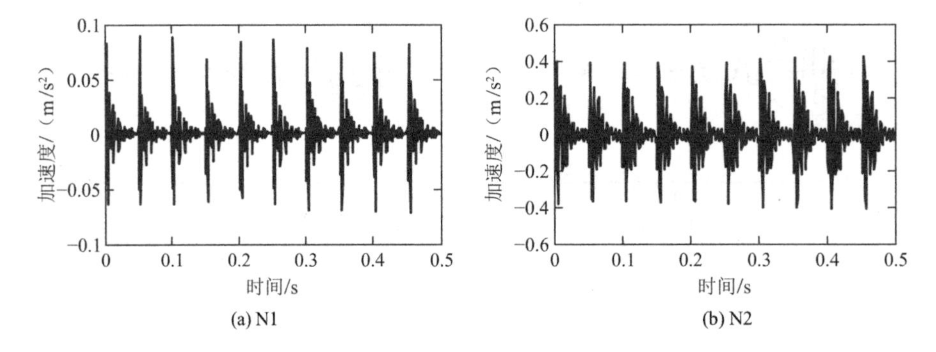

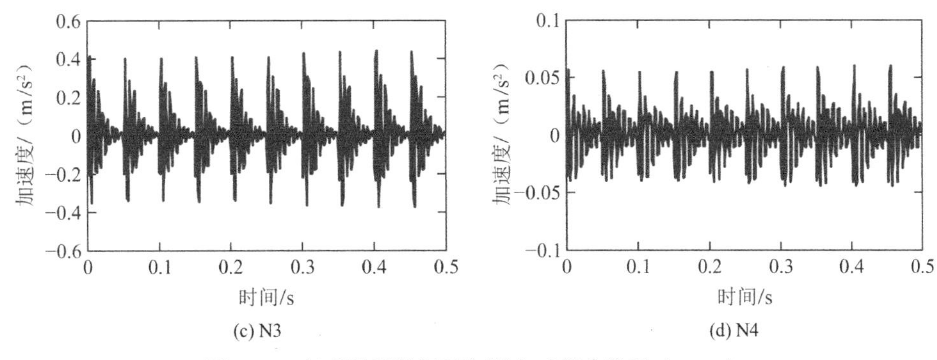

(c) N3　　(d) N4

图 5-20　衰减阻尼激振下各测点时程曲线图（MD1）

取一个激振周期数据进行分析，并在一个激振周期下进行自由衰减拟合和包络拟合分析见图 5-21。其中实线表示原数据，虚线是自由衰减拟合曲线，点线是振荡上下包络线。

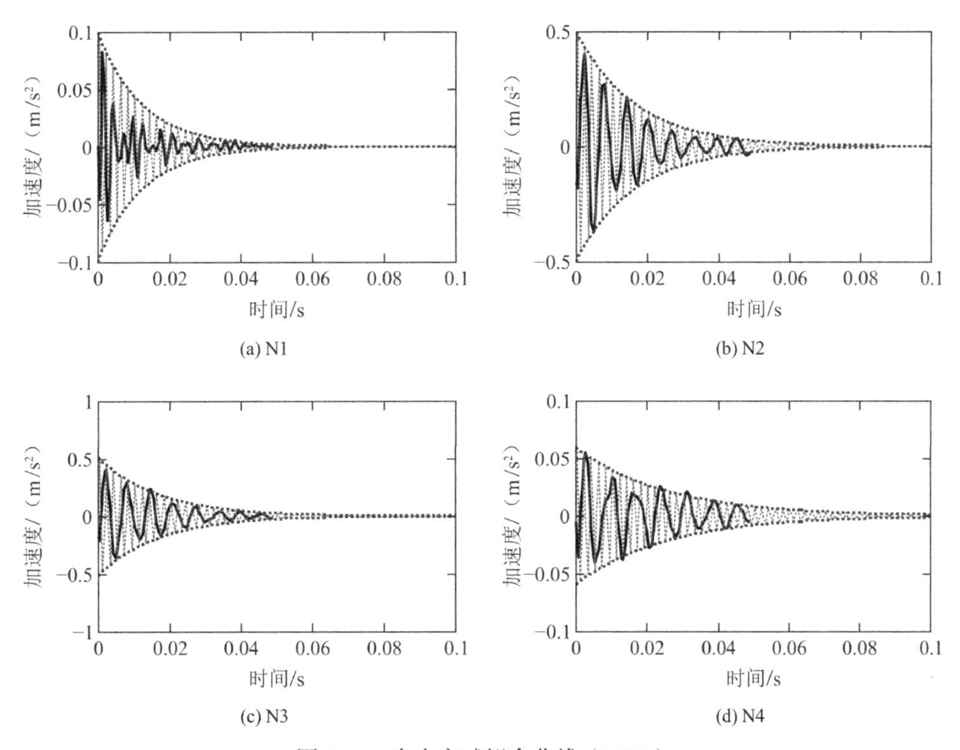

图 5-21　自由衰减拟合曲线（MD1）

由于测点 N3、N4 近激振点，振幅较大，N1、N4 振幅值较小，从时域数据可以看出，N3～N4 传递中激振能量耗散略大于 N2～N1 传递中的能量耗散，从中可以判定在 N3～N4 可能存在损伤程度略大于 N2～N1 存在的损伤。由图 5-21 可知一个衰减周期数据点数较少，为了在频域内有较好的频率分辨率，采用 spline 进行插值增加点数，并进行自功率谱分析，见图 5-22。

多处损伤工况 MD1 下，各测点损伤识别指数见图 5-23。

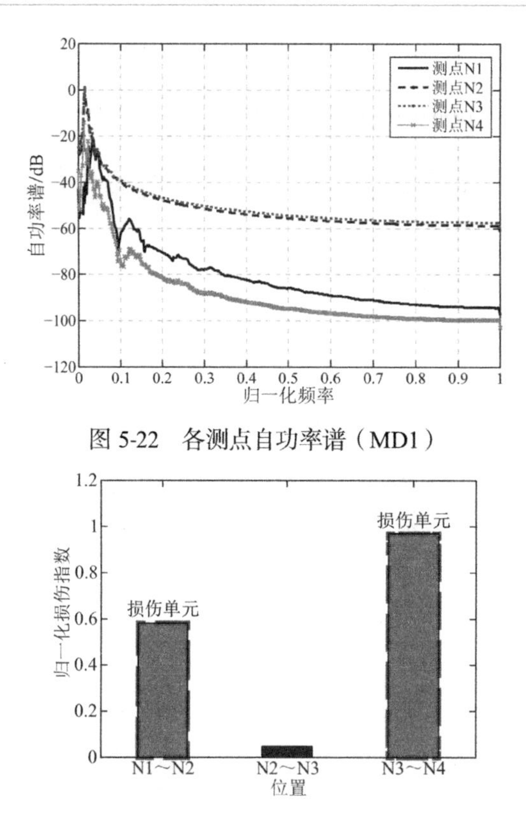

图 5-22 各测点自功率谱（MD1）

图 5-23 各测点损伤识别指数（MD1）

由以上识别结果可知，在测点 N3～N4 之间的损伤指数明显大于其他位置处损伤指数，由此判断测点 N3～N4 之间存在损伤。

（2）多处损伤工况 MD2 下，衰减阻尼激振下各测点时程曲线图见图 5-24。

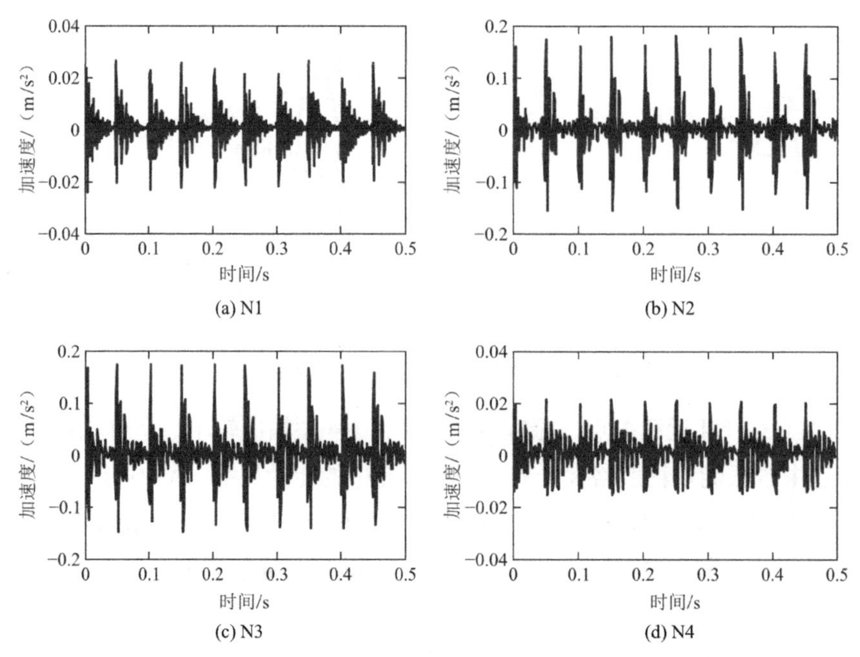

图 5-24 衰减阻尼激振下各测点时程曲线图（MD2）

取一个激振周期数据进行分析，并在一个激振周期下进行自由衰减拟合和包络拟合分析，见图 5-25。其中实线表示原数据，虚线是自由衰减拟合曲线，点线是振荡上下包络线。

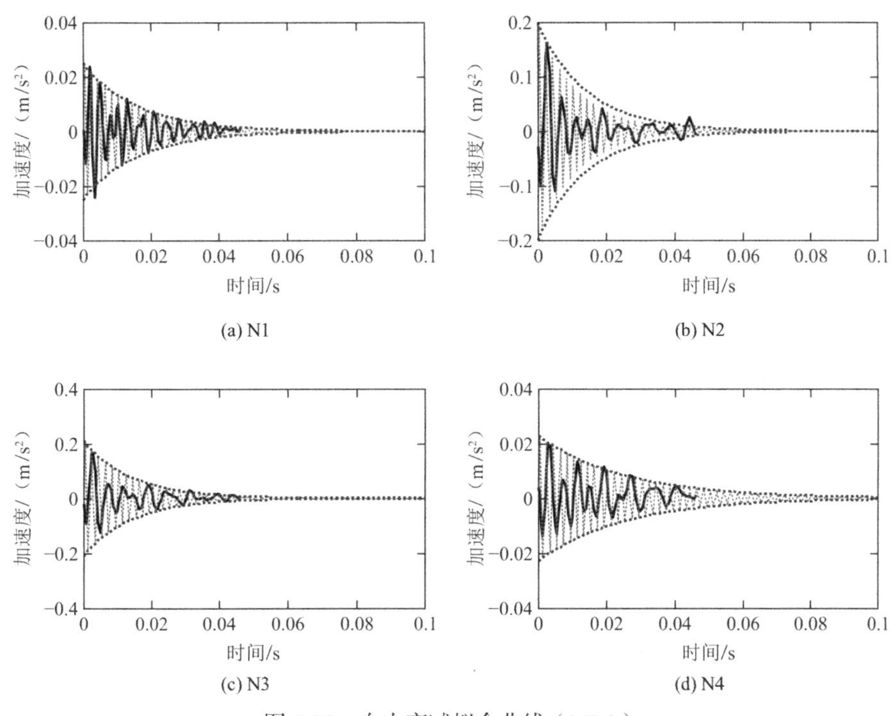

(a) N1　(b) N2

(c) N3　(d) N4

图 5-25　自由衰减拟合曲线（MD2）

由于测点 N3、N4 近激振点，振幅较大，N1，N4 振幅值较小，从时域数据可以看出，N3～N4 传递中激振能量耗散略大于 N2～N1 传递中的能量耗散，从中可以判定在 N3～N4 可能存在损伤程度略大于 N2～N1 存在的损伤。由图 5-25 可知一个衰减周期数据点数较少，为了在频域内有较好的频率分辨率，采用 spline 进行插值增加点数，并进行自功率谱分析，见图 5-26。

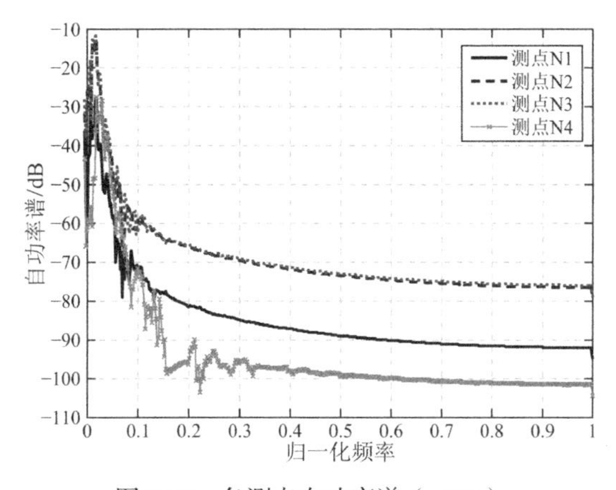

图 5-26　各测点自功率谱（MD2）

多处损伤工况 MD2 下，各测点损伤识别指数见图 5-27。

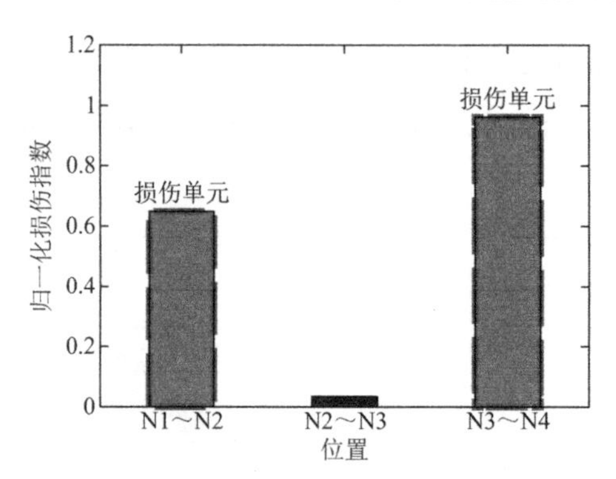

图 5-27 各测点损伤识别指数（MD2）

由以上识别结果可知，在测点 N3～N4 之间的损伤指数明显大于其他位置处损伤指数，由此判断测点 N3～N4 之间存在损伤。

（3）多处损伤工况 MD3 下，衰减阻尼激振下各测点时程曲线图见图 5-28。

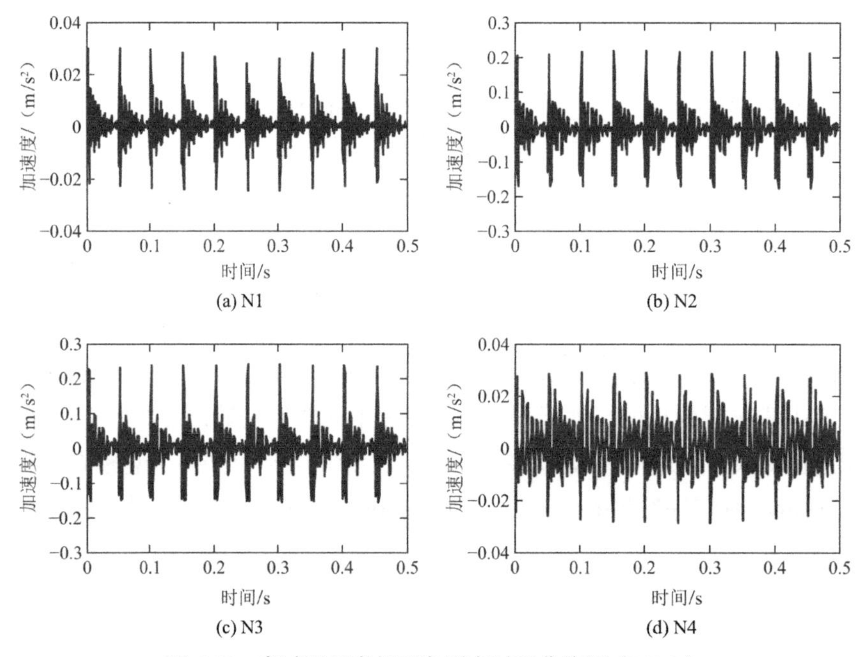

图 5-28 衰减阻尼激振下各测点时程曲线图（MD3）

取一个激振周期数据进行分析，并在一个激振周期下进行自由衰减拟合和包络拟合分析，见图 5-29。其中实线表示原数据，虚线是自由衰减拟合曲线，点线是振荡上下包络线。

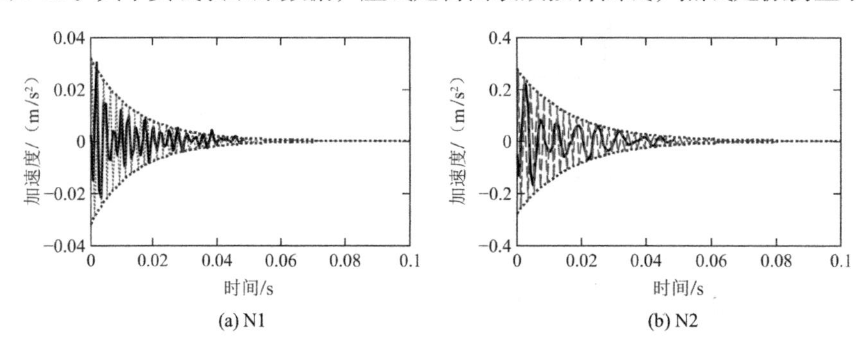

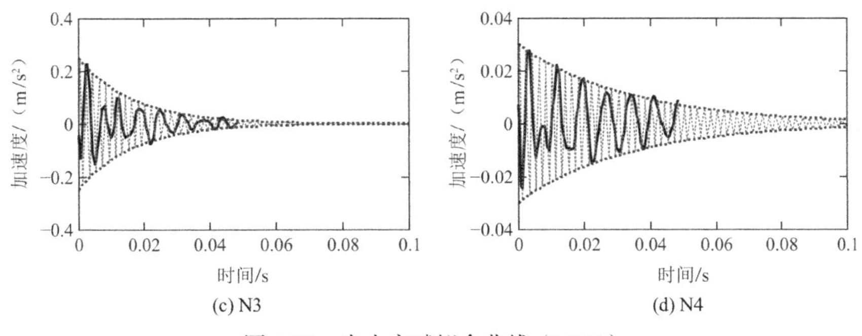

图 5-29　自由衰减拟合曲线（MD3）

由于测点 N3、N4 近激振点，振幅较大，N1，N4 振幅值较小，从时域数据可以看出，N3～N4、N2～N1 传递中激振能量耗散略大于传递中的能量耗散，从中可以判定在 N3～N4、N2～N1 可能存在损伤。由图 5-29 可知一个衰减周期数据点数较少，为了在频域内有较好的频率分辨率，采用 spline 进行插值增加点数，并进行自功率谱分析，见图 5-30。

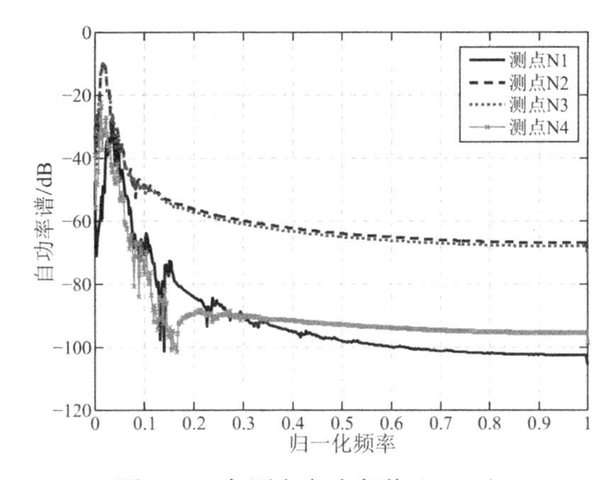

图 5-30　各测点自功率谱（MD3）

多处损伤工况 MD3 下，各测点损伤识别指数见图 5-31。

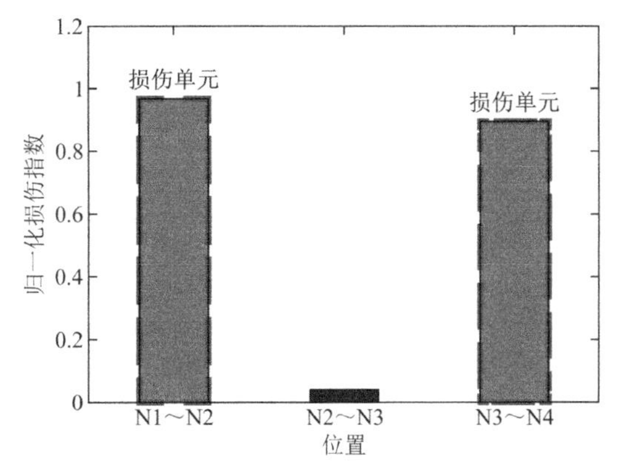

图 5-31　各测点损伤识别指数（MD3）

由以上识别结果可知，在测点 N3～N4 之间的损伤指数明显大于其他位置处损伤指数，由此判断测点 N3～N4 之间存在损伤。

5.4.3　脱空损伤模型试验

5.4.3.1　试验工况

脱空损伤处用填充泡沫材料来进行试验，填充泡沫（图 5-32）可以视为零刚度、零质量材料。试验模型箱尺寸为 1.5m（长）× 1.3m（宽）× 1.3m（高），填充泡沫尺寸为 0.1m（长）× 0.1m（宽）× 0.12m（高），位于隧道上方距离模型边界 0.32m 处。

图 5-32　模拟空洞的填充泡沫

5.4.3.2　试验数据分析

取一个激振周期数据进行分析，并在一个激振周期下进行包络拟合分析，见图 5-33，其中点线是振荡上下包络线。

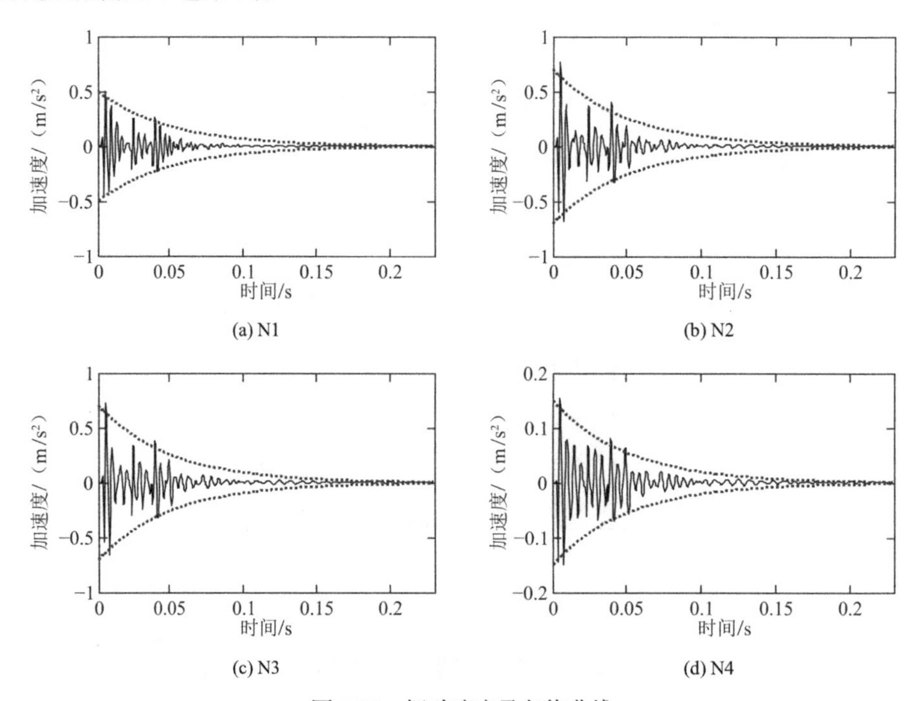

图 5-33　振动响应及包络曲线

由于测点 N3、N4 近激振点，振幅较大，N1 次之，N4 振幅值最小，从时域数据可以看出，N3～N4 传递中激振能量耗散远大于 N2～N1 传递中的能量耗散，从中可以判定在 N3～N4 可能存在脱空情况。由图 5-33 可知一个衰减周期数据点数较少，为了在频域内有较好的频率分辨率，采用 spline 进行插值增加点数，并进行自功率谱分析，见图 5-34。

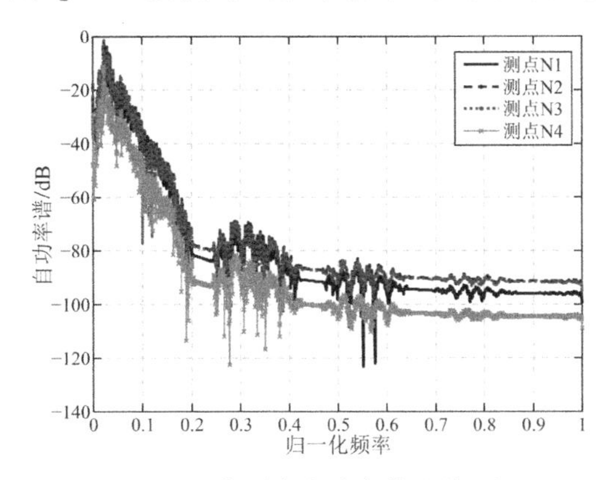

图 5-34　各测点自功率谱（脱空）

各测点损伤识别指数见图 5-35。

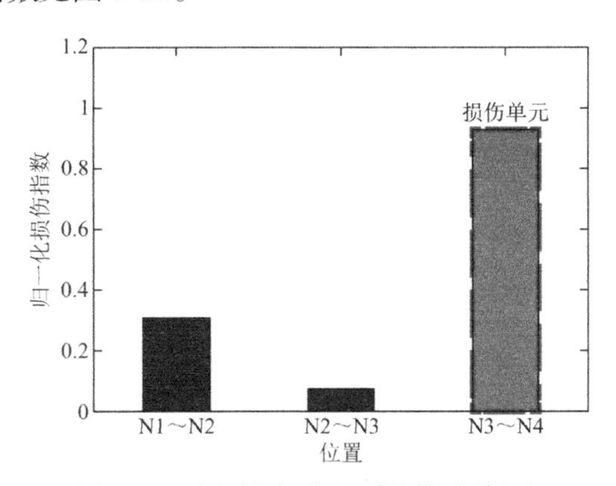

图 5-35　各测点损伤识别指数（脱空）

由以上识别结果可知，在测点 N3～N4 之间的损伤指数明显大于其他位置处损伤指数，由此判断测点 N3～N4 之间存在脱空。

5.5 FNBDI 方法判定损伤程度分析

将裂缝带深度作为损伤程度，将损伤程度分为轻微损伤、中度损伤、重度损伤三个等级，见表 5-5，其模糊隶属度函数通过式(3-19)定义，隶属度函数控制参数见表 5-6 及图 5-36。

损伤程度划分　表 5-5

等级	轻微损伤	中度损伤	重度损伤
裂缝带深度/mm	0～3	3～4.5	> 4.5

模糊隶属度函数参数 表 5-6

损伤状态	参数 a	参数 b	参数 c
轻微损伤	1	2.5	0
中度损伤	1	2.5	2.5
重度损伤	1	2.5	5

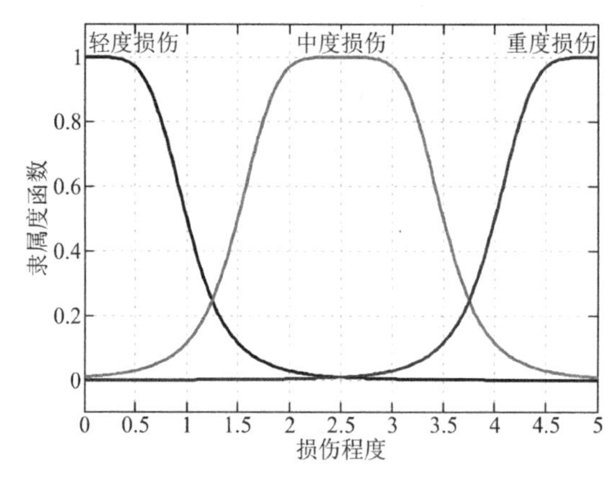

图 5-36 输出隶属度函数

5.5.1 单处损伤程度判定分析

单处损伤以 N3～N4 的归一化损伤指数作为输入参数，将其值分为低（L）、中（M）及高（H）三个等级，输入隶属度函数选取高斯正态函数，见图 5-37。

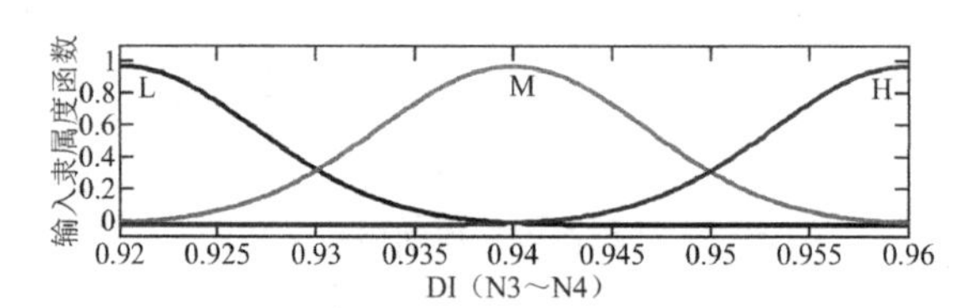

图 5-37 单处损伤输入隶属度函数

单处损伤 FNBDI 模糊模块见图 5-38，为单输入单输出模块。

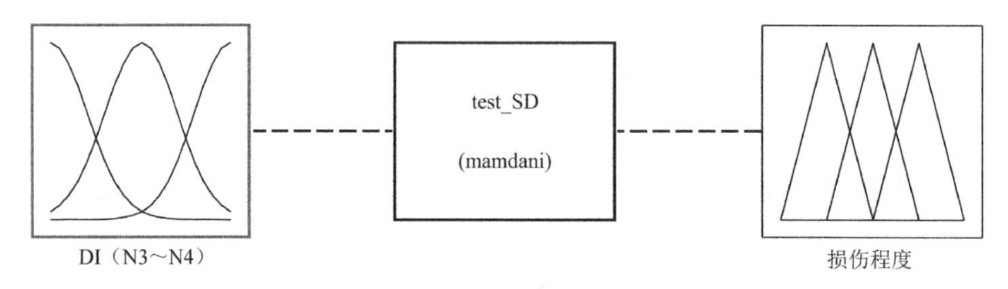

图 5-38 单处损伤 FNBDI 模糊模块

取单处损伤工况 SD1 的 N3～N4 的损伤指数 0.925 作为输入参量，其损伤程度判定结果为 2.01，轻微损伤，见图 5-39。与试验中裂缝带深度 2mm 相符，识别误差小于 1%。

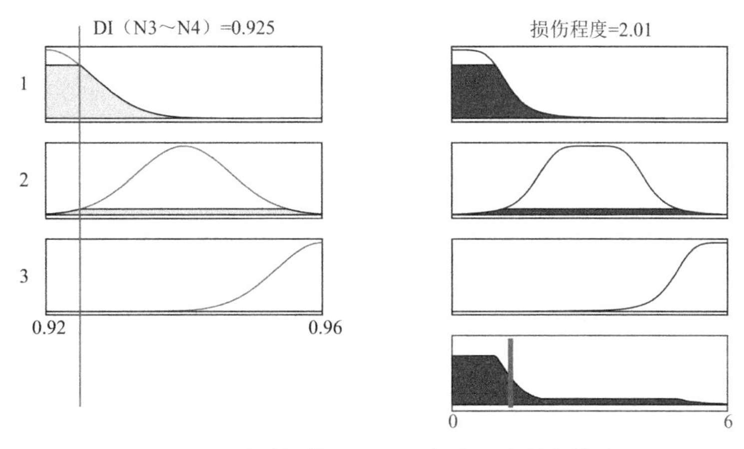

图 5-39　单处损伤工况 SD1 损伤程度判定结果

取单处损伤工况 SD2 的 N3～N4 的损伤指数 0.938 作为输入参量，其损伤程度判定结果为 3.49，轻微损伤，见图 5-40。与试验中裂缝带深度 3.5mm 相符，识别误差小于 1%。

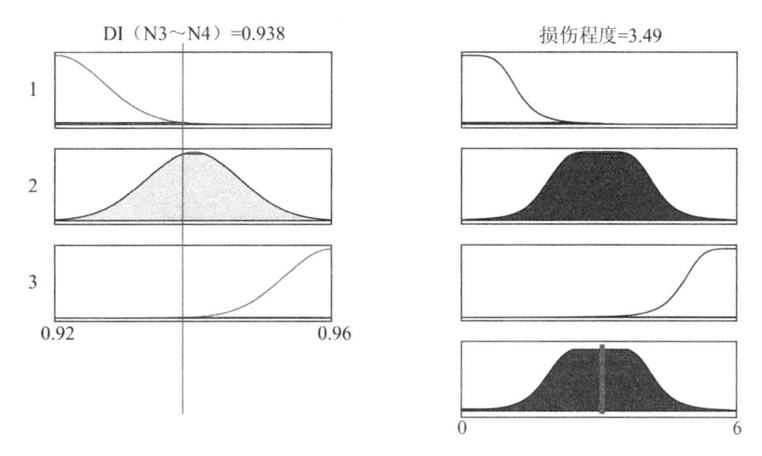

图 5-40　单处损伤工况 SD2 损伤程度判定结果

取单处损伤工况 SD3 的 N3～N4 的损伤指数 0.9577 作为输入参量，其损伤程度判定结果为 5.03，轻微损伤，见图 5-41。与试验中裂缝带深度 5mm 相符，识别误差小于 1%。

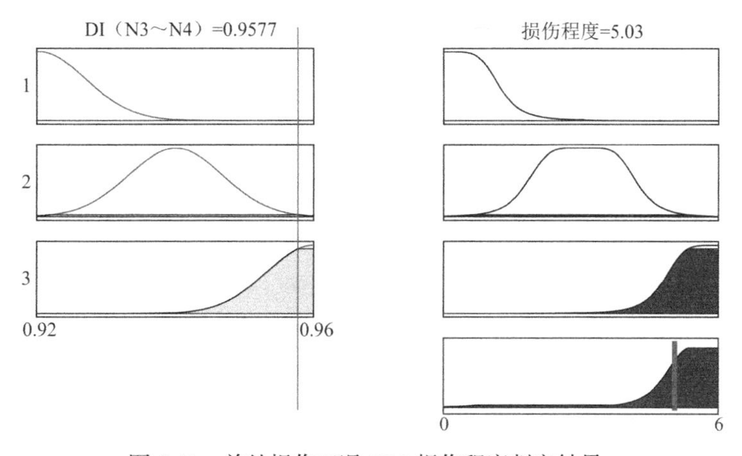

图 5-41　单处损伤工况 SD3 损伤程度判定结果

由以上分析可知：

（1）FNBDI 能够准确地对单处损伤程度进行判定；

（2）损伤程度判定的准确性主要取决于输入、输出参数的隶属度函数，在本节分析中，输入的节点信息参数选取正态隶属度函数，输出隶属度函数选取的是钟型隶属度函数，结果表明，识别效果较好；

（3）FNBDI 损伤程度判定必须在第 5.4 节损伤定位的基础上才能进行后续的损伤库建立及 FNBDI 损伤程度的判定。

5.5.2　多处损伤程度判定分析

多处损伤以 N3～N4、N1～N2 的归一化损伤指数作为输入参数，将其值分为低（L）、中（M）及高（H）三个等级，输入隶属度函数选取高斯正态函数，见图 5-42。

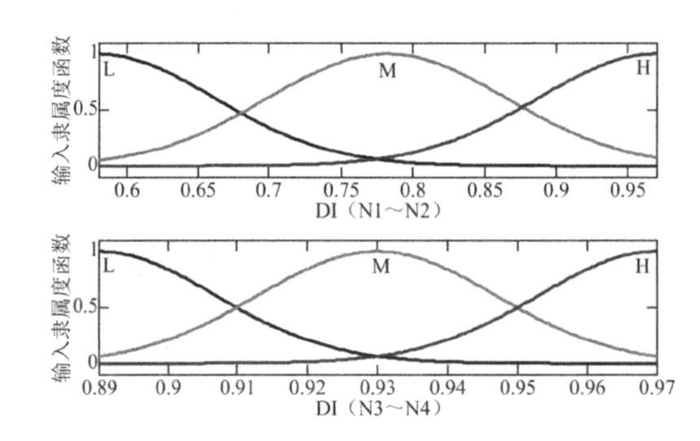

图 5-42　多处损伤输入隶属度函数

多处损伤 FNBDI 模糊模块见图 5-43，为多输入单输出模块。

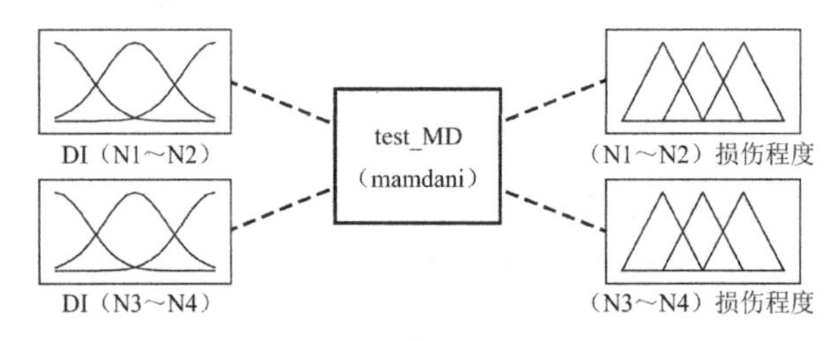

图 5-43　多处损伤 FNBDI 模糊模块

取多处损伤工况 MD1 的 N1～N2、N3～N4 的损伤指数 0.582、0.97 作为输入参量，其损伤程度判定结果为 1.9、5.03，轻微损伤与重度损伤组合多处损伤工况，见图 5-44。与试验中裂缝带深度 2mm、5mm 相符，识别误差小于 5%。

取多处损伤工况 MD2 的 N1～N2、N3～N4 的损伤指数 0.6484、0.9628 作为输入参量，其损伤程度判定结果为 3.44、4.83，中度损伤与重度损伤组合多处损伤工况，见图 5-45。与试验中裂缝带深度 3.5mm、5mm 相符，识别误差小于 4%。

取多处损伤工况 MD3 的 N1～N2、N3～N4 的损伤指数 0.968、0.895 作为输入参量，其损伤程度判定结果为 4.89、5.03，重度损伤与重度损伤组合多处损伤工况，见图 5-46。与试验中裂缝带深度 3.5mm、5mm 相符，识别误差小于 3%。

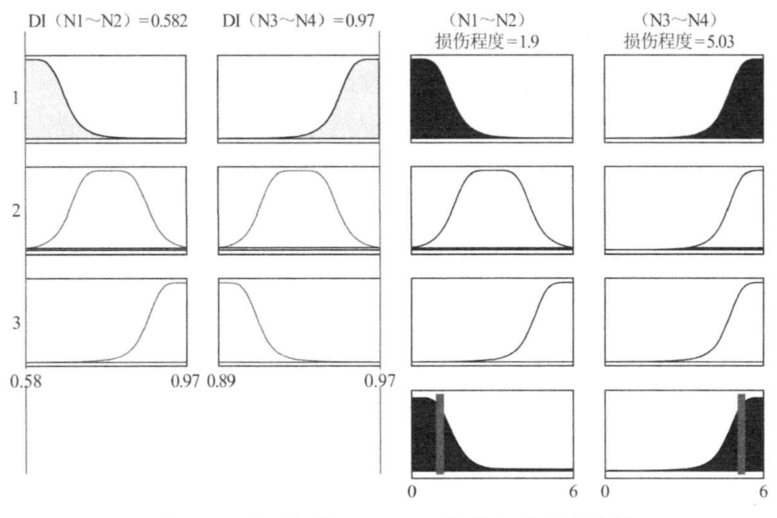

图 5-44　多处损伤工况 MD1 损伤程度判定结果

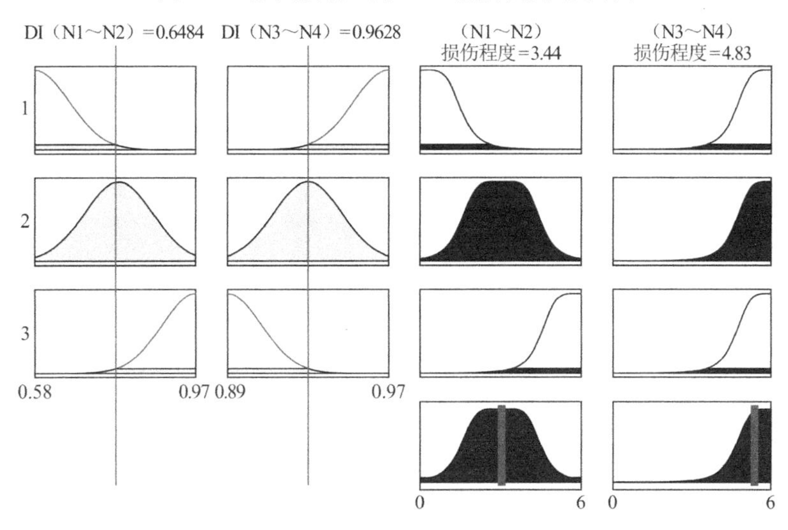

图 5-45　多处损伤工况 MD2 损伤程度判定结果

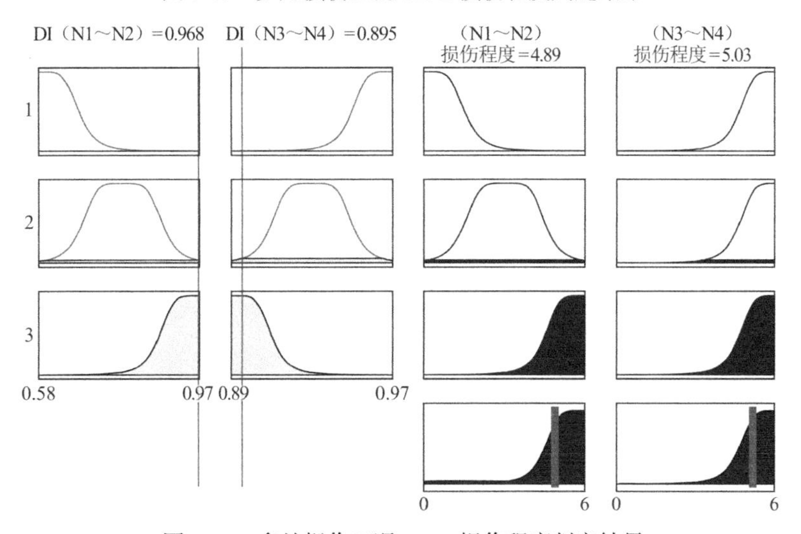

图 5-46　多处损伤工况 MD3 损伤程度判定结果

由以上分析可知：

（1）FNBDI 能够准确地对多处损伤组合工况程度进行判定；

（2）损伤程度判定的准确性主要取决于输入、输出参数的隶属度函数，在本节分析中，输入的节点信息参数选取正态隶属度函数，输出隶属度函数选取的是钟型隶属度函数，结果表明，识别效果较好；

（3）FNBDI 损伤程度判定必须在第 5.4 节损伤定位的基础上才能进行后续的损伤库建立及 FNBDI 损伤程度的判定。

5.6 本章小结

本章设计制作了隧道结构模型，在考虑土体约束、边界效应的情况下，通过预设不同深度的裂缝带作为隧道结构试验的不同损伤程度工况。预埋填充泡沫至隧道模型壁后位置来试验隧道结构壁后脱空。

在自功率谱分析的基础上，提出的损伤指数 DI 对试验模型进行损伤定位，损伤指数可以有效地对损伤进行定位，对于何种损伤类型，隧道衬砌的刚度退降损伤还是壁后脱空都是通过损伤指数来定位，但是无法判断损伤类型。

在损伤定位基础上，采用 FNBDI 算法建立 Mamdani 模糊模块有效地识别隧道模型试验的单处损伤的损伤程度、多处损伤的多单元损伤程度。

第 6 章

隧道结构模态参数辨识及在线动力监测应用

6.1 引 言

前面章节通过理论、数值、模型试验三个方面分析研究了隧道结构损伤判定、定位及损伤程度判定，如何将这些研究应用于实际隧道工程中是领域内专家、学者密切关注的问题。基于动力特征的隧道结构损伤识别的基本前提是能够通过对隧道结构的动力测试、监测，提取隧道结构的模态特征，通过比较不同时间节点的模态及其繁衍参数来分析隧道结构的损伤情况及健康状态。因此本章的两个关键问题：第一，如何从动力监测的大数据中有效提取隧道的结构的模态参数，为获取较高的频率分辨率就必须采取较大采样频率加上实时监测造成动力监测数据量非常庞大；第二，如何实施行之有效的隧道现场的动力监测，尤其是在地铁隧道中，既不能影响、中断日常的地铁运营，又必须保证动力监测的实时性。

因此，本章围绕以上两个关键问题，亦是难点问题进行相关分析研究，主要包括四个方面：

（1）对上海地铁 12 号线的动力测试的响应信号提取隧道结构模态参数进行分析；

（2）对隧道结构进行了性能判定及基于动力损伤识别的隧道结构性能判定，并提出了直接用动力参数的隧道结构性能判定；

（3）分析结构动力损伤识别误差的影响分析及降低措施；

（4）对上海地铁 12 号线某一区间实施的隧道结构在线动力监测应用分析研究。

6.2 短时脉冲激振下地铁隧道结构振动响应与模态参数辨识

工程结构的模态特征是结构固有特性，从一定程度上来说，结构的模态特征反映了结构的性能状态，通过识别提取工程结构在不同时段的模态特征，用于判定结构性能是否发生刚度和性能退降，进而用于结构损伤诊断与预报，因此如何对工程结构进行有效的动力测试并从测试信号中提取结构的模态特征是研究的重点与难点。

在工程动力测试中，选择何种激振是动力测试与分析的前提条件，短时脉冲激振力具有发挥迅速、灵活、激振设备简单等优点，通过脉冲锤进行锤击便可获得不同特性的短时脉冲激振力，特别适用于夜间停运检修期间的地铁隧道，它不受地铁交通影响。但是短时脉冲存在着激振能量有限的缺点，因此它只适用于结构的局部测试，结构局部振动不同于结构的整体振动，引起结构局部振动所需的能量相对较小。一定程度上，工程实际更关注结构局部特性。

国内外不少学者将脉冲激振法引入至结构模态分析研究中，如 Chatterjee P（2003）采用脉冲激振法在巴黎国际大学城站至兰蒂伊市火车区间进行了现场动力测试，测试得到了轨道与土体之间耦合的动力特征及轨道与土体、轨道与周边建筑之间的频响特征。赵鸿铁（2012）采用脉冲激振和有限元软件分析出结构古建筑结构的固有频率。龙国平（1999）用脉冲锤击法对大型水电站的水轮机导叶部件和电站厂房楼板进行了现场测试并得到了这类复杂边界条件的大型结构的固有频率。王利恒（2006）用脉冲锤击试验反应最大值监测钢筋混凝土简支桥梁结构损伤程度。

以上海地铁 12 号线某盾构隧道为工程背景，将脉冲短时激振力应用于隧道的现场动力测试，分析了脉冲激振与隧道结构响应之间的传递函数，并结合随机减量、ARMA 法有效地提取隧道结构的模态参数。

6.2.1 短时脉冲激振系统

短时脉冲激振实施简单，只需要通过脉冲锤进行锤击便可获得不同特性的短时脉冲激振力。脉冲激励系统从三个方面进行阐述与分析。首先对脉冲锤头材料的特性进行测试与分析，选取适合隧道结构的锤头材料；其次对激振力信号的测试和分析精度，在保证信号精度的同时，选择适合隧道结构的合理采样频率与动力特征识别分析方法；再次阐述了脉冲激振在结构振动传递的原理与模态识别。

动力测试系统设备主要由 LC1302 脉冲锤、电荷放大器、CBOOK2001 高精度数据采集器、便携式计算机为主的硬件和 C_DAS 信号采集系统组成，如图 6-1 所示。

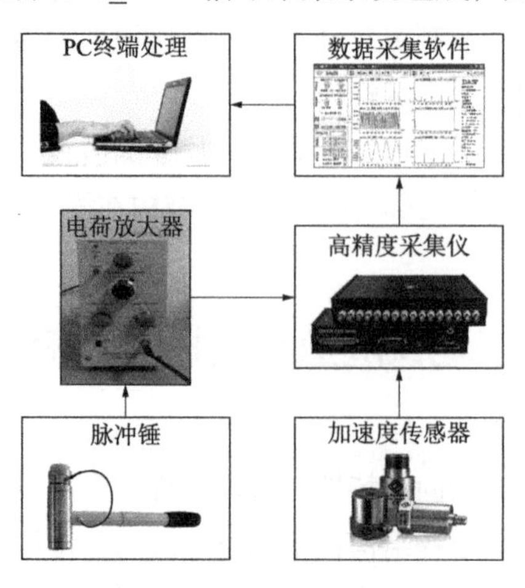

图 6-1 动力测试系统设备

（1）锤头动力特性与其频率范围

通过在安装不同材料的垫片产生不同的短时脉冲波，其激振的频域范围也不同，图 6-2 为不同材料垫片短时力脉冲波形图，图 6-3 为对应的幅值频谱图。

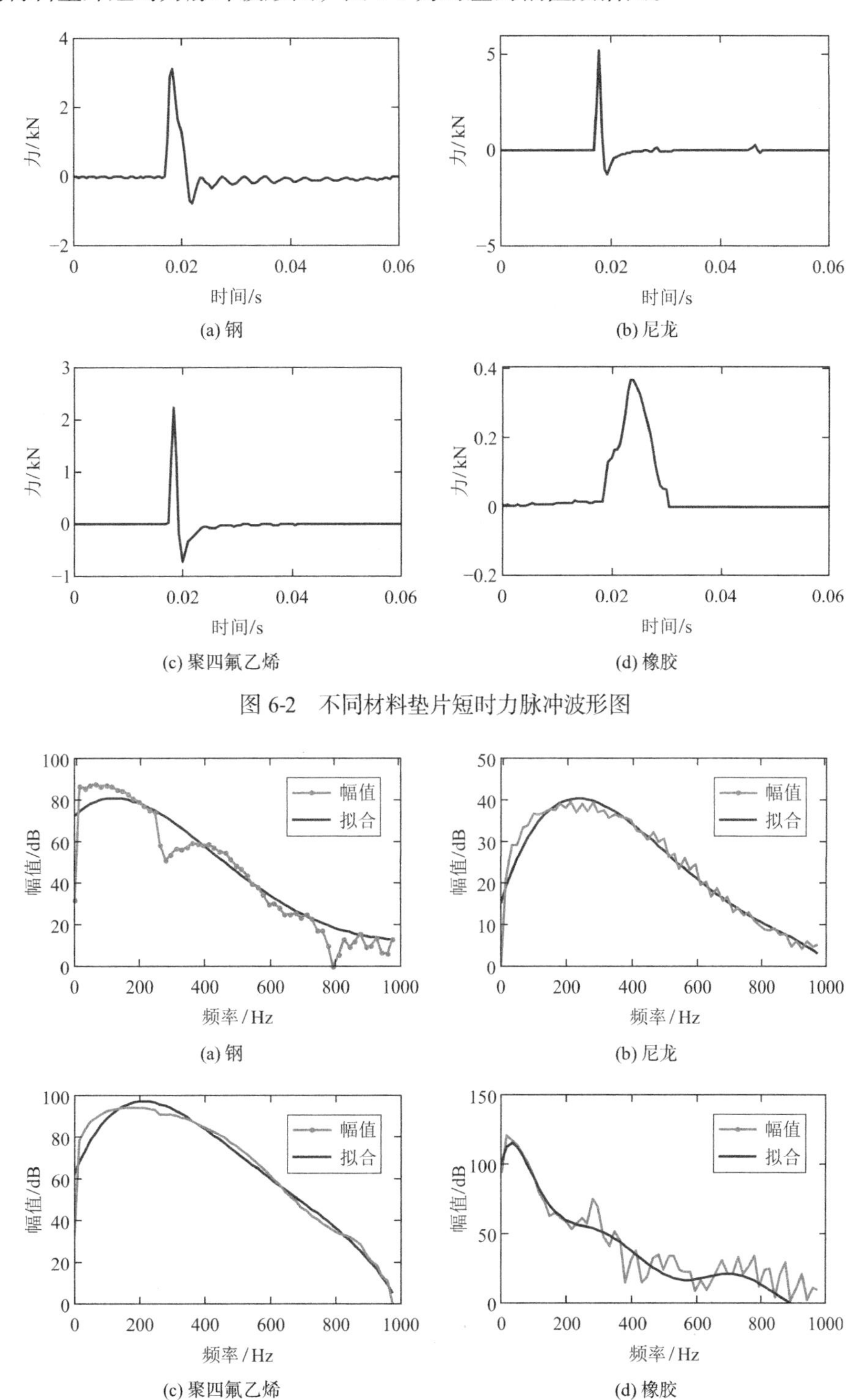

图 6-2　不同材料垫片短时力脉冲波形图

图 6-3　不同材料垫片短时力脉冲的幅值频谱图

由力脉冲波形图及频谱图可知，锤头材料刚度越大，力脉冲持续时间越短，激振的能量越大，主频范围就越大。由于隧道结构频率呈现出中低频特性，为了更好地激发结构的各阶模态频率，能量耗散应尽可能小一些，因而由选择刚度适中的锤头材料比较适合于地铁隧道的动力测试及动力特性分析，如聚四氟乙烯。

（2）激振力信号精度分析

在模态试验中采用脉冲锤生成短时脉冲激励时，尽管可获得较宽频率范围。但脉冲激振力作用时间很短，对信号进行采样离散数字化处理时，往往容易造成脉冲激振力获得的离散数据点较少，甚至有可能仅获得 1～2 个数据点，根本无法反映激振力的全貌，进而造成测量得到的频率响应函数不能精确反映结构的特征，使得试验模态的精度受到严重影响。因此，对短时脉冲激振力信号进行精度分析是十分有必要的。

表 6-1 给出不同采样时间间隔 Δt 对信号带来的误差。图 6-4、图 6-5 为 LC1302 脉冲锤产生一个短时脉冲信号的离散精度影响示意图，包括时域波形图和幅值谱图。

工程中，一般采样频率 f_s 要求满足：

$$f_s \geqslant 2f_{max}, f_s \geqslant 4/\tau \tag{6-1}$$

式中：τ——激振力脉冲信号的宽度。

不同采样时间间隔的力信号误差　　表 6-1

采样间隔 Δt	力增量 $f(t)$	误差
$\tau/2$	$\tau A/2$	21.46%
$\tau/3$	$2\tau A/3\sin\pi/3$	9.31%
$\tau/4$	$\tau A/4(1+2\sin\pi/4)$	5.19%
$\tau/5$	$\tau A/3(1+\sin\pi/3)$	2.29%

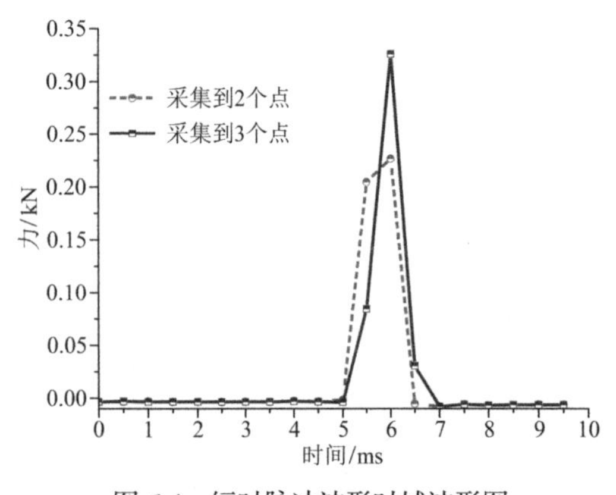

图 6-4　短时脉冲波形时域波形图

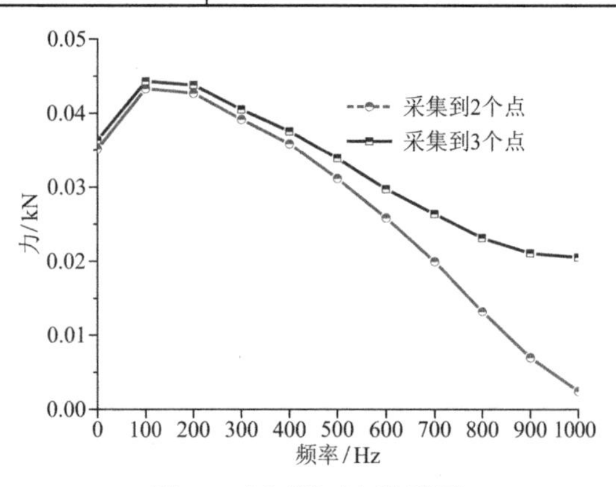

图 6-5　短时脉冲幅值谱图

如果激振力对应的 τ 为 2ms，则采样频率应大于 2000Hz。但对于隧道结构除了大质量、大刚度的衬砌结构之外，还包括隧道壁后土体及其之间相互耦合作用，由于半无限自由空间土体的约束作用，隧道结构呈现低频特性。为了同时满足激振信号的精度和结构低频特性，因此，信号分析中采用变时基分析得到较精确的结构动力特性（Ewins David J，1995；沈松，2000；应怀樵，1983）。

其基本方法是：①采用较高的采样频率满足短时脉冲力的精度，保证激振力脉冲波形有足够的采样点数；②采用增加 FFT 分析长度，来保证获得足够的采样点数，并提高频率分辨率；③对频率响应函数进行频率截断，取 $0\sim f_{max}$ 频率区间内的频率响应函数。

（3）脉冲激振在结构振动传递中的原理与模态识别

通过现场动力测试，分别采用正交多项式法和自回归滑动平均法（ARMA）（王婷，2014）来分析隧道结构的模态特征。首先将现场测试原始时程数据进行趋势项、平滑处理预处理。其次采用随机减量法对平滑数据处理得到各个测点的自由振动时程数据和传递函数。最后结合正交多项式和 ARMA 法提取传递函数模态特征。基于现场动力测试的结构模态特征识别流程图如图 6-6 所示。

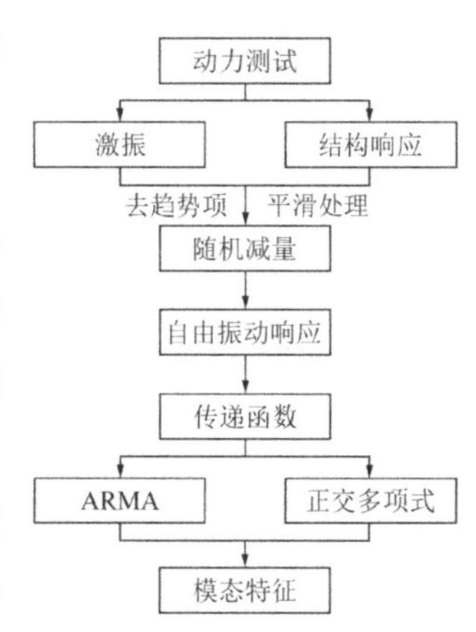

图 6-6　模态特征识别流程图

目前在土木结构中使用较多的是位移模态，这种方法也较为成熟。位移模态的基本理论是通过求解结构振动方程，以得到结构的模态参数，如特征频率、阻尼及振型等，其微分方程为：

$$[\boldsymbol{M}]\{\ddot{x}\}+[\boldsymbol{C}]\{\dot{x}\}+[\boldsymbol{K}]\{x\}=\{f(t)\} \tag{6-2}$$

脉冲传递函数法模态识别理论包括时域和频域两条路径。力脉冲是一个短时间激励，冲量 $\int_0^\tau f(t)$ 是一个有限值。在脉冲传递函数法动力测试中，通过固定激振点，测试脉冲激励的时程 $f(t)$ 及各测点响应值 $x_i(t)$。再通过响应点与激振之间的传递函数进行模态参数辨识。

将式(6-2)经过傅里叶变化，得传递函数表达式：

$$H_{ij}(\omega)=\frac{X_i(\omega)}{F_j(\omega)}=\sum_{r=1}^{n}\frac{\varphi_{ri}\varphi_{rj}}{m_r\left[\left(\omega_r^2-\omega^2\right)+j2\xi_r\omega_r\omega\right]} \tag{6-3}$$

式中：φ_{ri}、φ_{rj}——第 r 阶模态下 i、j 点的振型；

m_r——模态质量；

ω_r——模态频率；

ξ_r——模态阻尼。

动力测试中采用单点激励，多点响应的测试方法。通过测试各点响应值，解耦后如下：

$$\begin{Bmatrix}H_{1q}(\omega)\\H_{2q}(\omega)\\\vdots\\H_{nq}(\omega)\end{Bmatrix}=\begin{Bmatrix}\sum\limits_{r=1}^{n}\dfrac{\varphi_{r1}\varphi_{rq}}{m_r\left[\left(\omega_r^2-\omega^2\right)+j2\xi_r\omega_r\omega\right]}\\\sum\limits_{r=1}^{n}\dfrac{\varphi_{r2}\varphi_{rq}}{m_r\left[\left(\omega_r^2-\omega^2\right)+j2\xi_r\omega_r\omega\right]}\\\vdots\\\sum\limits_{r=1}^{n}\dfrac{\varphi_{rn}\varphi_{rq}}{m_r\left[\left(\omega_r^2-\omega^2\right)+j2\xi_r\omega_r\omega\right]}\end{Bmatrix}=\sum_{r=1}^{n}\hbar_i^r\begin{Bmatrix}\varphi_{ri}\\\varphi_{ri}\\\vdots\\\varphi_{ri}\end{Bmatrix} \tag{6-4}$$

其中，

$$\sum_{r=1}^{n} h_i^r = \sum_{r=1}^{n} \frac{\varphi_{rq}}{m_r\left[\left(\omega_r^2 - \omega^2\right) + j2\xi_r\omega_r\omega\right]} \tag{6-5}$$

归一化后，即可通过上式识别得到结构的第 r 阶固有频率 ω_r 及模态振型 φ_{ri}（$i = 1, \cdots, n$）。

6.2.2 隧道结构振动响应分析及模态参数辨识

1）工程概况

动力测试地点以上海地铁 12 号线某盾构隧道，盾构隧道直径为 6.2m，单环管片长度为 1.2m。测试中选用聚四氟乙烯锤头，为满足力锤精度，采样频率设为 2000Hz，在短时脉冲激振下，采集隧道区间不同断面的加速度振动响应信号。加速度拾取点分别沿隧道纵向方向分别布置在 162 环（N1 测点）、158 环（N2 测点）、154 环（N3 测点）及 150 环（N4 测点）管片四个断面侧壁处，每个振型响应拾取点间距 4.8m。脉冲激振点在近 N1 测点处。测点布置示意图及现场测试照片如图 6-7、图 6-8 所示。

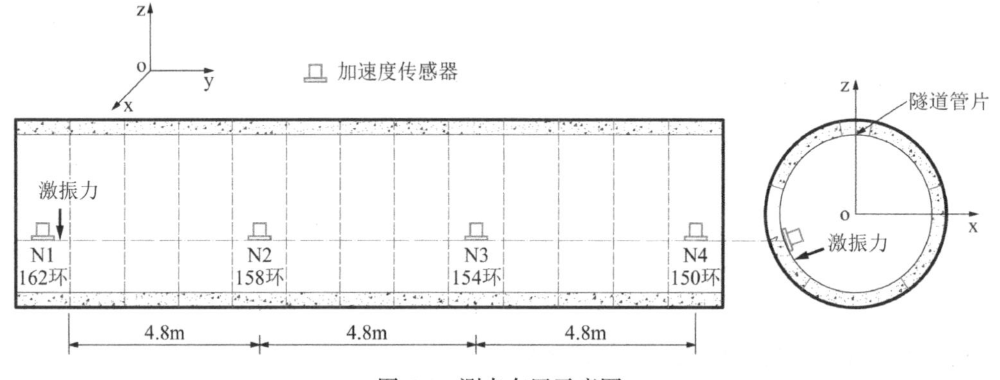

图 6-7 测点布置示意图

图 6-8 隧道现场动力测试照片

采用 5 次激励，对应每次激励的 4 个脉冲响应，总计 20 个脉冲响应函数进行分析，并用多参考点正交多项式与自回归滑动平均法（ARMA）进行模态参数辨识。识别过程中，使用稳定图方法，以期获得比较准确的模态参数。

2）测试数据分析

时程数据是反映结构振动响应特性最直观的数据，将短时脉冲作用下隧道各测点响应信号进行传递函数分析并结合随机减量法、正交多项式法及 ARMA 法对隧道结构的模态特征进行识别。隧道在一个短时脉冲激振力作用下的隧道各测点振动响应如图 6-9、图 6-10 所示。

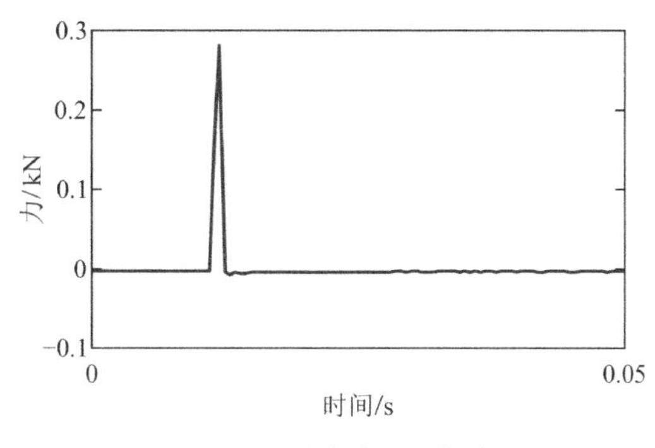

图 6-9　短时脉冲时程曲线图

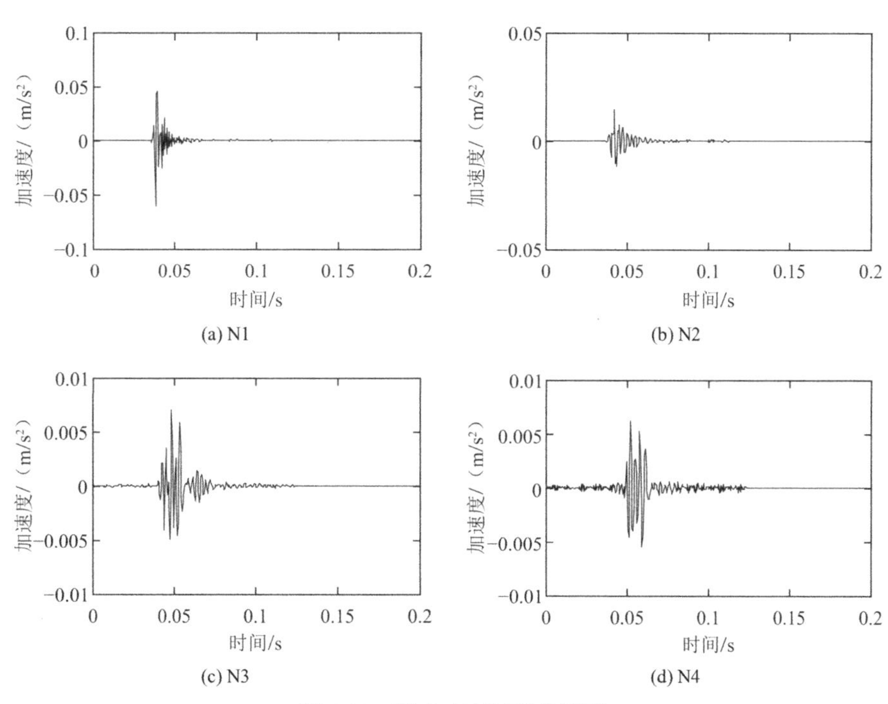

图 6-10　测点响应时程曲线图

（1）基于随机减量法的时频域数据分析

随机减量法是从结构的随机振动响应信号中提取该结构的自由衰减振动信号的一种处理方法，是为试验模态参数时域辨识提取输入数据所进行的预处理，原理是平均和数理统计的方法。利用平稳随机振动信号的平均值为零的性质，将包含有确定性振动信号和随机信号两种成分的实测振动响应信号进行辨别，将确定性信号从随机信号中分离出来，得到自由衰减振动响应信号，而后便可利用时域辨识方法进行模态参数辨识。（Cole

Henry A，1973）最先提出，并成功运用于航天飞机结构并成功地用于识别空间飞行器模型结构的振动模态参数辨识。（Asmussen Jc，1999）提出了向量随机减量法的统计理论，在这之后，随机减量法被用作数据预处理方法，得到结构的自由衰减曲线，进而识别工程结构的模态参数。图 6-11 为各个振动响应测点时程数据经随机减量法预处理后的自由振动曲线图。

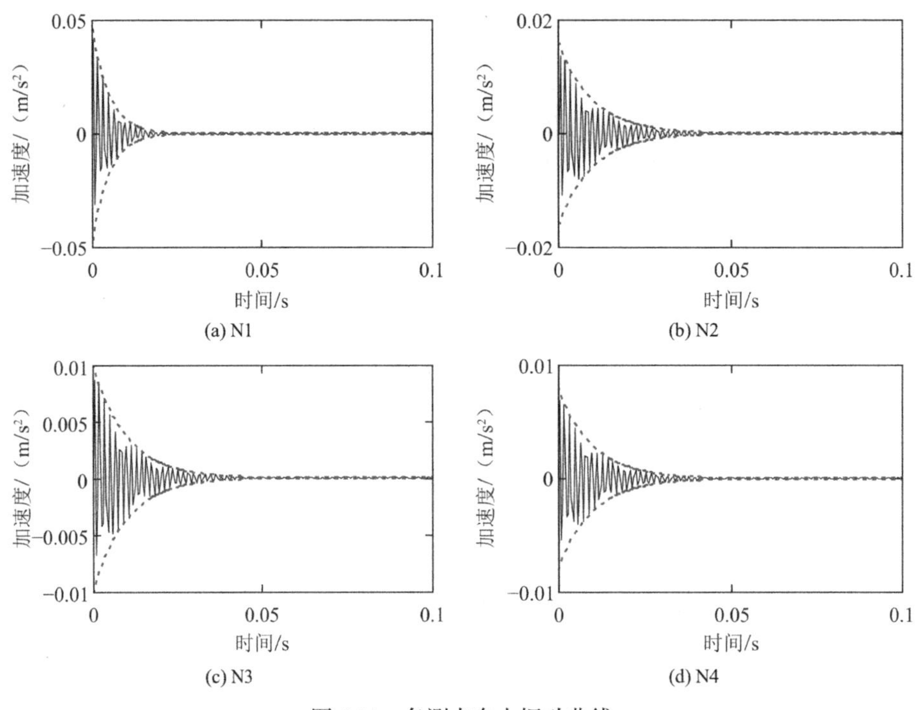

图 6-11　各测点自由振动曲线

将脉冲激励及各个测点响应的随机减量自由振动数据变换至频域内进行分析，且采用变时基采样分析各断面测点的频响函数，可以有效减小谱分析在模态识别中由信号混叠产生的误差，提高模态识别精度。图 6-12 为短时脉冲激振下各测点频响函数及相应相位图。

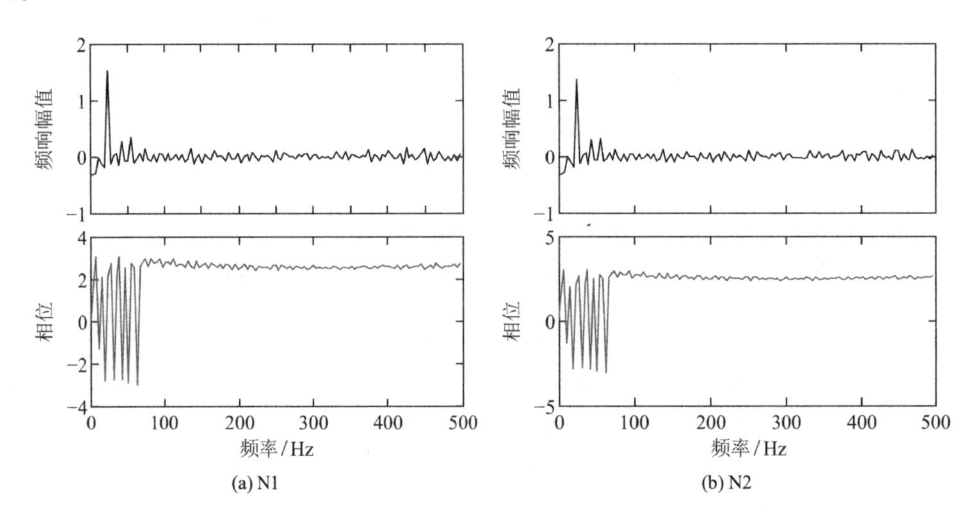

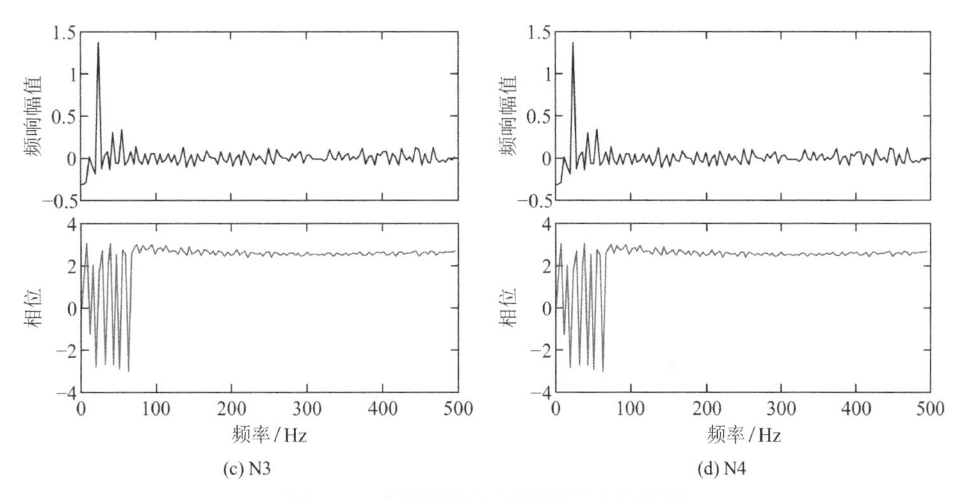

(c) N3　　(d) N4

图 6-12　各测点频响函数及相应相位图

由各测点频响及相位曲线可以看出：

①各测点频响、相位具有一致性，在各个频段的频响、相位值基本一致，由此可知，在测试的局部范围内隧道结构的整体性能较好，在实际工程动力测试中，可以优化和减少传感器来捕捉隧道结构局部范围内的频域传递特性。

②频域范围在 0～100Hz 的传递特征较好，在 100Hz 以上的传递特性不明显，由此可知，短时脉冲产生的高频振动信号由于介质土体的吸收、耗散，高频信号传递的距离较窄，而低频信号传递的距离较广。由于各个测点的频响特性一致，所以可取一致的频响函数进而分析和提取隧道结构的模态特征。

（2）基于正交多项式法的结构模态参数辨识

正交多项式算法中所用频响函数的数学模型为：

$$H_{\mathrm{ef}}(\omega)=\frac{\sum_{i=0}^{2n-2}c_ip_i(j\omega)}{\sum_{i=0}^{2n}d_iq_i(j\omega)}=\frac{p^{\mathrm{T}}(j\omega)\alpha}{1+q^{\mathrm{T}}(j\omega)\beta} \tag{6-6}$$

式中，$p_i(j\omega)$ 和 $q_i(j\omega)$ 为某种正交多项式，测得 s 个频率点上的频响函数值 $\tilde{H}_{\mathrm{ef}}(\omega_k)=\tilde{H}(\omega_k)$，对应理论值 $H_{\mathrm{ef}}(\omega_k)=H(\omega_k)$（$k=1,2,\cdots,s$）。为了利用正交多项式的正交性，将上述 s 个正频率点 ω_k 扩展到 s 个负频率点 ω_{-k}，将加权误差函数式写成矩阵形式为：

$$e=P\alpha-Q\beta-\tilde{H} \tag{6-7}$$

构造目标函数为：

$$E=e^{\mathrm{H}}e=(P\alpha-Q\beta-\tilde{H})^{\mathrm{H}}(P\alpha-Q\beta-\tilde{H}) \tag{6-8}$$

根据最小二乘法令：

$$\frac{\partial E}{\partial\alpha}=0,\frac{\partial E}{\partial\beta}=0 \tag{6-9}$$

解得 α 和 β 的最小二乘估计。

将上述四个测点与激振的频响函数采用正交多项式法进行模态参数辨识，模态频率稳定图见图 6-13。稳定图的标准为，两相邻模型阶次对应的频率值的容许误差为 2%，即满足下式即可认为识别值是稳定的：

$$\frac{\left|f^{(p)}-f^{(p+1)}\right|}{f^{(p)}} \leqslant 2\% \tag{6-10}$$

式中：p——模态阶次；

f——在 p 阶时识别的模态频率。

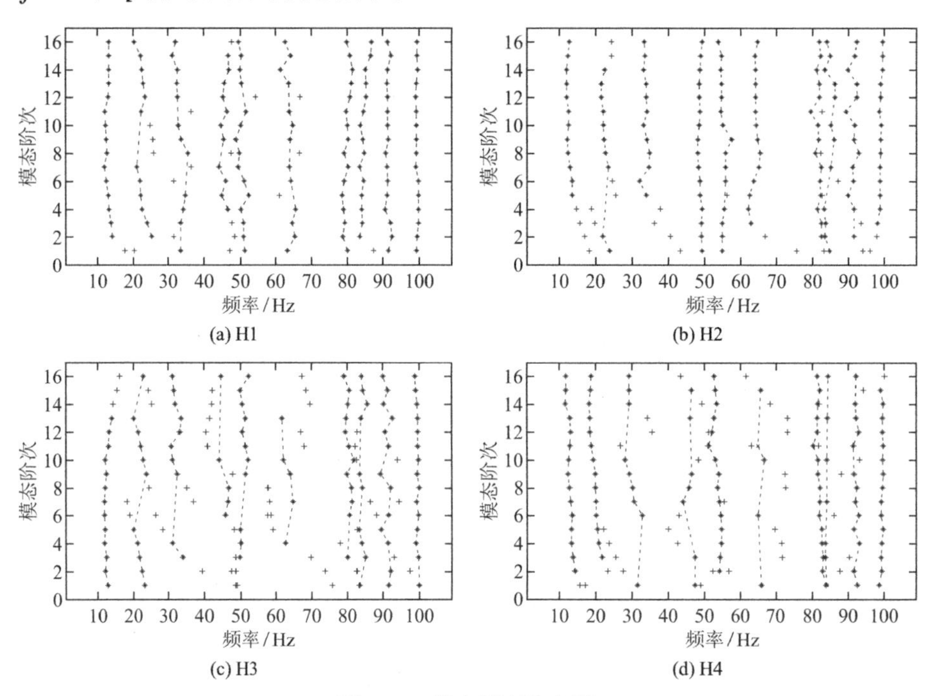

图 6-13 模态频率稳定图

在稳定图的基础上选取极点，有效地剔除了多个虚假模态，采用正交多项式识别前十阶模态频率值、均值及标准差值，见表 6-2。

正交多项式法识别各阶模态频率值 表 6-2

模态阶数	N1 测点/Hz	N2 测点/Hz	N3 测点/Hz	N4 测点/Hz	均值/Hz	标准差/Hz
1	12.33	12.51	12.28	12.29	12.3525	0.0928
2	22.46	22.48	22.51	21.79	22.31	0.3007
3	33.52	33.83	33.65	32.67	33.4175	0.4454
4	45.92	48.21	45.71	45.86	46.425	1.0334
5	50.91	54.67	50.49	54.69	52.69	1.9955
6	64.72	64.72	64.84	64.87	64.7875	0.0683
7	80.14	81.07	81.24	81.37	80.955	0.4824
8	84.56	84.86	84.57	84.31	84.575	0.1947
9	91.21	91.21	91.32	91.40	91.285	0.0802
10	99.29	99.18	99.17	99.22	99.215	0.0472

（3）基于 ARMA 法的结构模态参数辨识

自回归滑动平均模型（Auto-Regressive and Moving Average Model，ARMA），是一种利用参数模型对有序随机振动响应数据进行处理，从而进行模态参数辨识的方法。Akaike Hirotugu（1969）首次在对白噪声激励下的结构参数辨识中使用了 ARMA；Kozin Frank（1982）将结构的输入假定为白噪声过程，然后利用最大似然估计 ARMA 的模态参数，从而识别出结构模态参数。

利用短时脉冲激振力下各个测点振动响应分析得到的传递函数，再结合 ARMA 进行模态参数辨识，图 6-14 为单个测点频响函数及 ARMA 拟合曲线。

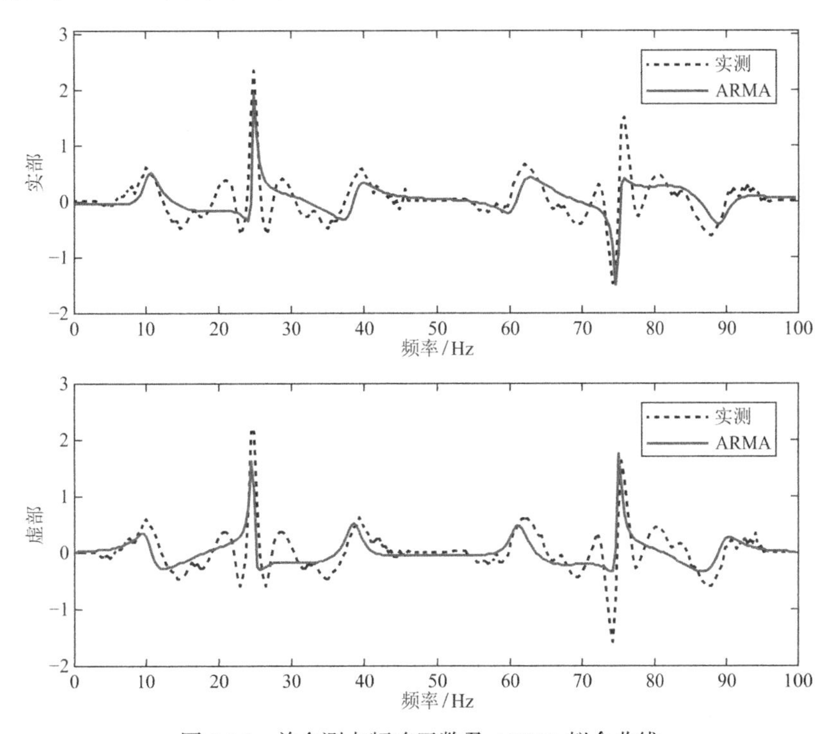

图 6-14　单个测点频响函数及 ARMA 拟合曲线

采用 ARMA 法进行结构模态辨识得到各阶模态频率值，见表 6-3。

ARMA 法识别各阶模态频率值（单位：Hz）　　表 6-3

模态阶数	N1 测点	N2 测点	N3 测点	N4 测点	均值	标准差
1	11.98	12.79	12.29	11.78	12.21	0.3810
2	22.38	22.14	21.45	22.43	22.10	0.3910
3	33.81	34.73	33.16	34.61	34.0775	0.6369
4	44.26	45.82	45.64	42.97	44.6725	1.1534
5	50.94	50.81	50.72	53.28	51.4375	1.0666
6	64.13	65.16	63.59	64.88	64.44	0.6186
7	81.01	79.09	80.96	81.86	80.73	1.0122
8	85.01	82.96	85.82	85.98	84.9425	1.2022

续表

模态阶数	N1 测点	N2 测点	N3 测点	N4 测点	均值	标准差
9	91.59	91.25	89.06	90.04	90.485	1.0044
10	98.48	99.74	97.43	97.48	98.2825	0.94

由各阶模态频率值可知：

①模态频率与模态阶数呈近似线性关系。阶数越高，模态频率值越大。

②隧道结构呈现明显的低频特性，前十阶模态频率值均小于 100Hz。

分析比较在正交多项式法与 ARMA 法在隧道结构（局部地基梁结构）在纵向方向上的前四阶模态振型见图 6-15。

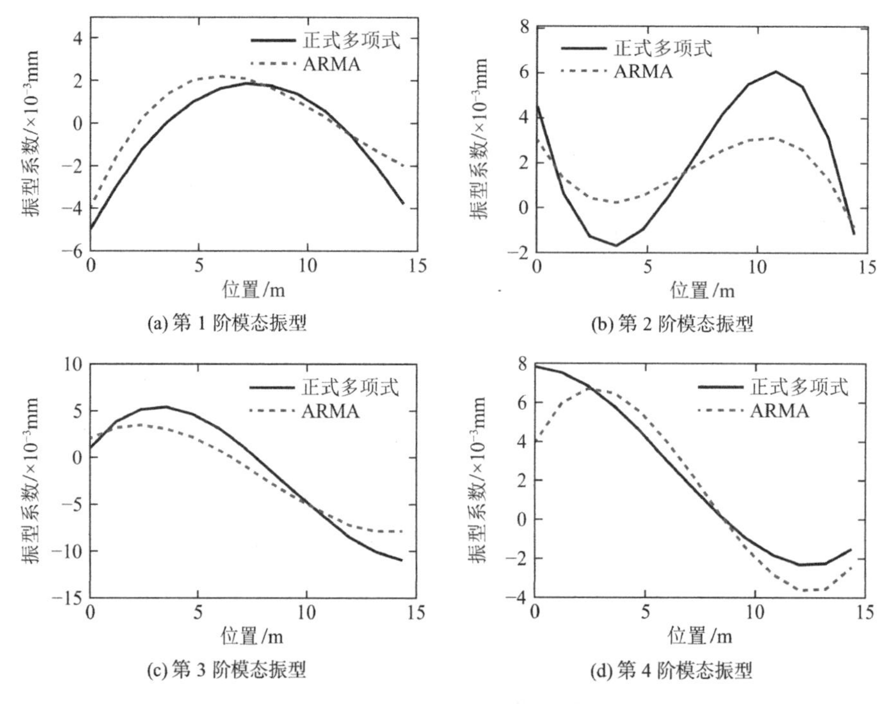

图 6-15　两种方法下的前四阶模态振型图

考虑模态极点及振幅，拟合正交多项式法与 ARMA 法下的前四阶频响函数（FRF），见图 6-16，可以直观看出两种不同方法下识别的模态参数略有所差异，但整体趋势还是具有一致性，因此认为识别是可靠、有效的。在此基础上，继续分析了在这两种模态识别方法下结构振型的模态置信因子 MAC 值，见图 6-17。

MAC 在对角阵上的值均大于 0.8，因此，正交多项式法和 ARMA 法的识别相似度较高，相互验证了识别的有效性。

从对短时脉冲激振力精度的理论分析到短时脉冲激振应用于地铁隧道进行动力测试，最后将现场测试的数据结合随机减量、正交多项式法及 ARMA 法识别隧道结构的模态参数，可以得到以下几点主要结论：

（1）隧道结构模态频率呈现明显低频特性，前十阶模态频率值均小 100Hz，模态频率与模态阶数呈近似线性关系，模态阻尼与模态阶数呈指数衰减关系。

（2）局部性能较稳定的隧道结构在其局部范围内传递特性具有一致性，可以减少振动传感器布置来捕捉局部频域传递特性。

（3）短时脉冲激振中的低频信号传递范围较广，高频信号能量耗散较快，传递范围较窄。

（4）无论是采用正交多项式法还是 ARMA 都有效地提取了隧道结构的模态参数。

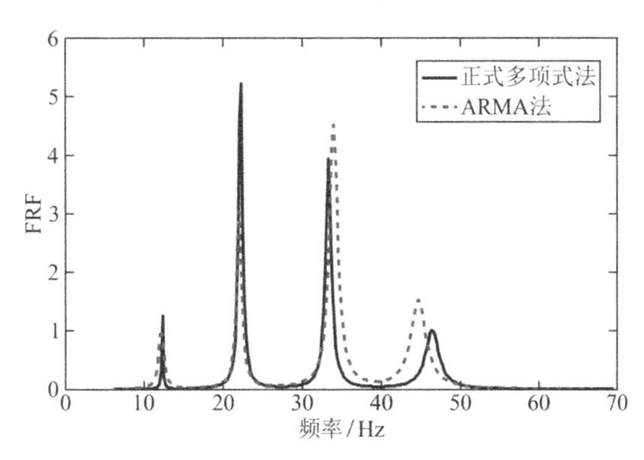

图 6-16　两种方法下低阶 FRF 拟合图

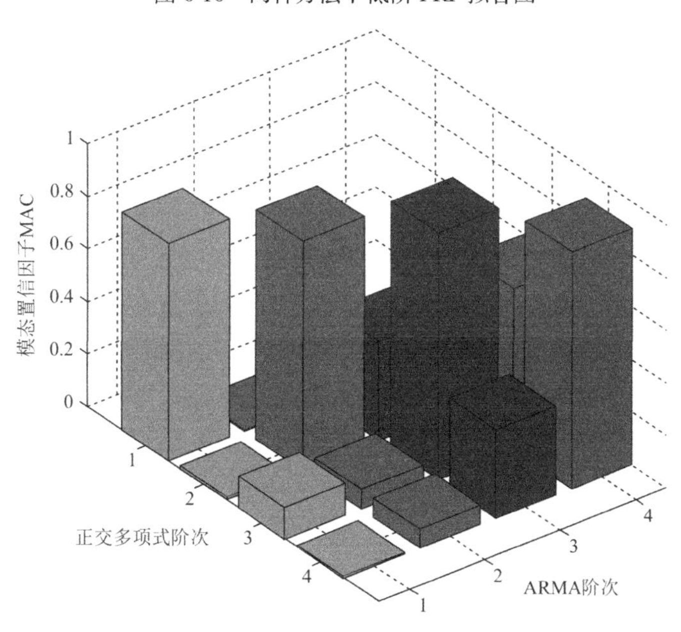

图 6-17　模态置信因子 MAC 值

6.3 隧道结构整体性能判定

6.3.1　基于动力损伤识别的隧道结构整体性能判定

在损伤识别后的结构性能判定中，采用参照设计规范的计算分析、空间有限元详细分析两种方法分别建立相应评定指标来评定结构性能。

参照设计规范的计算分析评定：隧道结构的安全承载与良好的使用性能是隧道最基本的功能要求，因此在损伤识别之后，首先要进行结构的极限承载力与正常使用性能评判。为便于工程使用，在此仍借鉴现有设计与承载力评定规范中的结构构件验算方法。提出采用结构损伤前后的抗力、荷载效应来构建相应的指标来作为结构极限承载力与正常使用性能判定的参考依据。

现行的隧道设计规范中考虑结构极限承载能力，定义结构的荷载效应函数与结构抗力函数分别为

$$S = S_{\mathrm{d}}(\gamma_{s0}\psi\sum\gamma_{s1}Q) \tag{6-11}$$

$$R = R_{\mathrm{d}}\left(\frac{R^j}{\gamma_{\mathrm{m}}}, a_k\right) \tag{6-12}$$

式中：Q——可变荷载；

R^j——混凝土的设计强度；

a_k——结构几何尺寸；

γ——各类分项系数。

在基于动力测试的损伤识别后评定中，构建评判指标：结构损伤后抗力退降比（I_{RR}），损伤后结构构件抗力与荷载效应比值（I_{dRS}、I_{uRS}），以及损伤前后抗力与荷载效应之比（I_{RRS}）。

$$I_{\mathrm{RR}} = \frac{R_{\mathrm{d}}}{R_{\mathrm{u}}} \tag{6-13}$$

$$I_{\mathrm{dRS}} = \frac{R_{\mathrm{d}}}{S_{\mathrm{d}}} \tag{6-14}$$

$$I_{\mathrm{uRS}} = \frac{R_{\mathrm{u}}}{S_{\mathrm{u}}} \tag{6-15}$$

$$I_{\mathrm{RRS}} = \frac{I_{\mathrm{dRS}}}{I_{\mathrm{uRS}}} \tag{6-16}$$

式中：R_{d}、R_{u}——损伤前后结构的抗力；

S_{d}、S_{u}——损伤前后结构的荷载效应。

同样在正常使用状态的评定中，按照同样的方法构建针对损伤单元或控制界面的评判指标如下：

$$I_{\mathrm{s}} = \frac{\sigma_{\mathrm{d}}}{\sigma_{\mathrm{u}}} \tag{6-17}$$

$$I_{\mathrm{d}} = \frac{f_{\mathrm{d}}}{f_{\mathrm{u}}} \tag{6-18}$$

$$I_{\mathrm{w}} = \frac{w_{\mathrm{d}}}{w_{\mathrm{u}}} \tag{6-19}$$

式中：I_{s}——控制截面及损伤单元应力退降比；

I_d——控制界面的扰度退降比；

I_w——控制截面及损伤单元裂缝宽度退降比；

σ_d、f_d、w_d——损伤后的应力、扰度与裂缝宽度；

下标 u——损伤前的值。

在基于动力测试的损伤识别后评定中，对基于规范验算的各指标实施单项评定，各项的评定均分为无损伤、轻微损伤、中度损伤及重度损伤四个等级，详见表 6-4。

基于规范验算的各项指标评价表　　表 6-4

损伤等级	指标				
	I_{RR}	I_{RRS}	I_s	I_d	I_w
无损伤	≥0.95	≥0.95	≤1.05	≤1.03	≤1.05
轻微损伤	0.85～0.95	0.85～0.95	1.05～1.15	1.03～1.13	1.05～1.15
中度损伤	0.70～0.85	0.70～0.85	1.15～1.30	1.13～1.28	1.15～1.30
重度损伤	≤0.7	≤0.7	≥1.30	≥1.28	≥1.30

注：表中各类指标评定等级的数值仅是参考混凝土荷载试验及计算分析结果而划分的，其用于动力损伤后评定的合理数值有待于工程实践的检验与修正。

6.3.2　直接用动力参数的隧道结构性能判定初探

隧道结构的动力参数如模态频率、振型及阻尼比能够直接表征结构的整体力学性能。利用动力参数及其衍生量，或者此类量值在损伤前后的变化来对隧道结构做出经验性、定性、定量的判定则是隧道结构评定的有益补充。

隧道结构的动力参数与结构物理特性是紧密相连的。模态频率表征隧道结构的整体刚度，此外模态频率还表征隧道结构的动力使用性能，与运营通行列车的自振频率，列车的广义扰动频率（V/L）以及环境扰动有密切的关系。模态振型表征结构体系以及体系构建刚度的分布状况。模态频率及振型受边界条件及边界条件的变化影响显著。阻尼比表征结构的阻尼特性，反映结构消耗机械能的能力，阻尼越大则结构损伤程度可能越大。

在直接应用动力参数的隧道结构性能判定的初步探讨中，尝试从以下三个方面来考虑：定性的指标评定方法，经验限制评定方法，定量的损伤评定方法。

（1）定性的指标评定

在定性的指标评定中，以损伤前后频率的变化值 $\Delta\omega_i$、模态置信准则（MAC）、阻尼比的变化比 $\Delta\xi_i/\xi_i$ 以及其他的一些由损伤前后动力参数组合而得的衍生量 $g_i(\omega_i,\phi_i,\xi_i)$ 作为评定指标，并以这些指标的量值来进行隧道结构的评定。该方法对隧道结构的评定仅仅是一种定性的评判，但评定的方法简单易行。

（2）定量的损伤评定

在定量的损伤评定方法中，可采用模式匹配的方法来进行损伤的定量评定，即针对隧道结构特性以及现有类似隧道结构的损伤工程经验而总结出可能存在的损伤模式以及不同的损伤程度，然后采用数值模拟分析计算出各种可能损伤工况下隧道结构动力参数以及相对于损伤前的变化情况的数据库，再用损伤后的实测动力参数来与数据库进行匹配，找出最相符的损伤工况，并在其基础上评定隧道结构的性能。该方法能够实现损伤的定位与损伤程度的识别，并具有良好的实际工程适用性，但其缺点在于存储数据量大，损伤识别结果的精度也得受限制。

（3）经验限制评定

隧道结构的动力参数变化与结构损伤有紧密的关系，而动力参数本身直接体现隧道结构的动力使用性能，当隧道结构的低阶模态频率与车的广义扰动频率（V/L）以及环境扰动相接近时更容易激发隧道结构产生过大幅度振动。因此在直接采用动力参数评定隧道性能时，可结合隧道结构的动力使用性能以及损伤对结构性能的影响，分别对结构的动力参数及其在运营中的变化量设定具有经验性的限制，既能保证隧道结构的动力使用性能，又能保证运营中隧道边界情况以及损伤情况尽可能被及时发现。

6.4 动力损伤识别误差的影响分析及降低措施

基于振动测试信号的隧道结构损伤识别研究，并通过数值模拟分析隧道结构的瞬态响应，通过传递函数进行损伤定位及 FNBDI 进行损伤程度判定，分析结果表明具有良好的识别精度，但在前述的理论方法及模拟分析中均未考虑测试误差等的影响。在此分析各种误差对损伤识别结果带来的影响状态，并分析降低动力测试误差的理论与方法。

6.4.1 动力损伤识别误差的来源分析

在基于动力测试的损伤识别中，主要存在如下几种误差：一是隧道结构的模型误差；二是动力测试数据存在一定误差；三是损伤识别理论算法中存在的算法误差。

（1）模型误差

大多数基于动力测试的损伤识别理论方法中均需采用隧道结构的理论模型或有限元模型，本节中分析隧道结构损伤和边界条件变异损伤都对模型进行了假定和简化，然而在实际隧道结构中，无论是边界条件还是隧道结构本身都是比较复杂的，而理论模型和有限元模型总有很多与实际隧道存在差异的地方即模型误差，主要表现为几何误差、材料特性误差、接触误差、边界特性误差等，此外还有隧道上附属各类设施如铁轨、轨枕等物件的不确定引起误差。由于现场施工条件和技术水平，结构构件的几何尺寸与设计值总会存在一定的误差，此类误差统称为几何误差，几何误差的存在具有普遍性。从第 2.2 节的基于摄动理论的隧道结构损伤的模态特征分析可知，在基于动力测试的损伤识别方法中，仅考虑损伤前后的变化，忽略隧道结构几何误差引起的较小误差。隧道结构材料特性误差则是隧道结构模型误差中的重要组成部分，目前沿用的结构材料强度、弹性模量、质量均为基于设计安全的值，而“设计值”则是“标准值”除以某一大于 1.0 的分项系数的值。对于实际隧道结构，其材料特性通常与设计值有一定的差异，混凝土材料由于其材料特征及施工水平的不同导致十分复杂的材料特性差异。还有管片间及衬砌环间的螺栓连接特性，都不可避免产生误差。

（2）动力测试数据误差

动力测试数据是动力损伤识别中进行结构损伤识别最根本的依据。动力测试数据中存在误差将直接影响损伤识别结果的精度，在测试数据少、误差相对大的情况下甚至导致损伤的误判。动力测试误差的大小与测试的方法有关，不同的动力测试方法将会有不同程度的测试误差。测试中是否有外力激振时误差大小不同，通常情况下，在有外力激励的条件下可提高动力测试的精度。与测试所采用的仪器设备有关，不同的动力测试传感器的灵敏度区域有一定的差异，选择合适的传感器能显著提高动力测试的精度，对于隧道结构而言，其低阶的模态频率值很低，即使采用超低频的传感器也难以测得，因此要提高动力测试精度必须根据相应的隧道特性选用合适的传感器。

动力参数结构一般与测试时间长短有关，一般而言，测试时间长能得到更多的有效信息，可以通过平均等方法来提高测试精度。此外，与隧道结构周围环境有很大的关系，动力测试仪器设备的敏感性高，易于受周边环境的干扰，周围环境中的振动、不规律的地脉动等，电磁设备等都会对动力测试造成干扰，降低测试的精度。动力测试数据中通常测试结构的速度、加速度时程响应，此类数据极其庞大，除基于时域响应的损伤方法外均不是直接应用，而是将其通过时频转换为频域相应提取结构自振频率、振型向量及阻尼比等动力参数来应用。本节所提方法是以结构的模态频率与模态振型来进行结构的损伤识别。在通常的动力测试中，结构的模态频率的测试误差相对较小，而模态振型的相对较大。很多文献认为前者的测试误差相对较小，而模态振型的相对较大。很多文献（Au Ftk，2003；Wang Z，1997）认为前者的测试误差基本小于 1%～2%，而后者则为 5%～10%。因此，在隧道结构的动力损伤识别中，首先必须从源头上降低损伤识别中的动力测试误差，以提高识别的精度。

（3）算法误差

根据动力测试数据进行损伤识别的算法大多数因测试数据的不完备性而采用某一准则得到的优化解，而非真实解，因而算法中本身包含了损伤识别的近似性。也正是如此，一种识别效果显著的算法能够得到有效逼近实际情况的优化解，并具有很强的适用范围与相对较小的计算量。此外，算法的优化求解过程中存在大量的矩阵运算分析，由于计算中矩阵接近奇异等也会造成数值计算误差，因此数值计算中的精度与稳定性也是损伤算法中面临的问题。

从基于动力测试的损伤识别中不同来源的误差分析可见：在考虑隧道-土体接触的模型误差影响较小；对于损伤识别算法中存在的误差则可以通过优化或改进算法来克服；而动力测试误差则难以消除，本身测试误差客观存在，而降低测试误差更主要的是通过测试仪器设备与测试技术的进步。因而在此主要讨论动力测试数据存在误差时对损伤识别的影响。

6.4.2　振动测试误差对隧道结构损伤识别判定的影响

为讨论动力测试误差对本节所提出的考虑边界条件变异的损伤识别理论方法的影响，首先从理论上根据矩阵摄动理论来分析在损伤识别算法中动力测试误差对识别结构的影响。

基于模态频率及模态振型摄动的损伤识别中，讨论测试误差对损伤识别结果的影响，损伤参数误差可表示为：

$$x=\left(A^{\mathrm{T}}A\right)^{-1}A^{\mathrm{T}}b \tag{6-20}$$

其中，A 与隧道结构损伤前后单元刚度 K^{e} 及模态频率 f_i 及模态振型 ϕ_{ij} 有关，而 b 则与实测频率 f_i^{t} 及实测振型 ϕ_{ij}^{t} 有关。将实测动力参数用列向量表示为：

$$y=\left\{f_i^{\mathrm{t}},{\phi_{i1}^{\mathrm{t}}}^{\mathrm{T}},{\phi_{i2}^{\mathrm{t}}}^{\mathrm{T}},\cdots {\phi_{im}^{\mathrm{t}}}^{\mathrm{T}}\right\}^{\mathrm{T}} \tag{6-21}$$

并令 $U=\left(A^{\mathrm{T}}A\right)^{-1}A^{\mathrm{T}}=\left\{u_1^{\mathrm{t}},u_2^{\mathrm{t}},\cdots u_n^{\mathrm{t}}\right\}^{\mathrm{T}}$，则有

$$x=Ub=\left\{u_1^{\mathrm{t}}b,u_2^{\mathrm{t}}b,\cdots u_n^{\mathrm{t}}b\right\}^{\mathrm{T}} \tag{6-22}$$

根据矩阵微分理论，由向量 x 对向量 y 的微分有：

$$\frac{\partial x}{\partial y^{\mathrm{T}}}=\begin{Bmatrix}\dfrac{\partial\left(u_1^{\mathrm{t}}b\right)}{\partial y^{T}}\\ \dfrac{\partial\left(u_2^{\mathrm{t}}b\right)}{\partial y^{\mathrm{T}}}\\ \vdots\\ \dfrac{\partial\left(u_n^{\mathrm{t}}b\right)}{\partial y^{\mathrm{T}}}\end{Bmatrix}=\begin{Bmatrix}b^{\mathrm{T}}\dfrac{\partial u_1}{\partial y^{\mathrm{T}}}+u_1^{\mathrm{t}}\dfrac{\partial b}{\partial y^{\mathrm{T}}}\\ b^{\mathrm{T}}\dfrac{\partial u_2}{\partial y^{\mathrm{T}}}+u_2^{\mathrm{t}}\dfrac{\partial b}{\partial y^{\mathrm{T}}}\\ \vdots\\ b^{\mathrm{T}}\dfrac{\partial u_n}{\partial y^{\mathrm{T}}}+u_n^{\mathrm{t}}\dfrac{\partial b}{\partial y^{\mathrm{T}}}\end{Bmatrix}=U\frac{\partial b}{\partial y^{\mathrm{T}}} \tag{6-23}$$

当实测动力参数有一定误差时，则向量 y 有摄动量 Δy，则识别结果向量 x 相应有摄动量：

$$\Delta x=\frac{\partial x}{\partial y^{\mathrm{T}}}\Delta y=U\frac{\partial b}{\partial y^{\mathrm{T}}}\Delta y=\left(A^{\mathrm{T}}A\right)^{-1}A^{\mathrm{T}}\frac{\partial b}{\partial y^{\mathrm{T}}}\Delta y \tag{6-24}$$

由上式，若 Δy 较大时，则 Δx 会有较大的误差，但在隧道结构损伤中，仅讨论误差相对较小的情况，则可将 Δx 看作测试误差 Δy 引起的识别结果误差。

可见测试误差的存在必然导致一定程度的损伤识别结果偏差，由式(6-20)～式(6-24)可知，待识别参数大小与损伤前的结构特性如单元刚度矩阵、模态频率、振型及测试误差大小有关。

6.4.3 基于动力特征损伤识别中降低误差影响的方法

从上面的分析的结果可见，动力测试误差对基于动力测试的损伤识别结果有显著的影响，造成损伤识别的精度下降，甚至造成误判。因此提高损伤识别精度应采用相应的措施来降低各类误差。根据不同的误差来源可采用相应的措施来降低误差水平。

6.4.3.1 动力损伤识别中降低误差的常规办法

对于隧道结构的模型误差，本节的损伤识别理论方法中考虑了隧道结构拼装式特征，

在简化模型的同时采用惯用修正法对刚度进行折减，并且土体边界效应，将隧道-土体简化为经典的弹性地基梁结构，本身已显著降低模型误差的影响。

对于动力测试误差，首先通过测点优化布置有效地提高测试的效率，降低测试误差；其次选取恰当的激振方法与测试设备以提高测试精度，选取合适时间段来测试并控制周围干扰因素来提高测试精度；最后采用适当的方法来校正动力测试设备能够有效地降低测试误差，增大测点数量、加长测试时间以获取更多的有效信息。

动力测试的精度之间与所采用的测试设备及激振方法有关，不同类型的动力测试传感器的测试频率范围与灵敏度也不相同，测试精度也不相同。因此在条件允许的条件下可以采用精度高的测试传感器。选取恰当的激振方法均会增大动力测试的成本。动力测试易于受干扰，选择合适的时间段进行测试则能提高测试精度，通常的动力测试均在干扰相对较少、地铁列车停运的夜间进行。测试过程中，尽量避免周边的电磁设备的干扰，但在隧道现场条件下难以达到较为理想的状态。增大动力测试的测点数量虽然各测点本身不能提高测试精度，但能够有效增加测试的有效信息，有利于各种损伤识别方法降低测试误差带来的影响而提高识别的准确性与精度，但增大动力测点数目则显著增加动力测试的成本，也统称为实际情况所不允许，除了上述的常用降低动力测试误差方法之外能够有效降低动力测试误差则是动力测试设备的校正和测试数据的平均技术。

6.4.3.2　动力测试设备的校正

动力测试设备在使用及存放过程中不可避免的产生偏差，为保证动力测试的精度与可靠性，必须对振动传感器和测试仪器进行校正。振动测试系统校正的主要内容有系统的灵敏度、系统的频率特征以及幅值线性变化范围。动力测试设备除在常规的定期检查标定之外，在测试前进行设备的校正能够有效地降低动力参数辨识的误差，尤其是振型向量的测试误差。动力测试设备的校正方法按照其参照对象可分为绝对校正法和相对校正法。绝对校正法是采用特定的仪器来测定动力测试设备的频率特性及灵敏度的情况。相对校正法主要针对传感器进行，是将待校正传感器与参照传感器接收相同的振动来进行相对式校正，其中参考传感器可以是更高灵敏度的传感器，也可以是测试传感器的一个。相对式校正法简单易行，成本低，适合于隧道结构的现场动力测试以及固定于隧道上的健康监测中的动力测试。现场的动力测试中，对于普通的动力测试，可将全部测试传感器同时集中在隧道中或隧道区间中部，测试一个工况作为相对校正工况，以提高动力测试结果，对于固定于隧道上的健康监测的动力传感器，则应定期对传感器进行检查校正以提高测试结果的精度。

6.4.3.3　振动测试中的平均技术

增大测试时间同样能够获得更多的有效信息，并可以通过平均技术等方法来实现各测点测试误差的降低。该方法能够在不显著增大测试成本的基础上降低测试误差，而对于长期的健康监测，则不存在测试时间限制的问题，因此，增大测试时间，并通过发展新的平均技术来降低测试误差也是基于动力测试的损伤识别与评定中提高识别精度与评定准确性的重要手段。在随机荷载作用下的动力测试中，应用平均技术提高测试精度则有更为广阔的发展前景。目前动力测试平均技术主要有：时域平均、频域平均、指数平均、峰值保持平均、无重叠平均、重叠平均、基于小波分析的平均等技术（Erdol Nurgun，Filiz Basbug，1996；Evangelista Gianpaolo，1994；Mallat Stephane，Wen Liang Hwang，1992；Zheng Gt，Pd Mcfadden，1999；刘海兰，2011；刘习军，1999；徐敏强，2002）。而适用于目前隧道结构动力测试的平均技术主要是时域平均、频域平均和指数平均技术。

（1）时域平均技术

时域平均技术是将时程相应各记录点进行线性平均，该方法需要保证各测试记录从同一初始相位开始。假设动力测试的次数为 N_0，每次测试数据的样本点数均为 N 个，样本点的时间间隔为 Δt，对于 N_0 段时间记录的数据，按相同序号的样点进行线性平均：

$$\overline{y}(n\Delta t)=\frac{1}{N_0}\sum_{i=1}^{N_0}y_i(n\Delta t)\quad(n=1,2,\cdots,N)\tag{6-25}$$

式中：y_i——速度、加速度等实测的时程数据。

在进行时域平均之后进行 FFT 变换及其他处理即可提取相对精确的动力参数。时域平均在时域上降低随机造成的影响，提高测试结果谱分析的信噪比。时域平均只需要进行一次 FFT 变换，计算量小，分析速度快。但时域平均技术适合应用于有确定激振的动力测试中，而一般不能用于随机激振下动力测试，因为初始时刻相位的随机性会使得测试的随机量趋向于零。

（2）频域平均技术

频域平均技术是最基本的一种平均方法，将各段一定长度的实测时程相应逐一做 FFT 变换至频域，然后在频域按每一个频率点对频谱值做等权线性平均。同样假设动力测试的次数为 N_0，每次测试数据的样本点数均为 N 个，样本点的频域的频率间隔为 Δf，对于 N_0 段频谱数据，按相同序号的样点进行线性平均：

$$\overline{A}(n\Delta f)=\frac{1}{N_0}\sum_{i=1}^{N_0}\overline{A}(n\Delta f)\quad(n=1,2,\cdots,N)\tag{6-26}$$

式中：$A(f)$——自谱、互谱或频响函数等，即以频率为自变量的某一幅值量。

频域平均技术能够有效降低随机干扰噪声的影响，适合于随机激振及确定激振过程的动力测试方法。其缺点是整个过程中需要做 N_0 次 FFT 变换，因为计算量相对较大。

（3）频域加权平均技术（指数平均技术）

在时域平均、频域平均中，各段测试的时域或频域结果均赋予相同的权重，而没有区分先后测试区段的差别。为了体现最新测试区段的重要性，可对新的测试区段赋予较大的权重，而越旧的区段的权重越小，指数平均技术则是体现这种思想的方法之一。在线性平均方法中，各测试区段的权重均为 $1/N_0$，设 S_{m} 为第 m 个区段的值，A_{m} 为前 m 个区段的线性平均值，则有：

$$A_{\mathrm{m}}=\frac{m-1}{m}A_{\mathrm{m}-1}+\frac{1}{m}S_{\mathrm{m}}\tag{6-27}$$

为了体现最新区段值得重要性，可将 S_{m} 的权重提高为 $1/w$（$w < m$），则有：

$$A_{\mathrm{m}} = \frac{w-1}{w} A_{\mathrm{m}-1} + \frac{1}{w} S_{\mathrm{m}} \tag{6-28}$$

式中 w 也成为衰减系数，可根据具体情况来假定。再由式(6-28)可推导得到 S_{m-n}（$n < m$）的权重为 $\frac{1}{w}\left(\frac{w-1}{w}\right)^n$，因此该平均方法被称为指数平均技术。

指数平均技术常用于非平稳激励的动力测试中，特别适合隧道结构健康监测中的动力测试分析，因为在运营中的列车振动以及环境荷载下是非平稳的随机激振过程，采用指数平均技术可以不断体现最新测试的基本特征，又可以通过与原有的测试数据的平均来提高信噪比并减小测量的偏差。

在隧道结构的动力损伤识别中，动力测试误差对损伤识别结构影响显著。因此，在有限的动力测点的基础上，合理地布置测点位置、恰当地运用信号处理技术手段来提高测点动力测试结构的精度有重要的意义，也将有助于基于动力损伤识别理论与方法的进一步发展。

6.5 隧道结构在线动力监测应用

6.5.1　在线动力监测系统组成及其功能分析

在线动力监测（On-line Dynamic Monitoring，ODM）是指现场的无损传感技术，分析通过包括结构响应在内的结构系统特征，达到检测结构损伤或退化的一些变化。本节首次在上海地铁隧道内安装动力传感器，实现了地铁隧道实时在线远程的动力监测。

在线动力监测系统（图 6-18）是一种实时在线监测技术，不仅可以实现实时在线监测不影响隧道结构正常使用，还实现了多通道数据同步采集、定时触发采集及远程传输的功能，系统包括以下几个部分：

（1）传感器子系统：其中传感器子系统为硬件系统，功能为感知结构的动力响应，以电压的物理量形式输出，该子系统是在线动力监测系统最前端和最基础的子系统。

（2）数据采集系统与传输系统：包括硬件和软件两部分，硬件系统包括数据传输电缆、数模转换（A/D）器等；动态数据采集软件将数字信号以一定方式存储在采集终端，通过远程操作系统 Teamviewer 进行远程传输操作，避免了传统静态 IP 远程的弊端。

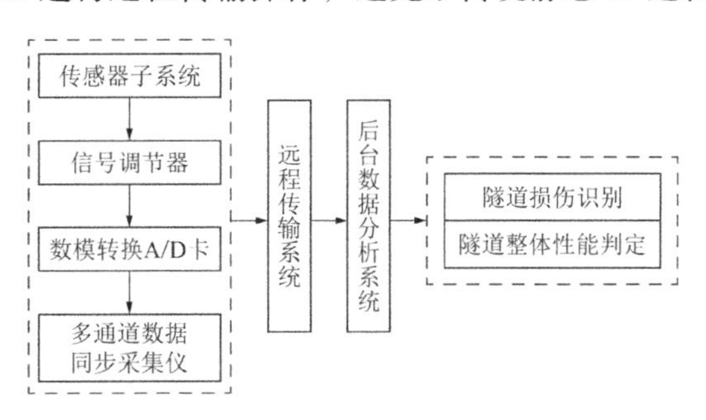

图 6-18　动力监测系统

（3）隧道损伤识别、隧道整体性能判定：在本工程应用中一般针对两类型损伤，一类是隧道病害导致的衬砌管片上的刚度退降，另一类是隧道边界变异（脱空、隧道上方土体开挖），见图 6-19，在实际隧道工程应用中动力监测的主要目的是对损伤进行探定，再结合其他的局部检测手段进行细部检测，在线动力监测旨在实时把握隧道结构的整体性能。隧道整体性能判定，隧道整体性能评估是基于动力监测和损伤识别的基础上，通过各种可能的，结构允许的测试手段，测试其当前的工作状态。

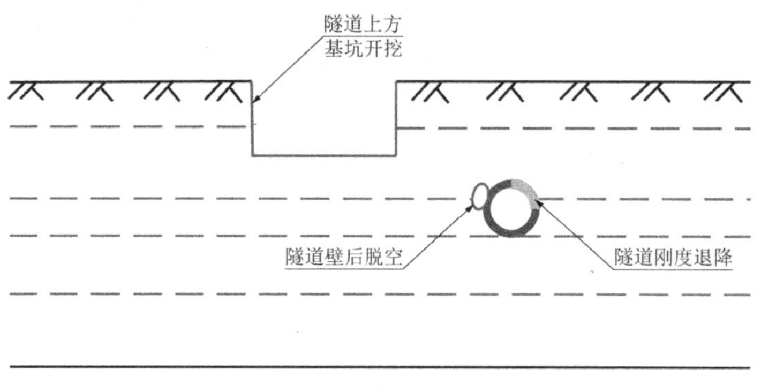

图 6-19 隧道动力监测损伤识别类型示意图

在线动力监测系统中的硬件设备及软件系统见表 6-5。

在线动力监测系统硬件设备及软件系统 表 6-5

仪器	名称	型号	软件系统
传感器	美国朗斯压电加速度传感器	LC130t/LC0156A	—
采集仪	12 通道邑成动态数据采集器	UEI250kHz	UEIlogger300
终端存储机	笔记本电脑	ThinkPad X230	
远程操控系统	—	—	Teamviewer
后台数据处理	PC 机	—	MATLAB

6.5.2 隧道损伤识别及整体性能判定

直接用动力参数的隧道结构损伤识别及整体性能判定，在本章中选取前七阶模态频率作为识别参量，在结构振动响应信号的参数辨识中，模态频率是最容易获得，精度最高的参量。

根据第 2 章摄动理论分析及弹性地基梁的特征值闭合解析式可知，若隧道结构衬砌管片上存在刚度退降损伤条件下，隧道结构的各阶模态频率有下降的趋势，若隧道结构存在边界条件变异（隧道上方基坑开挖、壁后空洞等）将导致有效地基抗力减小，影响隧道结构的各阶模态频率呈增加的趋势，因此通过模态频率的变化可以判定损伤类型（表 6-6）。

直接用模态频率变化率为整体性能判定标准 表 6-6

损伤程度	无损伤	轻微损伤	中度损伤	重度损伤
模态频率变化率	≤5%	5%～15%	15%～30%	≥30%

6.5.3　工程概况

本应用工程位于上海 12 号线上行线天潼路（SK22 + 473.443m）—国际客运中心（SK23 + 924.353m），对应上行线动力监测位置在里程 SK22 + 950.2m～SK23 + 58.2m 之间，相对应环号为 720～810 环。动力监测平面示意图见图 6-20。

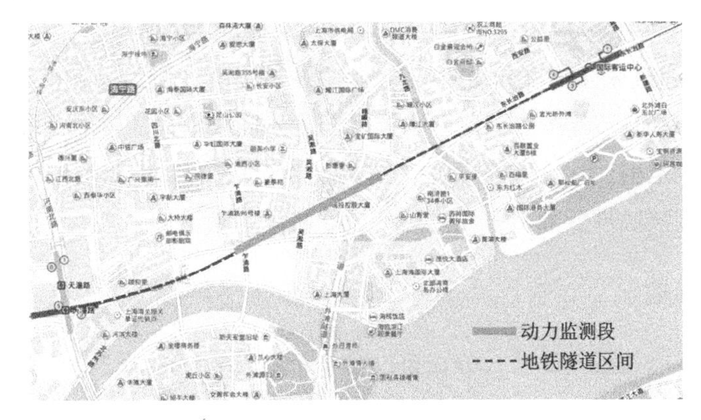

图 6-20　动力监测平面示意图

6.5.4　动力监测方案

6.5.4.1　监测原理及目的

结构的性能状态可用结构模态参数（模态频率\阻尼\振型系数）和结构物理参数（刚度参数）进行描述，结构模态参数取决于结构的质量和刚度分布状态。结构的模态参数发生变化，能够间接反映结构的物理性能状态的变化，从而可以定性或定量地判别结构性能的变化。

为了从结构的动力响应识别结构的模态参数，从而通过离散时间点的动力监测，观察结构模态的变化来分析结构性能状态，在隧道内进行振动测试，为基于动力特性的隧道性能评估提供支撑。采用压电式加速度线传感器对隧道进行动力监测。

6.5.4.2　监测时间及采样频率

上海地铁 12 号线运营时间见表 6-7。

上海地铁 12 号线运营时间　　表 6-7

<table>
<tr><th colspan="2">时间/车站</th><th>虹梅路站—巨峰路站</th><th>七莘路站—虹梅路站
巨峰路站—金海路站</th></tr>
<tr><td rowspan="3">工作日</td><td>早高峰（7:00—9:00）</td><td>4min</td><td>8min</td></tr>
<tr><td>晚高峰（17:30—19:30）</td><td>4min30s</td><td>9min</td></tr>
<tr><td>其余时段</td><td>6～7min</td><td>12～15min</td></tr>
<tr><td rowspan="2">双休日</td><td>高峰时段（8:00—19:00）</td><td colspan="2">6min</td></tr>
<tr><td>其余时段</td><td colspan="2">8～10min</td></tr>
</table>

为了捕捉更多的隧道结构振动响应信号，涵盖早高峰、晚高峰的振动数据，每测试时间节点持续 10min，每天 6 个测试时间节点，间隔 4h，如表 6-8 所示。

动力监测采集时间节点样本　　表 6-8

每天时间点					
0:00	4:00	8:00	12:00	16:00	20:00

在第 6.2.1 节通过采样精度分析，采样频率取 2000Hz，隧道结构模态参数辨识的前十阶模态频率小于 100Hz，若按照奈斯奎采样定理，采样频率只需要取 200Hz 就能满足隧道结构所关心的频带范围，但是为了捕获更多的信号数据，在动力监测中取 2000Hz，可以通过信号重采样降低频段进行分析，反之则不成立。

6.5.4.3 传感器布置

加速度传感器总共布置 8 个，分别布设在 4 个不同管环断面，每个断面布设位置在侧壁及道床，如图 6-21、图 6-22 所示。现场采集终端位于 875 环断面上，动力监测范围为 48m，断面上分别在侧壁，道床上分别布置一个测点。道床测点为了更好地捕捉列车振动响应信号，侧壁测点为了更好地捕捉隧道结构响应信号。

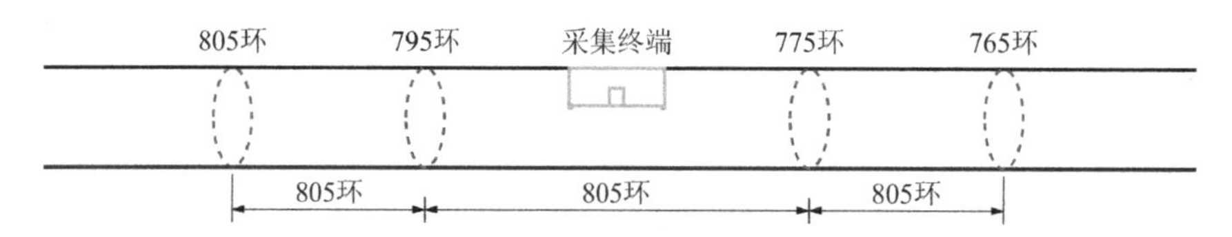

图 6-21　隧道动力监测纵断面图

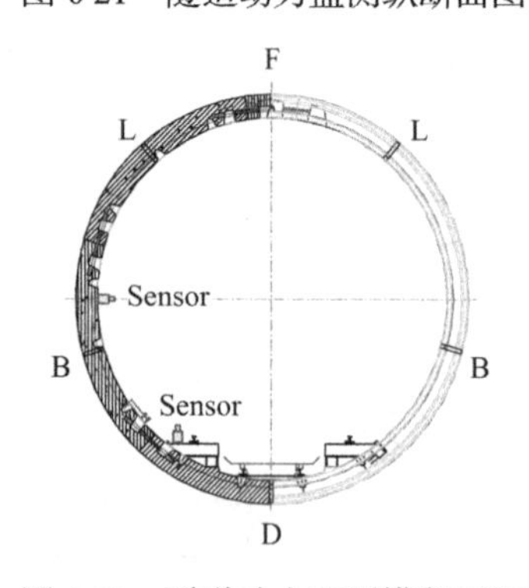

图 6-22　隧道动力监测横断面图

断面监测点布置见表 6-9。

断面监测点布置　　表 6-9

断面	位置	测点	编号
805 环（CK23 + 58.08m）	侧壁	PCB-1	N1
	道床	PDC-1	N2

续表

断面	位置	测点	编号
795 环（CK23 + 46.08m）	侧壁	PCB-2	N3
	道床	PDC-2	N4
775 环（CK23 + 22.08m）	侧壁	PCB-3	N5
	道床	PDC-3	N6
765 环（CK23 + 10.08m）	侧壁	PCB-4	N7
	道床	PDC-4	N8

地铁隧道动力监测现场照片见图 6-23。

(a) 动力监测现场

(b) 采集终端网关

(c) 道床上布设的传感器

图 6-23　地铁隧道动力监测现场照片

6.5.5　动力监测数据分析及评估

在试验及理论分析中，通过对比无损伤与假定已知损伤进行研究分析，选取对损伤敏感系数较高的动态参数及其反演指标对结构损伤进行识别，但是在实际工程监测中，只能通过分析不同时间节点的结构动态特征分析，同样选取数据精度、敏感性较高的动态参量对不同时段进行评估、预判有无损伤。

在一个较长的监测周期时间节点序列 $(T_0, T_1, T_2, \cdots, T_n)$，可定义任意一个时间点为初始结构状态，监测任意时间节点的加速度时程数据（图 6-24）。在这基础上提出了 3 种动力监测方法：①有序节点监测，将 T_0 时刻结构状态定为初始状态，不同时间点状态通过与 T_0 时刻结构状态比较分析判断结构健康状态；②覆盖节点监测，在某一时刻点无损伤发生情况下，可覆盖前一时刻的初始时间点，作为后续损伤识别的初始时间点，这一方法可以节省动力监测的数据空间，便于后续数据冗繁造成的误差；③综合节点监测，综合有序节点监测和覆盖节点监测。

在本章在进行地铁隧道动力监测数据时，采用有序时间节点监测，将 2015 年 10 月的监测数据作为结构初始状态（视为无损状态）。

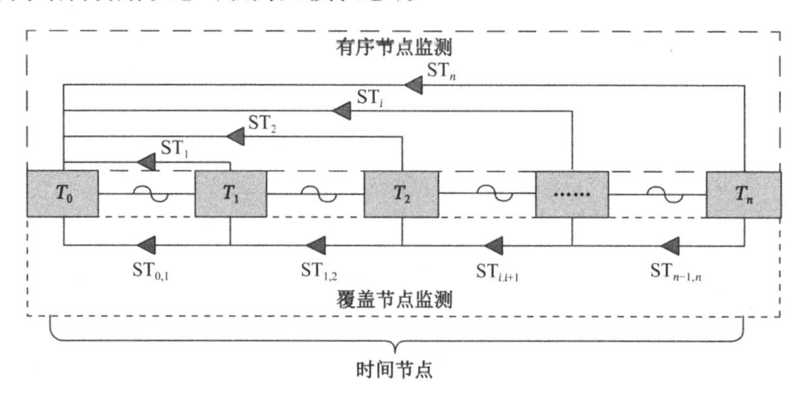

图 6-24 动力监测节点示意图

2015 年 10 月 30 日动力监测数据进行分析，在列车荷载作用下，8 个测点的时程数据及 Gabor 时频分布如图 6-25～图 6-32 所示。

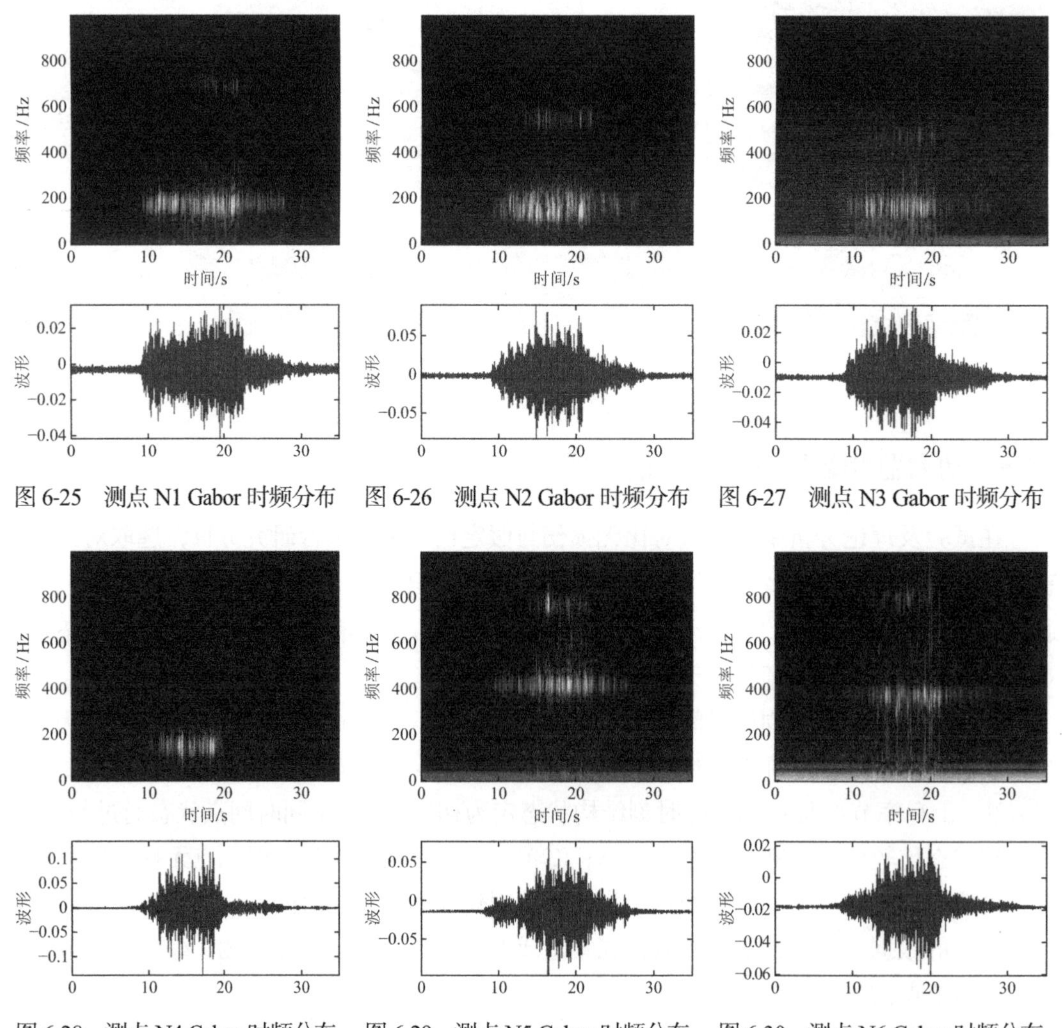

图 6-25 测点 N1 Gabor 时频分布 图 6-26 测点 N2 Gabor 时频分布 图 6-27 测点 N3 Gabor 时频分布

图 6-28 测点 N4 Gabor 时频分布 图 6-29 测点 N5 Gabor 时频分布 图 6-30 测点 N6 Gabor 时频分布

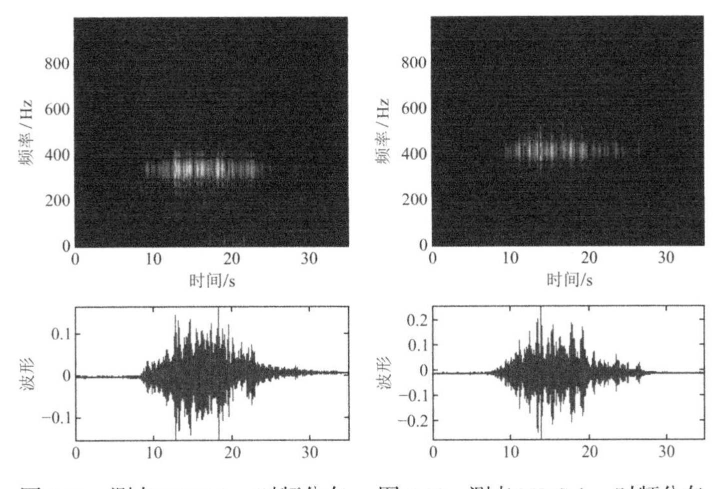

图 6-31　测点 N7 Gabor 时频分布　　图 6-32　测点 N8 Gabor 时频分布

8 个测点自功率密度谱图如图 6-33、图 6-34 所示。

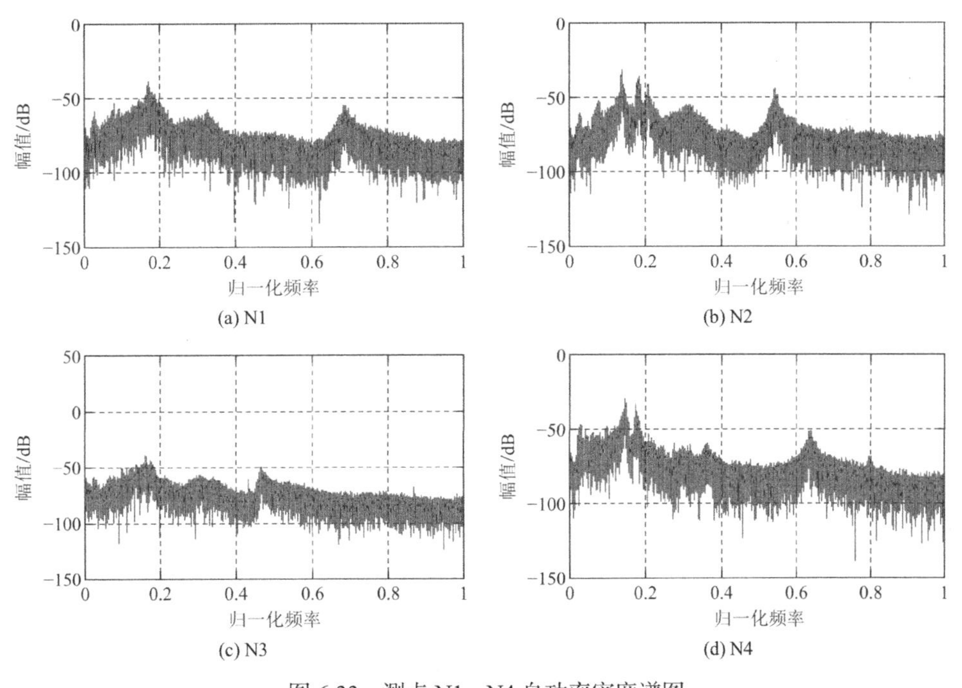

图 6-33　测点 N1～N4 自功率密度谱图

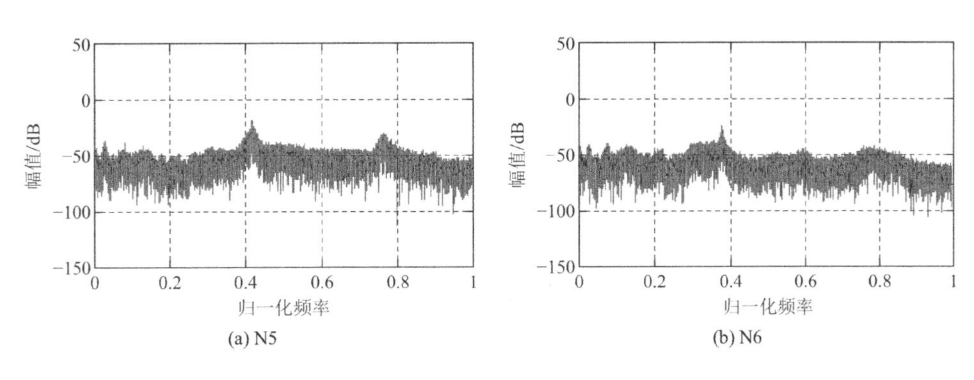

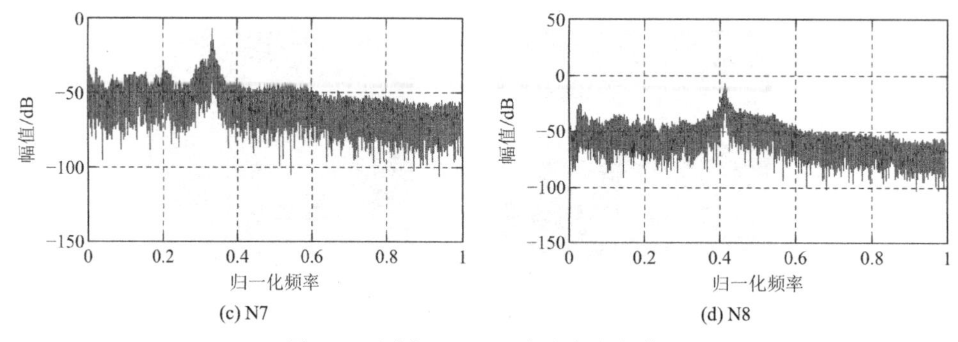

图 6-34 测点 N5～N8 自功率密度谱图

通过以上 2015 年 10 月数据分析可知，在列车荷载作用下，振动信号中含有较高频成分为主的信号，范围为 200～600Hz，属于不稳定的强干扰，极易掩盖和淹没隧道结构本身的低频特征。

在此分析基础上，进一步分析地铁停运后的环境随机下的监测数据。8 个测点的时程数据及其对应的 Gabor 时频分布如图 6-35～图 6-42 所示。

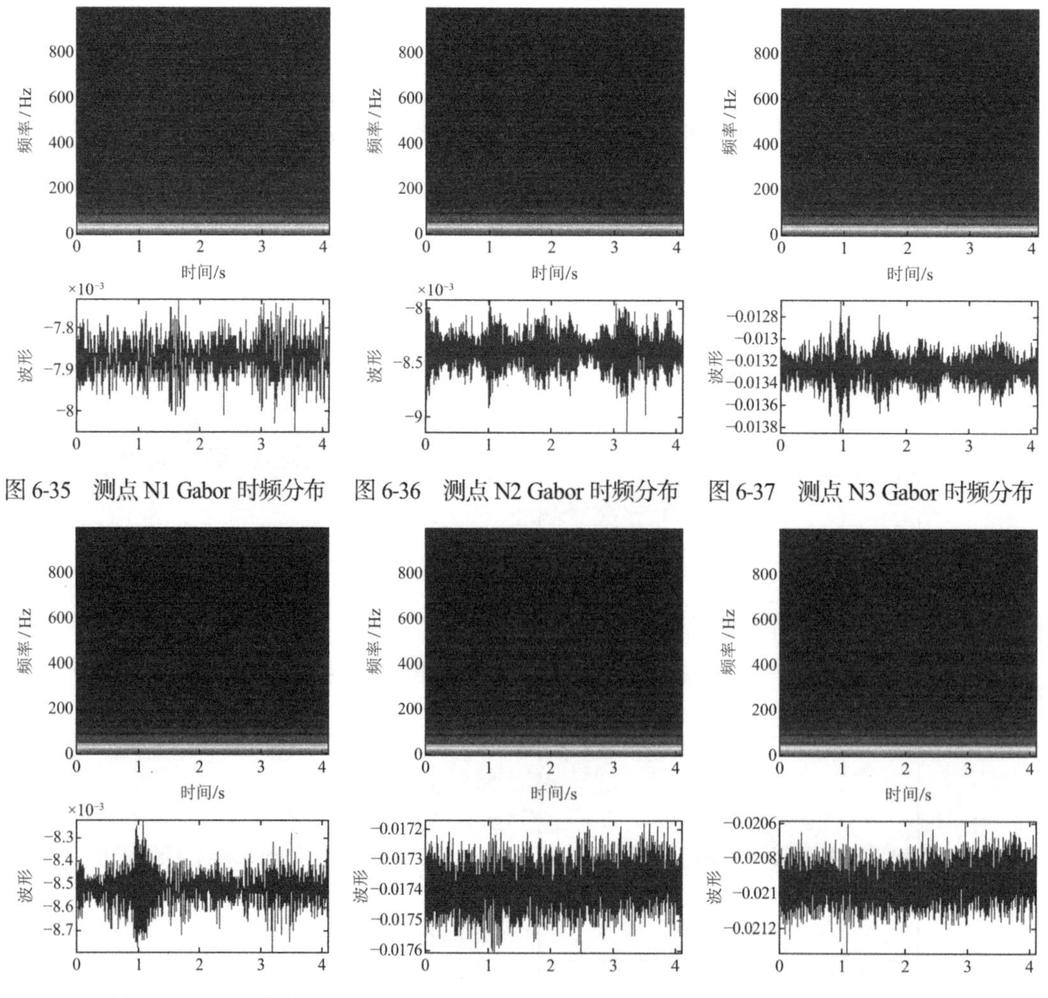

图 6-35 测点 N1 Gabor 时频分布　图 6-36 测点 N2 Gabor 时频分布　图 6-37 测点 N3 Gabor 时频分布

图 6-38 测点 N4 Gabor 时频分布　图 6-39 测点 N5 Gabor 时频分布　图 6-40 测点 N6 Gabor 时频分布

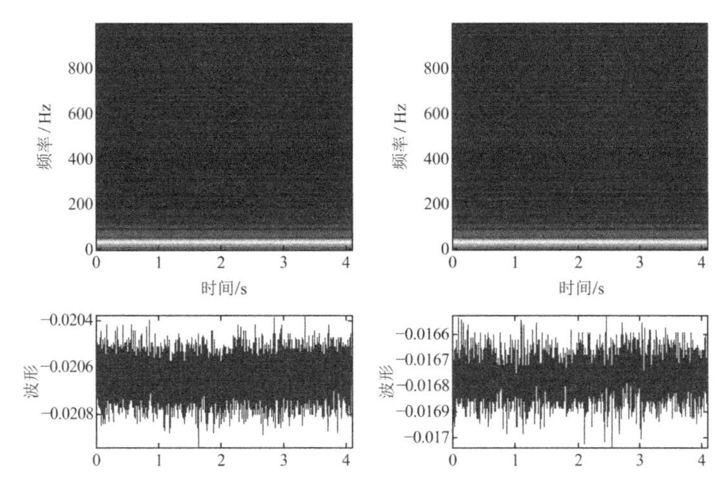

图 6-41　测点 N7 Gabor 时频分布　　图 6-42　测点 N8 Gabor 时频分布

8 个测点自功率密度谱图如图 6-43、图 6-44 所示。

通过以上分析可知，环境激励下时频特征非常稳定，呈现出明显的低频特性，在环境随机激励下隧道结构动力特征相对在列车激励下要凸显得多，比较适合用来分析提取隧道结构模态特征。

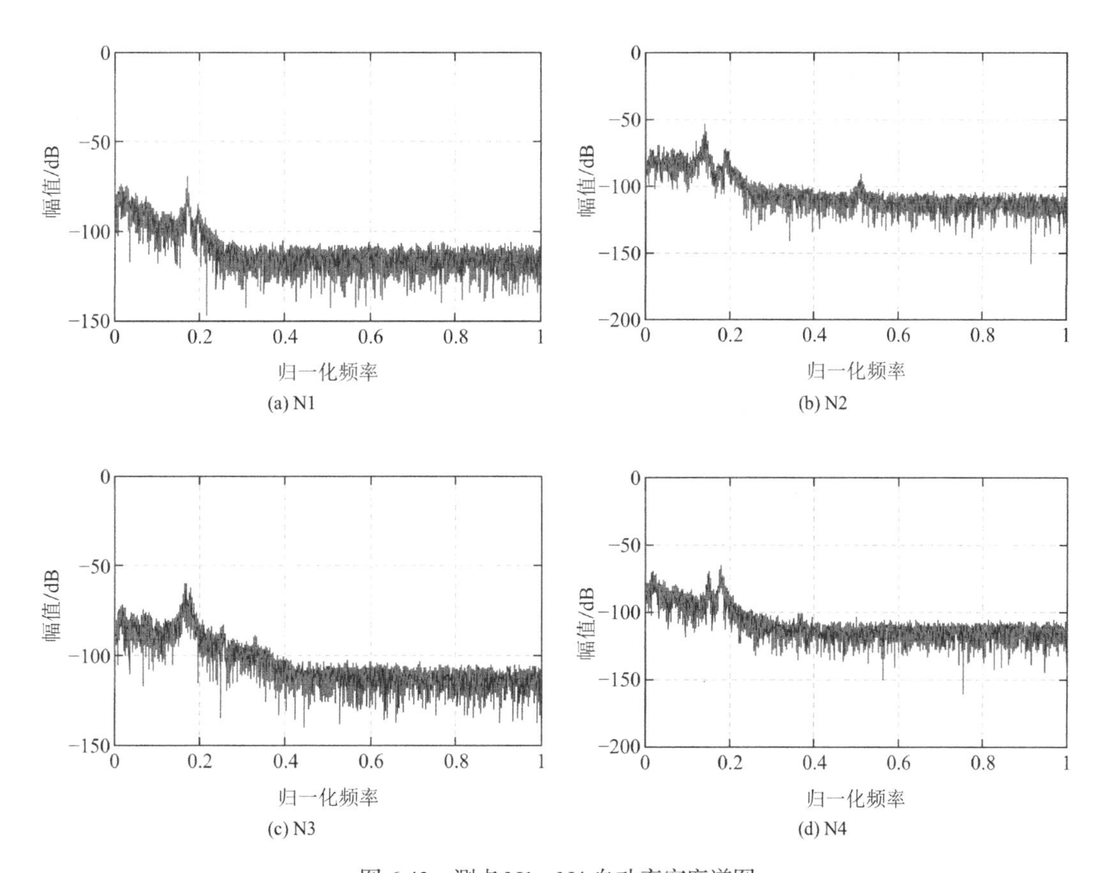

图 6-43　测点 N1～N4 自功率密度谱图

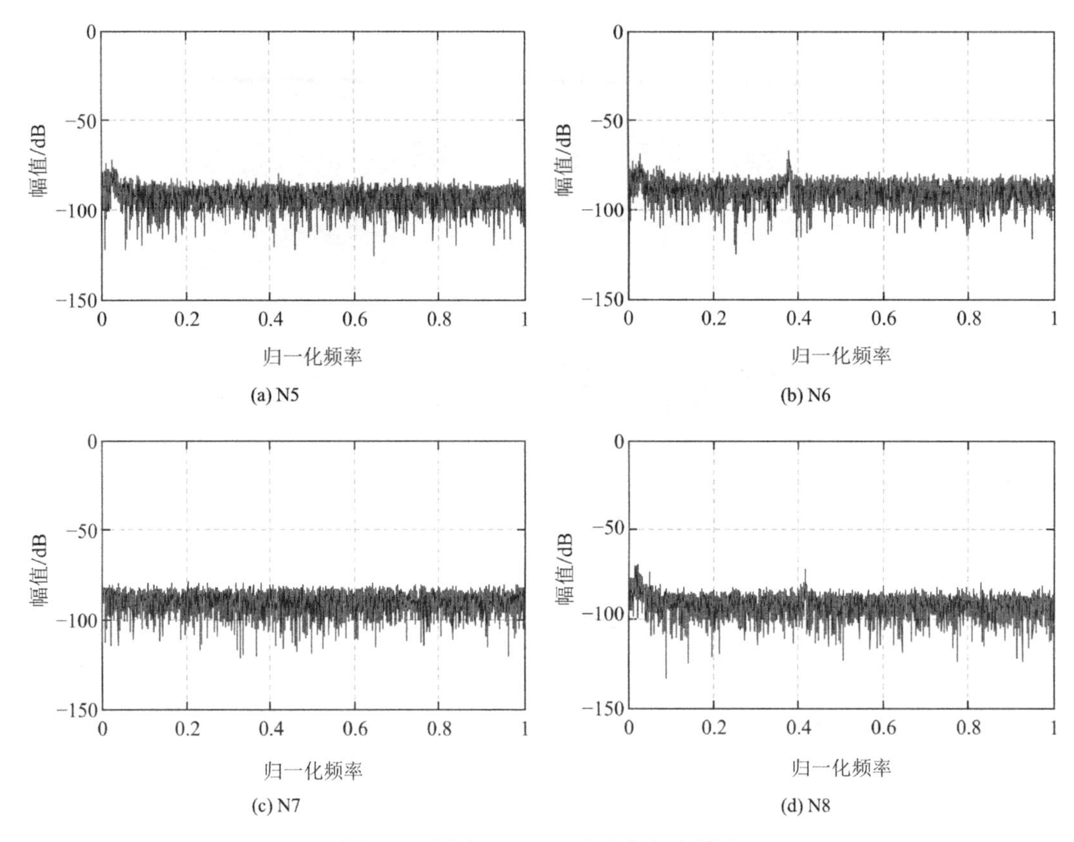

图 6-44 测点 N5～N8 自功率密度谱图

因此进一步分析 10 月、12 月时间点在环境激励下，同时考虑 8 个测点数据信息（图 6-45），采用随机子空间协方差驱动数据构件 Hankel 矩阵进行模型定阶。由图 6-46 可知，在第 6 阶至第 7 阶 SVD（Sigular Value Decomposition，SVD）奇异值有明显突变，可以将隧道结构模型阶次定位七阶。

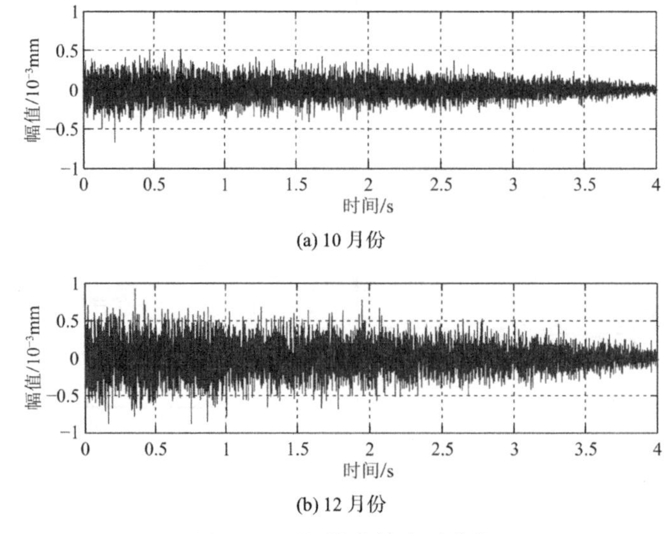

图 6-45 监测数据协方差曲线

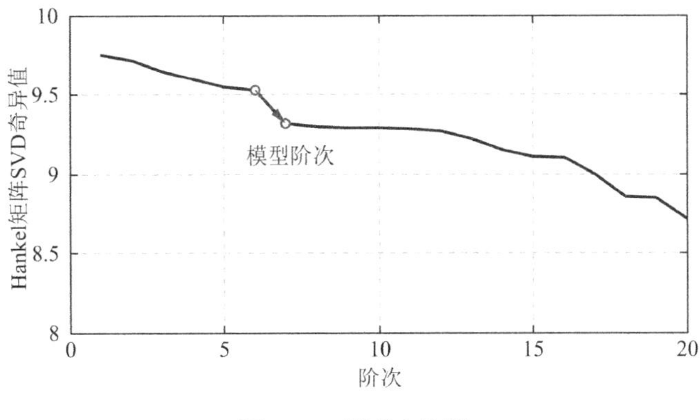

图 6-46　模型定阶图

将协方差数据进行随机减量处理，为后续 ARMA 模态识别提供输入参数，10 月份及 12 月份的数据协方差随机减量数据见图 6-47。

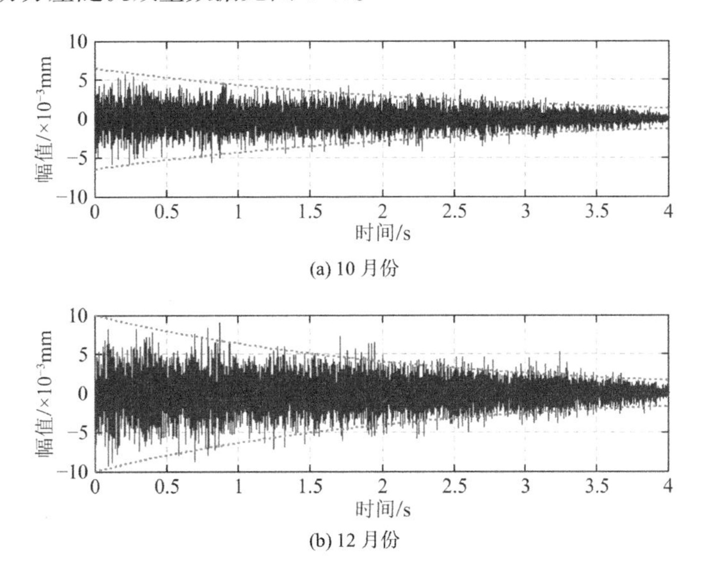

图 6-47　监测数据协方差随机减量数据

将随机减量数据结合 ARMA 模态识别进行模态参数辨识分析。识别模态频率稳定图见图 6-48、图 6-49。

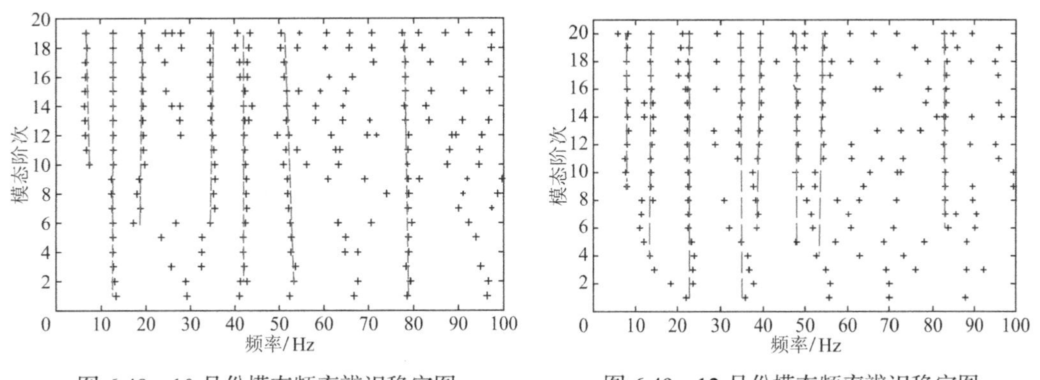

图 6-48　10 月份模态频率辨识稳定图　　图 6-49　12 月份模态频率辨识稳定图

通过稳定图分析剔除虚假模态，最终识别隧道结构模态频率见表 6-10。

由以上分析可知，在 10 月—12 月期间，隧道结构模态频率有明显增大趋势，且频率变化率加权值为 9.5%，为轻微损伤范围。因此判定隧道上方可能存在基坑开挖或壁后脱空，通过现场实地勘察，隧道上部有一处基坑正处于施工阶段，其位置示意图及现场照片见图 6-50、图 6-51。在线动力监测能够很好地把握隧道结构的整体性能，但是目前受现场传感器数量及布设范围所限制，无法做到理论同步，对损伤位置进行精准定位。

隧道结构模态频率值 表 6-10

时间	各阶模态频率值/Hz						
	第 1 阶	第 2 阶	第 3 阶	第 4 阶	第 5 阶	第 6 阶	第 7 阶
10 月	6.78	12.89	19.57	34.54	42.07	51.74	77.89
12 月	8.21	13.16	23.79	34.60	47.14	54.59	82.65
各阶模态频率变化率	20%	2%	21.5%	0.17%	12%	5.5%	6%

图 6-50 隧道上部施工中的基坑示意图

图 6-51 基坑现场照片

6.6 本章小节

本章是围绕着隧道结构模态参数辨识及动力监测工程应用而进行的相关的研究分析。

（1）归纳总结基于振动信号的参数辨识的最新方法，在上海地铁 12 号某区间停运检修期间对其进行基于脉冲激振的动力测试；（2）并采用正交多项式及 ARMA 法进行了参数辨识分析，为后续的动力实时监测系统后台数据分析提供先验基础；（3）对隧道结构整体性能进行了评定，并提出直接用动力参数的隧道结构性能判定初探；（4）对振动测试、监测中的误差影响及降低措施进行了阐述分析；（5）在上海 12 号线进行远程在线实时动力监测，并在后台进行了数据分析，成功地分析捕捉了隧道上部一基坑施工导致的边界变异损伤的整体性能的信息，初步实现了隧道结构健康监测。

第 7 章

结论与展望

7.1 结　论

本书围绕盾构隧道损伤程度判定及在线动力监测应用展开了一系列相关研究，主要内容包括以下：（1）基于摄动理论对盾构隧道刚度退降、壁后脱空两类损伤进行理论分析，求解隧道结构在任一损伤下的模态特征解析式，包括单处刚度退降损伤、多处刚度退降刚度损伤及壁后脱空，并基于 MATLAB 平台开发了隧道模态及损伤识别软件（MA_DI system）。（2）针对损伤识别的第二个层次研究，引入模态应变能损伤指数（MSEDI）对损伤单元进行定位；（3）针对损伤识别的第三个层次研究，采用模糊贴近度识别算法（FNBDI）对隧道损伤程度进行判定；（4）通过数值分析隧道各损伤工况下的结构振动响应，通过结构振动响应分析研究损伤单元进行定位及损伤程度判定；（5）隧道模型试验分析研究隧道结构损伤定位及损伤程度判定；（6）在上海 12 号线进行远程在线实时动力监测，初步实现了隧道结构健康监测。

得出以下主要结论：

（1）摄动理论从机理上很好地分析了隧道结构损伤（结构参量变化）导致隧道结构动力特征变化的影响，对于隧道结构损伤的摄动量具有较好的精度。

（2）隧道结构模态特征受损伤程度的影响较大，对于刚度退降损伤，隧道结构模态特征受单元刚度退降程度、位置的影响较大，对于脱空损伤，隧道结构模态特征受脱空位置及脱空范围影响较大。

（3）MA_DI system 将摄动理论分析具体实现了界面化，能够快速、高效地实现隧道结构在损伤工况下的结构模态特征分析。

（4）模态应变能损伤指数 MSEDI 能够对损伤位置进行精准定位，包括：单处刚度退降单元定位，多处刚度退降单元定位，壁后脱空定位，即便是较小的损伤，MSEDI 也能够有效地对损伤单位进行定位，但是 MSEDI 并不是一个随损伤程度增加而单调递增的参数。因此，MSEDI 能够很好地用于损伤定位，而不适用于损伤程度判定。

（5）信息不完备条件下，FNBDI 方法能够有效地对单处刚度退降、多处刚度退降的损伤程度进行判定。

（6）噪声水平越高对损伤程度判定引入的误差越大，在 20%噪声水平以下条件下，FNBDI 方法能够有效地对单处刚度退降、多处刚度退降的损伤程度进行判定，FNBDI 方法的抗噪水平高，鲁棒性好且识别精度可观。

（7）数值分析单处刚度退降损伤、多处刚度退降损伤条件下结构瞬态响应，通过传递函数损伤指数 TDI 对损伤单元进行有效定位，FNBDI 方法对损伤单元进行损伤程度判定，识别效果较好，在数值分析中有效地验证损伤识别及程度判定方法的可靠性。

（8）隧道模型试验在考虑土体约束、边界效应的情况下，通过预设不同深度的裂缝带作为隧道结构试验的不同损伤程度工况。预埋填充泡沫至隧道模型壁后位置来试验隧道结构壁后脱空。通过归一化损伤指数对损伤位置进行有效定位，FNBDI 方法对损伤单元进行损伤程度判定，试验效果较好，在模型试验中有效地验证损伤识别及程度判定方法的可靠性。

（9）基于脉冲激振的动力测试分析中发现，动力测试能够较好地反映隧道结构的整体性能，并且在 0～100Hz 的频域范围内传递特性较好，高频振动信号受土体结构的吸收、耗散，高频信号传递距离较短，而低频信号传递距离较广。

（10）正交多项式法及 ARMA 法都能够有效地提取隧道结构的模态参数，其识别的模态置信因子 MAC 值均大于 0.8。

（11）基于动力测试的损伤识别评定，对基于规范验算的各项指标实施单项评定，各项评定分为无损伤、轻微损伤、中度损伤及重度损伤四个等级，并初次提出直接用动力参数进行隧道结构性能判定。

（12）动力测试可以通过常规办法、设备校正及测试平均技术来降低误差。

（13）在上海 12 号线成功地实现了远程在线实时动力监测，并在后台进行了数据分析，成功地分析捕捉了隧道上部基坑施工导致的边界变异损伤的整体性能的信息。

7.2 展　望

对于隧道结构模态参数辨识及在线动力监测应用研究，本书在隧道结构损伤判定、损伤程度识别、状态评估及模糊计算等方面做了一些相关工作，但是在研究过程中，发现仍然存在很多有待进一步研究的问题，如：

（1）理论模型中，虽然考虑了地铁隧道的拼装特性，但仍视隧道为等效连续体，只是采用惯用修正法对隧道刚度进行一个折减，并没有考虑隧道管片结构的影响，这与实际工程中必存在一定的误差，对于隧道结构理论模型进一步研究中可以考虑管片接头影响。

（2）对隧道结构病害进行总结和分类，考虑病害对动力分析影响分为隧道衬砌结构上的损伤和边界变异两类损伤，在文中分析的两类损伤，第一类分析是在模型上用刚度退降来进行分析，第二类分析是在模型上用脱空来进行分析。这将隧道病害损伤进行了一定的简化处理，因此在进一步的研究中，可考虑具体的病害（如裂缝、掉块等）进行分析研究。

（3）本书中针对隧道边界变异损伤中的壁后脱空进行了一定的研究分析，包括理论分析、模型试验研究，但是对于脱空程度的判定并没有做相关研究，因为对脱空的程度的描述参量很难去定义，且工程上更多关注脱空发生的位置，因此在下一步研究中完善壁后脱空的相关研究。

（4）本书的研究针对隧道的刚度退降损伤可以有效地对损伤进行定位和损伤程度判定，但是研究仅仅是一个正向过程，预先知道隧道结构是何种类型的损伤才能进行后续的定位和损伤程度判定，反过来确实不行的，即便识别出某位置存在损伤及损伤程度但无法判定是何种类型损伤。因此，这个依赖于进一步的损伤指纹库的建立，通过与指纹库进行匹配来推断损伤类型，但工作量巨大。

（5）对于隧道远程实时在线的动力监测系统的后台数据分析，在进一步研究中将引入更完善的信号处理与算法进行动力监测的大数据分析。

隧道结构损伤识别及状态评估的模糊计算方法涉及力学、数学、信号处理、控制理论、振动理论等多学科，其研究随着各个学科领域的发展而不断深入。今后的工作也应该将各相关学科的最新理论、研究成果与现有方法相结合，使隧道结构损伤识别更为完善、实用。

参考文献

[1] Adams R D, Cawley P, Pye C J, et al. A vibration technique for non-destructively assessing the integrity of structures[J]. Journal of Mechanical Engineering Science, 1978, 20(2): 93-100.

[2] Akaike H. A new look at the statistical model identification[J]. IEEE transactions on automatic control, 1974, 19(6): 716-723.

[3] Akaike H. Power spectrum estimation through autoregressive model fitting[D]. Annals of the Institute of Statistical Mathematics, 1969.

[4] Alkanhal M A, Alshebeili S A. Blind identification of nonminimum phase FIR systems: Cumulants matching via genetic algorithms[J]. Signal Processing, 1998, 67(1): 25-34.

[5] Allemang R J, Brown D L. A correlation coefficient for modal vector analysis[C]//Proceedings of the 1st international modal analysis conference, 1982: 110-116.

[6] Bauer D. Order estimation for subspace methods[J]. Automatica, 2001, 37(10): 1561-1573.

[7] Bauer D, Deistler M, Scherrer W. User choices in subspace algorithms[C]//Proceedings of the 37th IEEE Conference on: IEEE, 1998.

[8] Begg R D, Mackenzie A C, Dodds C J, et al. Structural integrity monitoring using digital processing of vibration siqnals[C]//Offshore Technology Conference: Offshore Technology Conference, 1976.

[9] Bellizzi S, Guillemain P, Kronland-Martinet R. Identification of coupled non-linear modes from free vibration using time-frequency representations[J]. Journal of Sound and Vibration, 2001, 243(2): 191-213.

[10] Bernal D. Load vectors for damage localization[J]. Journal of Engineering Mechanics, 2002, 128(1): 7-14.

[11] Zhou B, Xie X Y, Li Y S. A structural health assessment method for shield tunnels based on torsional wave speed[J]. Science China Technological Sciences, 2014, 57: 1109-1120.

[12] Biswas M, Pandey A K, Bluni S A, et al. Modified chain-code computer vision techniques for interrogation of vibration signatures for structural fault detection[J]. Journal of Sound and Vibration, 1994, 175(1): 89-104.

[13] Bodeux J B, Golinval J C. Modal identification and damage detection using the data-driven stochastic subspace and ARMAV methods[J]. Mechanical Systems and Signal Processing, 2003, 17(1): 83-89.

[14] Bonato P, Ceravolo R, De S A. The use of wind excitation in structural identification[J]. Journal of Wind Engineering and Industrial Aerodynamics, 1998, 74: 709-718.

[15] Bouzouba K, Radouane L. Image identification and estimation using the maximum entropy principle[J]. Pattern Recognition Letters, 2000, 21(8): 691-700.

[16] Casas J R, Aparicio A C. Structural damage identification from dynamic-test data[J]. Journal of Structural Engineering, 1994, 120(8): 2437-2450.

[17] Cauberghe B, Guillaume P, Verboven P, et al. Frequency response function-based parameter identification from short data sequences[J]. Mechanical Systems and Signal Processing, 2004, 18(5): 1097-1116.

[18] Chen F, Kwong S, Wei G, et al. Blind linear channel estimation using genetic algorithm and SIMO model[J]. Signal Processing, 2003, 83(9): 2021-2035.

[19] Chen J, Xu Y L, Zhang R C. Modal parameter identification of Tsing Ma suspension bridge under Typhoon Victor: EMD-HT method[J]. Journal of Wind Engineering and Industrial Aerodynamics, 2004, 92(10): 805-827.

[20] Chen J C, Garba J A. On-orbit damage assessment for large space structures[J]. AIAA journal, 1988, 26(9): 1119-1126.

[21] Chikkerur S, Cartwright A N, Govindaraju V.Fingerprint enhancement using STFT analysis[J]. Pattern Recognition, 2007, 40(1): 198-211.

[22] Ching J, Beck J L. Bayesian analysis of the phase II IASC-ASCE structural health monitoring experimental benchmark data[J]. Journal of Engineering Mechanics, 2004, 130(10): 1233-1244.

[23] Choi F C, Li J, Samali B, et al. Application of the modified damage index method to timber beams[J]. Engineering structures, 2008, 30(4): 1124-1145.

[24] Choi F C, Li J, Samali B, et al. An experimental study on damage detection of structures using a timber beam[J]. Journal of mechanical science and technology, 2007, 21: 903-907.

[25] Choi S, Park S, Stubbs N. Nondestructive damage detection in structures using changes in compliance[J]. International Journal of Solids and Structures, 2005, 42(15): 4494-4513.

[26] Chong C Y, Kumar S P. Sensor networks: evolution, opportunities, and challenges[J]. Proceedings of the IEEE, 2003, 91(8): 1247-1256.

[27] Cole H A. On-line failure detection and damping measurement of aerospace structures by random decrement signatures[R]. National Aeronautics and Space Administration, 1973.

[28] Contursi T, Messina A, Williams E J. Detection of damage at multiple sites with a correlation and iterative scheme [C]//Proceedings of the 16th International Modal Analysis Conference. 1998, 3243: 1725.

[29] Contursi T, Messina A, Williams E J. A multiple-damage location assurance criterion based on natural frequency changes[J]. Journal of Vibration and Control, 1998, 4(5): 619-633.

[30] Coppolino R, Rubin S. Detectability of structural failures in offshore platforms by ambient vibration monitoring[C]//Offshore Technology Conference, 1980.

[31] 北京市建设委员会. 地铁工程监控量测技术规程: DB 11/490—2007[S]. 北京, 2007.

[32] De Roeck G, Peeters B, Ren W X. Benchmark study on system identification through ambient vibration measurements[C]//Proceedings of IMAC-XVIII, the 18th international modal analysis conference, San Antonio, Texas. 2000, 1106: 1112.

[33] Ewins D J. Modal testing: theory, practice and application[M]. John Wiley & Sons, 2009.

[34] Farrar C R, Doebling S W, Nix D A. Vibration-based structural damage identification[J]. Philosophical Transactions of the Royal Society of London. Series A: Mathematical, Physical and Engineering Sciences, 2001, 359(1778): 131-149.

[35] Farrar C R, Baker W E, Bell T M, et al. Dynamic characterization and damage detection in the I-40 bridge over the Rio Grande[R]. Los Alamos National Lab. (LANL) , Los Alamos, NM (United States) , 1994.

[36] Feng L, Yi X, Zhu D, et al. Damage detection of metro tunnel structure through transmissibility function and cross correlation analysis using local excitation and measurement[J]. Mechanical Systems and Signal Processing, 2015, 60: 59-74.

[37] Fisher S, Schultz K I, Taylor Jr L W. Vibrations of the Low Power Atmospheric Compensation Experiment

satellite[J]. Journal of Guidance, Control, and Dynamics, 1995, 18(4): 650-656.

[38] 中华人民共和国住房和城乡建设部. 地下铁道工程施工质量验收标准: GB/T 50299—2018 [S]. 北京: 中国建筑工业出版社, 2018.

[39] 中华人民共和国住房和城乡建设部. 城市轨道交通工程测量规范: GB/T 50308—2017 [S]. 北京: 中国建筑工业出版社, 2017.

[40] 中华人民共和国住房和城乡建设部. 盾构法隧道施工及验收规范: GB 50446—2017 [S]. 北京: 中国建筑工业出版社, 2017.

[41] Ghee Koh C, Ming See L, Balendra T. Damage detection of buildings: numerical and experimental studies[J]. Journal of structural engineering, 1995, 121(8): 1155-1160.

[42] Ghosh P K, Sreenivas T V.Time-varying filter interpretation of Fourier transform and its variants[J]. Signal processing, 2006, 86(11): 3258-3263.

[43] Haapaniemi H, Luukkanen P, Nurkkala P, et al. Correlation analysis of modal analysis results from a pipeline[C]//IMAC-XXI: Conference & Exposition on Structural Dynamics. 2003.

[44] Hamey C S, Lestari W, Qiao P, et al. Experimental damage identification of carbon/epoxy composite beams using curvature mode shapes[J]. Structural Health Monitoring, 2004, 3(4): 333-353.

[45] Hearn G, Testa R B. Modal analysis for damage detection in structures[J]. Journal of structural engineering, 1991, 117(10): 3042-3063.

[46] Hirshberg D, Merhav N. Robust methods for model order estimation[J]. IEEE Transactions on Signal Processing, 1996, 44(3): 620-628.

[47] Hu C, Afzal M T. A statistical algorithm for comparing mode shapes of vibration testing before and after damage in timbers[J]. Journal of Wood Science, 2006, 52: 348-352.

[48] Huang N E, Shen Z, Long S R, et al. The empirical mode decomposition and the Hilbert spectrum for nonlinear and non-stationary time series analysis[J]. Proceedings of the Royal Society of London. Series A: mathematical, physical and engineering sciences, 1998, 454(1971): 903-995.

[49] Hung C F, Ko W J. Identification of modal parameters from measured output data using vector backward autoregressive model[J]. Journal of Sound and Vibration, 2002, 256(2): 249-270.

[50] Ibnkahla M. Statistical analysis of neural network modeling and identification of nonlinear systems with memory[J]. IEEE transactions on signal processing, 2002, 50(6): 1508-1517.

[51] Ibrahim S R, Mikulcik E C. The experimental determination of vibration parameters from time responses[J]. The Shock and Vibration Bulletin, 1976, 46(5): 187-196.

[52] Ihn J B, Chang F K. Pitch-catch active sensing methods in structural health monitoring for aircraft structures[J]. Structural Health Monitoring, 2008, 7(1): 5-19.

[53] Ismail Z, Razak H A, Rahman A G A. Determination of damage location in RC beams using mode shape derivatives[J]. Engineering Structures, 2006, 28(11): 1566-1573.

[54] James G, Mayes R, Carne T, et al. Health monitoring of operational structures-initial results[C]//36th Structures, structural dynamics and materials conference. 1995: 1072.

[55] James III G H, Carne T G, Lauffer J P. The natural excitation technique (NExT) for modal parameter extraction from operating wind turbines[R]. Sandia National Labs. , Albuquerque, NM (United States) , 1993.

[56] Jiang L J, Tang J, Wang K W. An enhanced frequency-shift-based damage identification method using tunable piezoelectric transducer circuitry[J]. Smart Materials and Structures, 2006, 15(3): 799.

[57] Kara S. Classification of mitral stenosis from Doppler signals using short time Fourier transform and artificial neural networks[J]. Expert Systems with Applications, 2007, 33(2): 468-475.

[58] Kato M, Shimada S. Vibration of PC bridge during failure process[J]. Journal of Structural Engineering, 1986, 112(7): 1692-1703.

[59] Kim H M, Bartkowicz T J, Smith S W , Zimmerman D C. Health monitoring of large structure[J]. Sound and Vibration, 1995, 29: 18-21.

[60] Kim J T, Stubbs N. Improved damage identification method based on modal information[J]. Journal of Sound and Vibration, 2002, 252(2): 223-238.

[61] Klein R, Ingman D, Braun S. Non-stationary signals: Phase-energy approach-Theory and simulations[J]. Mechanical Systems and Signal Processing, 2001, 15(6): 1061-1089.

[62] Lam H F, Ko J M, Wong C W. Detection of damage location based on sensitivity analysis[C]//Proceedings of the 13th international modal analysis conference. 1995, 2460: 1499.

[63] Larbi N, Lardies J. Experimental modal analysis of a structure excited by a random force[J]. Mechanical Systems and Signal Processing, 2000, 14(2): 181-192.

[64] Lardies J. Modal parameter estimation and model order selection of a randomly vibrating system[J]. Mechanical Systems and Signal Processing, 1998, 12(6): 825-838.

[65] Lardies J. State-space identification of vibrating systems from multi-output measurements[J]. Mechanical Systems and Signal Processing, 1998, 12(4): 543-558.

[66] Lardies J, Larbi N. A new method for model order selection and modal parameter estimation in time domain[J]. Journal of Sound and Vibration, 2001, 245(2): 187-203.

[67] Lee J J, Lee J W, Yi J H, et al. Neural networks-based damage detection for bridges considering errors in baseline finite element models[J]. Journal of Sound and Vibration, 2005, 280 (3-5) : 555-578.

[68] Lee J W, Kim J D, Yun C B, et al. Health-monitoring method for bridges under ordinary traffic loadings[J]. Journal of Sound and Vibration, 2002, 257(2): 247-264.

[69] Li J, Ding F. Filtering-based recursive least-squares identification algorithm for controlled autoregressive moving average systems using the maximum likelihood principle[J]. Journal of Vibration and Control, 2015, 21(15): 3098-3106.

[70] Li H, Yang H, Hu S L J. Modal strain energy decomposition method for damage localization in 3D frame structures[J]. Journal of engineering mechanics, 2006, 132(9): 941-951.

[71] Liang D, Yuan S. Structural health monitoring system based on multi-agent coordination and fusion for large structure[J]. Advances in Engineering Software, 2015, 86: 1-12.

[72] Liavas A P, Regalia P A, Delmas J P. Blind channel approximation: Effective channel order determination[J]. IEEE Transactions on Signal Processing, 1999, 47(12): 3336-3344.

[73] Lieven N A J, Ewins D J. Spatial correlation of mode shapes, the coordinate modal assurance criterion (COMAC) [C]//Proceedings of the 6th international modal analysis conference. Kissimmee Florida, USA, 1988, 1: 690-695.

[74] Liu H, Liao J, Chen Z, et al. Impact acoustic inspection of interfacial debonding defects in concrete-filled

steel tubes[J]. Mechanical Systems and Signal Processing, 2023, 200: 110641.

[75] Loland O, Dodds C J. Experiences in developing and operating integrity monitoring systems in the North Sea[C]//Presented at the Eighth Annual Offshore Technology Conference, 1976.

[76] Mazurek D F, DeWolf J T. Experimental study of bridge monitoring technique[J]. Journal of Structural Engineering, 1990, 116(9): 2532-2549.

[77] Moore S M, Lai J C S, Shankar K. ARMAX modal parameter identification in the presence of unmeasured excitation-I: theoretical background[J]. Mechanical systems and signal processing, 2007, 21(4): 1601-1615.

[78] Nayak M B, Narasimhan S V. Autoregressive modeling of the Wigner-Ville distribution based on signal decomposition and modified group delay[J]. Signal Processing, 2004, 84(2): 407-420.

[79] Pandey A K, Biswas M. Damage detection in structures using changes in flexibility[J]. Journal of sound and vibration, 1994, 169(1): 3-17.

[80] Pandey A K, Biswas M, Samman M M. Damage detection from changes in curvature mode shapes[J]. Journal of sound and vibration, 1991, 145(2): 321-332.

[81] Patil D P, Maiti S K. Detection of multiple cracks using frequency measurements[J]. Engineering Fracture Mechanics, 2003, 70(12): 1553-1572.

[82] Patjawit A, Kanok-Nukulchai W. Health monitoring of highway bridges based on a Global Flexibility Index[J]. Engineering Structures, 2005, 27(9): 1385-1391.

[83] Peeters B, De Roeck G, Pollet T, et al. Stochastic subspace techniques applied to parameter identification of civil engineering structures[C]//Proceedings of new advances in modal synthesis of large structures: nonlinear, damped and nondeterministic cases. 1995: 151-162.

[84] Peeters B, De Roeck G. Reference-based stochastic subspace identification for output-only modal analysis[J]. Mechanical Systems and Signal Processing, 1999, 13(6): 855-878.

[85] Peeters B, De Roeck G. Stochastic system identification for operational modal analysis: a review[J]. J. Dyn. Sys. , Meas. , Control, 2001, 123(4): 659-667.

[86] Peeters B, Vanhollebeke F, Van der Auweraer H. Operational PolyMAX for estimating the dynamic properties of a stadium structure during a football game[C]//Proceedings of the IMAC. 2005, 23.

[87] Peeters F, Pintelon R, Schoukens J, et al. Identification of rotor-bearing systems in the frequency domain Part II: estimation of modal parameters[J]. Mechanical systems and signal processing, 2001, 15(4): 775-788.

[88] Petroski H J, Glazik Jr J L. Effects of cracks on the response of circular cylindrical shells[J]. Nuclear Technology, 1980, 51(3): 303-316.

[89] Pintelon R, Guillaume P, Rolain Y, et al. Parametric identification of transfer functions in the frequency domain-a survey[J]. IEEE transactions on automatic control, 1994, 39(11): 2245-2260.

[90] Prion H G L, Ventura C E, Rezai M K. Damage detection of steel frame by modal testing[C]//Proceedings of the 14th International Modal Analysis Conference. 1996, 2768: 1430.

[91] Raghavendrachar M, Aktan A E. Flexibility by multireference impact testing for bridge diagnostics[J]. Journal of Structural Engineering, 1992, 118(8): 2186-2203.

[92] Ratcliffe C P. Damage detection using a modified Laplacian operator on mode shape data[J]. Journal of sound and vibration, 1997, 204(3): 505-517.

[93] Razak H A, Choi F C. The effect of corrosion on the natural frequency and modal damping of reinforced

concrete beams[J]. Engineering structures, 2001, 23(9): 1126-1133.

[94] Ren W X, Peng X L, Lin Y Q. Experimental and analytical studies on dynamic characteristics of a large span cable-stayed bridge[J]. Engineering Structures, 2005, 27(4): 535-548.

[95] Ren W X, Zatar W, Harik I E. Ambient vibration-based seismic evaluation of a continuous girder bridge[J]. Engineering Structures, 2004, 26(5): 631-640.

[96] Richardson M, Schwarz B. Modal parameter estimation from operating data[J]. Sound and Vibration, 2003, 37(1): 28-39.

[97] Ricles J M, Kosmatka J B. Damage detection in elastic structures using vibratory residual forces and weighted sensitivity[J]. AIAA journal, 1992, 30(9): 2310-2316.

[98] Rissanen J. A universal prior for integers and estimation by minimum description length[J]. The Annals of statistics, 1983, 11(2): 416-431.

[99] Ryan E D, Cramer J T, Egan A D, et al. Time and frequency domain responses of the mechanomyogram and electromyogram during isometric ramp contractions: a comparison of the short-time Fourier and continuous wavelet transforms[J]. Journal of Electromyography and Kinesiology, 2008, 18(1): 54-67.

[100] Rytter A. Vibration based inspection of Civil Engineering Structures[D]. Aalborg University, 1993.

[101] Salane H J, Baldwin J W, Duffield R C. Dynamics approach for monitoring bridge deterioration[J]. Transportation Research Record, 1981, 832: 21-28.

[102] Salane H J, Baldwin Jr J W. Identification of modal properties of bridges[J]. Journal of Structural Engineering, 1990, 116(7): 2008-2021.

[103] Salawu O S, Williams C. Bridge assessment using forced-vibration testing[J]. Journal of structural engineering, 1995, 121(2): 161-173.

[104] Salawu O S. Detection of structural damage through changes in frequency: a review[J]. Engineering structures, 1997, 19(9): 718-723.

[105] Schoukens J, Pintelon R. Identification of Linear Systems: A Practical Guideline to Accurate Modeling[M]. London: Pergamon Press, 1991.

[106] Schwarz B, Richardson M. Modal parameter estimation from ambient response data[C]//19th International modal analysis conference, 2001.

[107] Schwarz G. Estimating the dimension of a model[J]. The Annals of Statistics, 1978: 461-464.

[108] Scionti M, Lanslots J P. Stabilisation diagrams: Pole identification using fuzzy clustering techniques[J]. Advances in Engineering Software, 2005, 36 (11-12) : 768-779.

[109] Sekhar S C, Sreenivas T V. Adaptive spectrogram vs. adaptive pseudo-Wigner-Ville distribution for instantaneous frequency estimation[J]. Signal Processing, 2003, 83(7): 1529-1543.

[110] Shen F, Zheng M, Shi D F, et al. Using the cross-correlation technique to extract modal parameters on response-only data[J]. Journal of sound and vibration, 2003, 259(5): 1163-1179.

[111] Skjaerbaek P S, Nielsen Søren R K, Cakmak A S. Assessment of damage in seismically excited RC-structures from a single measured response[R]. Department of Building Technology and Structural Engineering, Aalborg University, 1995.

[112] Smail M, Thomas M, Lakis A. ARMA models for modal analysis: effect of model orders and sampling frequency[J]. Mechanical Systems and Signal Processing, 1999, 13(6): 925-941.

[113] Mishra M, Lourenço P B, Ramana G V.Structural health monitoring of civil engineering structures by using the internet of things: A review[J]. Journal of Building Engineering, 2022, 48: 103954.

[114] Degli Abbati S, Sivori D, Cattari S, et al. Ambient vibrations-supported seismic assessment of the Saint Lawrence Cathedral's bell tower in Genoa, Italy[J]. Journal of Civil Structural Health Monitoring, 2024, 14(1): 121-142.

[115] Straser E G, Kiremidjian A S. Monitoring and evaluating civil structures using measured vibration[C]//Smart Structures and Materials 1996: Smart Systems for Bridges, Structures, and Highways. SPIE, 1996, 2719: 112-122.

[116] Stubbs N, Kim J T, Farrar C. Field verification of a nondestructive damage localization and severity estimation algorithm[C]//Proceedings-SPIE, the international society for optical engineering: spie international socisty for optical, 1995.

[117] Takens Floris. Detecting strange attractors in turbulence[M]. Springer,1981.

[118] Tang J P, Leu K M. Vibration tests and damage detection of P/C bridges[J]. Journal of the Chinese Institute of Engineers, 1991, 14(5): 531-536.

[119] Turner J D, Pretlove A J. A study of the spectrum of traffic-induced bridge vibration[J]. Journal of Sound and Vibration, 1988, 122(1): 31-42.

[120] Van Der Auweraer H, Leuridan J. Multiple input orthogonal polynomial parameter estimation[J]. Mechanical Systems and Signal Processing, 1987, 1(3): 259-272.

[121] Vandaele P, Moonen M. A stochastic subspace algorithm for blind channel identification in noise fields with unknown spatial covariance[J]. Signal Processing, 2000, 80(2): 357-364.

[122] Ventura C E, Lord J F, Simpson R D. Effective use of ambient vibration measurements for modal updating of a 48 storey building in Vancouver[C]//International Conference on "Structural dynamics modeling-test, analysis, correlation and validation, 2002.

[123] Verboven P, Guillaume P, Cauberghe B, et al. Modal parameter estimation from input-output Fourier data using frequency-domain maximum likelihood identification[J]. Journal of Sound and Vibration, 2004, 276 (3-5) : 957-979.

[124] Verboven P, Parloo E, Guillaume P, et al. Autonomous structural health monitoring-part I: modal parameter estimation and tracking[J]. Mechanical Systems and Signal Processing, 2002, 16(4): 637-657.

[125] Wahab M M A. Effect of modal curvatures on damage detection using model updating[J]. Mechanical Systems and Signal Processing, 2001, 15(2): 439-445.

[126] Wahab M M A, De Roeck G. Damage detection in bridges using modal curvatures: application to a real damage scenario[J]. Journal of Sound and Vibration, 1999, 226(2): 217-235.

[127] Wang J F, Huang H W, Xie X Y, et al. Void-induced liner deformation and stress redistribution[J]. Tunnelling and Underground Space Technology, 2014, 40: 263-76.

[128] West W M. Single Point Random Modal Test Technology Application to Failure Detection[J]. The Shock and Vibration Bulletin, 1982, 52(4): 25-31.

[129] Wojnarowski M E, Stiansen S G, Reddy N E. Structural integrity evaluation of a fixed platform using vibration criteria[C]//Offshore Technology Conference: Offshore Technology Conference, 1977.

[130] Womack K , Hodson J. System identification of the Z24 Swiss bridge[C]//International Society for Optical Engineering: Society of Photo-Optical Instrumentation Engineers, 2001.

[131] Wu D, Law S S. Damage localization in plate structures from uniform load surface curvature[J]. Journal of Sound and Vibration, 2004, 276(1-2): 227-244.

[132] Xia Y, Hao H. Measurement selection for vibration-based structural damage identification[J]. Journal of Sound and Vibration, 2000, 236(1): 89-104.

[133] Xie X Y, Qin H, Yu C, Liu L B. An automatic recognition algorithm for GPR images of RC structure voids[J]. Journal of Applied Geophysics, 2013, 99: 125-134.

[134] Xu L, Guo J, Jiang J. Time-frequency analysis of a suspension bridge based on GPS[J]. Journal of Sound and Vibration, 2002, 254(1): 105-116.

[135] Yam L H, Yan Y J, Jiang J S. Vibration-based damage detection for composite structures using wavelet transform and neural network identification[J]. Composite Structures, 2003, 60(4): 403-412.

[136] Yang J N, Lei Y, Lin S, et al. Hilbert-Huang based approach for structural damage detection[J]. Journal of engineering mechanics, 2004, 130(1): 85-95.

[137] Yu D J, Ren W X. EMD-based stochastic subspace identification of structures from operational vibration measurements[J]. Engineering Structures, 2005, 27(12): 1741-1751.

[138] Yun C B, Bahng E Y. Substructural identification using neural networks[J]. Computers & Structures, 2000, 77(1): 41-52.

[139] Yang Z, Li Y, Sang X, et al. Concrete implantable bar enabled smart sensing technology for structural health monitoring[J]. Cement and Concrete Composites, 2023, 139: 105035.

[140] Zhang Z, Aktan A E. Application of modal flexibility and its derivatives in structural identification[J]. Journal of Research in Nondestructive Evaluation, 1998, 10(1): 43-61.

[141] Zhang Z Y, Hua H X, Xu X Z, et al. Modal parameter identification through Gabor expansion of response signals[J]. Journal of Sound and Vibration, 2003, 266(5): 943-955.

[142] Zhou B, Xie X Y, Yang Y B, et al. A novel vibration-based structure health monitoring approach for the shallow buried tunnel[J]. Computer Modeling in Engineering and Sciences, 2012, 86(4): 321.

[143] Zimmerman D C, Smith S W, Kim H M, et al. An experimental study of structural health monitoring using incomplete measurements[J]. Journal of vibration and acoustics-transactions of the asme, 1996, 118: 543-50.

[144] Wan L, Xie XY, Wang LJ, Li P, et al. Modal analysis of subway tunnel in soft soil during operation[J]. Underground Space. 2023, 8: 181-195.

[145] 白冰, 李春峰. 地铁列车振动作用下交叠隧道的三维动力响应[J]. 岩土力学, 2007(S1): 715-718.

[146] 曹谢东. 模糊信息处理及应用[M]. 北京: 科学出版社, 2003.

[147] 陈塑寰. 结构振动分析的矩阵摄动理论[M]. 重庆: 重庆出版社; 1991.

[148] 程远胜, 王真. 基于提高频率灵敏度的结构损伤统计识别方法[J]. 计算力学学报, 2008, 25(6): 844-849.

[149] 董新平. 探地雷达隧道支护背后空洞检测效果影响因素分析及提高检测质量的对策[J]. 现代隧道技术, 2009, 46(3): 100-104.

[150] 杜思义, 殷学纲, 陈淮. 基于频率摄动理论对结构健康检测 BENCHMARK 问题的识别[J]. 应用力学学报, 2010, 27(04): 674-679+846.

[151] 樊江玲. 基于输出响应的模态参数辨识方法研究[D]. 上海: 上海交通大学, 2007.

[152] 冯慧民. 地质雷达在隧道检测中的应用[J]. 现代隧道技术, 2004, 41(4): 67-71.

[153] 高成, 金涛. MATLAB 信号处理与应用[M]. 北京: 国防工业出版社, 2005.

[154] 高芳清, 金建明, 高淑英. 基于模态分析的结构损伤检测方法研究[J]. 西南交通大学学报, 1998, 33(1): 108-113.

[155] 葛继平, 李胡生, 陈明. 基于模态应变能变异指标的斜拉桥模型损伤识别研究[J]. 武汉理工大学学报 (交通科学与工程版) , 2011, 35(2): 261-264, 269.

[156] 韩东颖, 时培明. 基于频率和当量损伤系数的井架钢结构损伤识别[J]. 工程力学, 2011, 28(9): 109-114.

[157] 何书, 王家鼎, 朱忠, 等. 基于模糊贴近度的岩溶塌陷易发性研究[J]. 自然灾害学报, 2009, 18(1): 8-13.

[158] 胡广书. 数字信号处理——理论、算法与实现[M]. 北京: 清华大学出版社, 2001.

[159] 康富中, 齐法琳, 贺少辉, 等. 地质雷达在昆仑山隧道病害检测中的应用[J]. 岩石力学与工程学报, 2010, 29 (S2) : 3641-3646.

[160] 李德葆. 工程振动试验分析[M]. 北京: 清华大学出版社, 2004.

[161] 李中付, 华宏星, 宋汉文, 等. 模态分解法辨识线性结构在环境激励下的模态参数[J]. 上海交通大学学报, 2001, 35(12): 1761-1765.

[162] 李忠献, 齐怀展, 朱劲松. 基于模态曲率法的大跨度斜拉桥损伤识别[J]. 地震工程与工程振动, 2007, 27(4): 122-126.

[163] 林循泓. 振动模态参数识别及其应用[M]. 南京: 东南大学出版社, 1994.

[164] 刘海兰, 李小平, 芮延年. 基于时域平均和 Hilbert-Huang 变换的时频熵理论轧机齿轮箱故障诊断[J]. 机械传动, 2011, 35(9): 54-57.

[165] 刘晖, 瞿伟廉, 袁润章. 基于应变能耗散率的结构损伤识别方法研究[J]. 工程力学, 2004, 21(5): 198-202.

[166] 刘维宁, 马蒙, 王文斌. 地铁列车振动环境响应预测方法[J]. 中国铁道科学, 2013, 4(4): 110-117.

[167] 刘文峰, 柳春图, 应怀樵. 通过频率改变率进行损伤定位的方法研究[J]. 振动与冲击, 2004, 23(2): 28-30, 17.

[168] 刘锡军. 结构损伤综合诊断理论与试验研究[D]. 长沙: 中南大学, 2006.

[169] 刘习军, 贾启芬, 张文德. 工程振动与测试技术[M]. 天津: 天津大学出版社, 1999.

[170] 刘永本. 非平稳信号分析导论[M]. 北京: 国防工业出版社, 2006.

[171] 龙国平, 熊焕庭, 毛汉领. 用锤击法实测大型工程结构的固有频率[J]. 广西大学学报 (自然科学版) , 1999, 24(2): 64-66.

[172] 彭华, 游春华, 孟勇. 模态曲率差法对梁结构的损伤诊断[J]. 工程力学, 2006, 23(7): 49-53+7.

[173] 沈松, 应怀樵, 雷速华,等. 用锤击法和变时基技术进行黄河铁路桥的模态试验分析[J]. 振动工程学报, 2000, 13(3): 172-175.

[174] 史治宇, 罗绍湘, 张令弥. 结构破损定位的单元模态应变能变化率法[J]. 振动工程学报, 1998, 11(3): 109-113.

[175] 史治宇, 罗绍湘, 张令弥, 等. 由试验模态数据检测结构破损的位置和大小[J]. 南京航空航天大学学

报, 1997, 19(1): 71-78.

[176] 孙继广. 矩阵扰动分析[M]. 北京: 科学出版社, 2001.

[177] 孙杰. 基于多模态参数的桥梁结构损伤识别方法研究[D]. 武汉: 武汉理工大学, 2013.

[178] 孙伟峰, 彭玉华, 杨阳, 等. 经验模态分解频率分辨率的一种改进方法[J]. 计算机工程与应用, 2010(1): 129-133.

[179] 万灵,黄强,龚晓南,等. 运营地铁隧道在线动力监测及时频特征分析[J]. 振动. 测试与诊断, 2024, 44(2): 372-379.

[180] 王济, 胡晓. MATLAB 在振动信号处理中的应用[M]. 北京: 中国水利水电出版社, 2006.

[181] 王建炜. 列车-隧道动力耦合系统数值模拟方法及应用[D]. 上海: 上海交通大学, 2012.

[182] 王利恒,周锡元,阎维明. 用锤击试验反应最大值监测钢筋混凝土简支桥梁结构损伤程度的试验研究[J]. 振动与冲击, 2006, 25(1): 90-94+168.

[183] 王婷. 上海轨交隧道结构检测技术探析[J]. 地下工程与隧道, 2014(1): 13-15+54.

[184] 王祥秋, 杨林德, 周治国. 列车振动荷载作用下隧道衬砌结构动力响应特性分析[J]. 岩石力学与工程学报, 2006, 25(1): 1337-1342.

[185] 沃德·海伦, 斯蒂芬·拉门兹, 波尔·萨斯. 模态分析理论与试验[M]. 白化同, 郭继忠, 译. 北京: 北京理工大学出版社, 2001.

[186] 吴成茂, 田小平, 谭铁牛. 基于模糊贴近度理论的图像置乱效果评价研究[J]. 计算机工程与设计, 2009, 30(8): 1829-1832, 1843.

[187] 肖辞源. 工程模糊系统[M]. 北京: 科学出版社, 2004.

[188] 谢汉龙. ANSYS 结构及动力学分析[M]. 北京: 电子工业出版社, 2012.

[189] 谢峻, 韩大建. 一种改进的基于频率测量的结构损伤识别方法[J]. 工程力学, 2004(1): 21-25.

[190] 徐敏强, 王日新, 张嘉钟. 基于梳状小波的旋转机械振动信号降噪方法的研究[J]. 振动工程学报, 2002(1): 94-96.

[191] 杨峰, 彭苏萍, 刘杰, 等. 衬砌脱空雷达波数值模拟与定量解释[J]. 铁道学报, 2008, 30(5): 92-96.

[192] 杨开荣, 周晶, 冯新. 基于柔度矩阵法的钢栈桥损伤识别[J]. 防灾减灾工程学报, 2011, 31(6): 642-647.

[193] 叶飞, 何川, 朱合华, 等. 考虑横向性能的盾构隧道纵向等效刚度分析[J]. 岩土工程学报, 2011, 33(12): 1870-1876.

[194] 叶飞, 朱合华, 丁文其. 基于弹性地基梁的盾构隧道纵向上浮分析[J]. 中国铁道科学, 2008(4): 65-69.

[195] 应怀樵. 波形和频谱分析与随机数据处理[M]. 北京: 中国铁道出版社,1983.

[196] 袁旭东. 基于不完备信息土木工程结构损伤识别方法研究[D]. 大连: 大连理工大学, 2005.

[197] 张鸿飞, 程效军, 高攀, 等. 隧道衬砌空洞探地雷达图谱正演模拟研究[J]. 岩土力学, 2009, 30(9): 2810-2814, 2842.

[198] 小泉淳. 盾构隧道的抗震研究及算例[M]. 张稳军, 袁大军, 译. 北京: 中国建筑工业出版社, 2009.

[199] 张贤达. 时间序列分析: 高阶统计量方法[M]. 北京: 清华大学出版社, 1999.

[200] 张贤达. 现代信号处理[M]. 北京: 清华大学出版社, 2002.

[201] 张衍, 李灵芝, 牛三库. 基于模糊贴近度的农业机械评判模型[J]. 现代农业科技, 2012(6): 256-256, 261.

[202] 张转, 马玉, 蔡伟. 基于模糊贴近度和改进 Prim 算法的高光谱图像波段分组排序[J]. 国土资源遥感, 2014, 26(4): 8-13.

[203] 赵鸿铁, 张风亮, 薛建阳, 等. 古建筑木结构的结构性能研究综述[J]. 建筑结构学报, 2012, 33(8): 1-10.

[204] 周传荣, 赵淳生. 机械振动参数识别及其应用[M]. 北京: 科学出版社, 1989.

[205] 周先雁, 沈蒲生, 易伟建. 混凝土平面杆系结构破损评估理论及试验研究[J]. 湖南大学学报（自然科学版）, 1995(4): 104-109, 128.

[206] 邹大力. 基于计算智能的结构损伤识别研究[D]. 大连: 大连理工大学, 2006.